O Polegar
do Panda

O Polegar do Panda

Reflexões sobre história natural

Stephen Jay Gould

Tradução
CARLOS BRITO e JORGE BRANCO

SÃO PAULO 2020

Título original: THE PANDA'S THUMB.
Copyright © 1980 by Stephen Jay Gould.
Copyright © 1989, Livraria Martins Fontes Editora Ltda.,
São Paulo, para a presente edição.

1ª edição *1989*
3ª edição *2020*

Tradução
CARLOS BRITO
JORGE BRANCO

Revisão da tradução
Silvana Vieira
Revisão técnica
Zisman Neiman
Revisões
coordenação de Maurício Balthazar Leal
Produção gráfica
Geraldo Alves
Digitalização
Alexandre Alex Alves

Dados Internacionais de Catalogação na Publicação (CIP)
(Câmara Brasileira do Livro, SP, Brasil)

Gould, Stephen Jay, 1941-2002.
O polegar do panda : reflexões sobre história natural / Stephen Jay Gould ; tradução Carlos Brito e Jorge Branco. – 3ª ed. – São Paulo : Editora WMF Martins Fontes, 2020.

Título original: The panda's thumb.
ISBN 978-85-469-0311-5

1. Evolução – História 2. Evolução – Obras de divulgação 3. História natural – Obras de divulgação 4. Seleção natural – História I. Título.

19-31686   CDD-508

Índices para catálogo sistemático:
História natural : Ciências   508

Cibele Maria Dias – Bibliotecária – CRB-8/9427

Todos os direitos desta edição reservados à
Editora WMF Martins Fontes Ltda.
Rua Prof. Laerte Ramos de Carvalho, 133 01325.030 São Paulo SP Brasil
Tel. (11) 3293.8150 e-mail: info@wmfmartinsfontes.com.br
http://www.wmfmartinsfontes.com.br

Para

    Jeanette McInerney
    Ester L. Ponti
    Rene C. Stack

Três professoras dedicadas e compreensivas dos meus anos de escola primária, P.S. 26, Queens.

Um professor... nunca pode dizer onde termina sua influência.
Henry Adams

Índice

Prólogo 1

I — PERFEIÇÃO E IMPERFEIÇÃO: UMA TRILOGIA SOBRE O POLEGAR DE UM PANDA 7

   1. O polegar do panda 9
   2. Sinais sem sentido da história 17
   3. Problemas redobrados 25

II — DARWINIANA 35

   4. A seleção natural e o cérebro humano: Darwin *versus* Wallace 37
   5. O meio-termo de Darwin 49
   6. A morte antes do nascimento, ou o *Nunc dimittis* de um ácaro 59
   7. Sombras de Lamarck 65
   8. Grupos protetores e genes egoístas 73

III — A EVOLUÇÃO HUMANA 81

   9. Uma homenagem biológica a Mickey Mouse 83
   10. Piltdown revisitado 95
   11. O nosso maior passo evolutivo 111
   12. No meio da vida... 119

IV — A CIÊNCIA E A POLÍTICA DAS DIFERENÇAS HUMANAS 127

   13. Chapéus largos e mentes estreitas 129
   14. Os cérebros das mulheres 135
   15. A síndrome do dr. Down 143
   16. Máculas num véu vitoriano 151

V — O RITMO DA MUDANÇA 159

17. A natureza episódica da mudança evolutiva 161
18. O regresso do monstro promissor 167
19. O grande debate das *scablands* 175
20. Uma vênus é uma vênus 183

VI — A VIDA PRIMITIVA 193

21. Um começo precoce 195
22. O velho louco Randolph Kirkpatrick 205
23. *Bathybius* e *Eozoon* 213
24. Caberíamos no interior de uma célula de esponja 221

VII — ELES FORAM DESPREZADOS E REJEITADOS 233

25. Eram os dinossauros estúpidos? 235
26. O revelador "osso da sorte" 243
27. Os estranhos casais da natureza 253
28. Em defesa dos marsupiais 263

VIII — TAMANHO E TEMPO 269

29. O tempo de vida que nos foi concedido 271
30. Atração natural: as bactérias, os pássaros e as abelhas 277
31. A vastidão do tempo 285

Bibliografia 293

Prólogo

No frontispício do seu clássico livro *The Cell in Development and Inheritance*, E. B. Wilson transcreveu uma frase de Plínio, o grande naturalista que morreu ao atravessar a baía de Nápoles para estudar a erupção do Vesúvio, em 79 d. C. Ele foi morto pelos mesmos vapores que atingiram os habitantes de Pompéia. Plínio escreveu: *Natura nusquam magis est tota quam in minimis*, "em parte alguma encontramos a natureza na sua totalidade como nas suas menores criaturas". É evidente que Wilson citou Plínio para se referir aos microscópicos blocos construtores da vida, estruturas minúsculas obviamente desconhecidas do naturalista romano, que pensava apenas em organismos.

Não obstante, a afirmação de Plínio capta a essência daquilo que me fascina na história natural. Segundo um velho estereótipo — não seguido à risca tão freqüentemente quanto proclama a mitologia — os ensaios de história natural se limitam a descrever as peculiaridades dos animais (como os misteriosos expedientes dos castores ou o processo pelo qual a aranha constrói sua teia flexível). Há exultação nisso — quem pode negá-lo? Mas cada organismo pode significar muito mais para nós. Cada um deles nos instrui; sua forma e seu comportamento incorporam mensagens gerais — basta que consigamos compreendê-las. A linguagem desta instrução é a teoria da evolução. Exultação *e* explicação.

Foi para mim uma grande felicidade deambular pela teoria da evolução, um dos mais importantes e estimulantes campos científicos. Durante bastante tempo ignorei por completo sua existência; os dinossauros simplesmente me inspiravam um temor respeitoso. Julgava que os paleontólogos passavam suas vidas procurando ossos e juntando-os, sem se aventurarem além da questão momentânea de quais ossos se encaixam, até que descobri a teoria da evolução. Desde então, o dualismo das ciências naturais — riqueza de pormenor e união potencial em explicações subjacentes — tem me levado a progredir.

Creio que o fascínio que muitas pessoas sentem pela teoria da evolução deriva diretamente de três das suas propriedades. Em primeiro lugar, em seu estágio atual de desenvolvimento, ela é suficientemente consistente para proporcionar confiança e satisfação, embora não desenvolvida o bastante a ponto de responder a um tesouro de mistérios. Em segundo lugar, ela se situa no ponto de contato entre as ciências que se ocupam de generalidades quantitativas atemporais e as que trabalham diretamente com as singularidades da história. Deste modo, nela encontram abrigo todos os estilos e tendências, desde os que procuram a pureza da abstração (por exemplo, as leis do crescimento populacional, a estrutura do DNA) até os que se deleitam na confusão de particularidades irredutíveis (que diabo fazia o tiranossauro com suas ridículas patas anteriores?). Finalmente, a teoria da evolução diz respeito à vida de cada um de nós, pois não podemos ser indiferentes às grandes questões da genealogia: de onde viemos e o que tudo isso significa? E depois, claro, há ainda todos os organismos: mais de um milhão de espécies descritas, da bactéria à baleia azul, passando por uma quantidade infernal de escaravelhos — cada um com sua própria beleza e uma história para contar.

Estes ensaios abarcam uma gama muito ampla de fenômenos — da origem da vida ao cérebro de Georges Cuvier, ou ao ácaro que morre antes de nascer. Apesar de tudo, espero ter evitado o pesadelo das coletâneas de ensaios — a incoerência difusa —, centrando-os todos na teoria da evolução, com especial ênfase nas idéias de Darwin e no impacto que ele causou. Como já afirmei na introdução da minha coletânea anterior, *Ever Since Darwin* (Darwin e os grandes enigmas da vida, Martins Fontes, 1987), "Sou um especialista, não um erudito polivalente; meus conhecimentos a respeito de planetas e política estendem-se apenas até o ponto de cruzamento desses temas com a evolução biológica".

Tentei reunir estes ensaios num todo integrado, organizando-os em oito seções. A primeira, sobre os pandas, as tartarugas e os peixes-pescadores, mostra por que podemos ter certeza de que a evolução realmente ocorreu. O argumento encerra um paradoxo: as provas da evolução residem nas imperfeições que revelam a história. Essa seção é seguida por um sanduíche de várias camadas — três seções sobre temas maiores do estudo evolucionista da história natural (a teoria darwinista e o significado da adaptação, o ritmo e o modo da mudança e o escalonamento do tamanho e do tempo) e duas camadas interpostas de duas seções cada uma (III, IV e VI, VII) sobre os organismos e as peculiaridades da sua história. (Se alguém quiser continuar o metafórico sanduíche e dividir essas sete seções em estrutura de sustentação e alimento, não ficarei ofendido.) Dei também consistência a esse sanduíche espetando-lhe palitos — temas subsidiários comuns a todas as seções e destinados a "alfinetar" algumas comodidades convencionais: por que a ciência tem de estar incrustada na cultura? Por que o darwinismo não pode concordar com as esperanças de harmonia ou progresso intrínsecos à natureza? Mas cada "alfinetada" tem sua conseqüência positiva. A compreensão das tendências culturais força-nos a encarar a ciência como uma atividade humana acessível, muito semelhante a qualquer outra forma de criatividade. O abandono da esperança de que podemos encontrar passivamente na natureza um significado para as nossas vidas compele-nos a procurar respostas dentro de nós mesmos.

Os presentes ensaios são versões resumidas dos meus artigos mensais na revista *Natural History*, coletivamente intitulados "This View of Life". Juntei pós-escritos a alguns deles: provas adicionais do possível envolvimento de Teilhard na fraude de Piltdown (ensaio 10); uma carta de J. Harlen Bretz, aos 96 anos tão controverso como sempre (ensaio 19); a confirmação vinda do hemisfério sul para uma explicação dos ímãs nas bactérias (ensaio 30). Agradeço a Ed Barber por ter me convencido de que esses ensaios poderiam ser menos efêmeros do que eu pensava. O editor-chefe da *Natural History*, Alan Ternes, e o seu editor de texto, Florence Edelstein, ajudaram muito na elaboração do texto e do pensamento e na sugestão de alguns bons títulos. Quatro dos ensaios não existiriam sem a ajuda benévola dos colegas: Carolyn Fluehr-Lobban enviou-me o artigo obscuro do dr. Down — que eu desconhecia — e compartilhou comigo seus *insights* e seus escritos (ensaio 15). Ernst Mayr insistiu, anos a fio, na importância da taxionomia popular e apresentou-me todas as referências (ensaio 20). Jim Kennedy introduziu-me no trabalho de Kirkpatrick (ensaio 22); de outra forma eu não teria conseguido atravessar o véu de silêncio que o envolve. Richard Frankel escreveu-me uma não solicitada carta de quatro páginas explicando claramente, a este ignorante da física, as propriedades magnéticas das suas fascinantes bactérias (ensaio 30). Sinto-me sempre agradecido e deliciado com a generosidade dos colegas; mil histórias não contadas contrabalançam cada caso, ansiosamente registrado, de malevolência. Agradeço a Frank Sulloway por ter me contado a verdadeira história dos tentilhões de Darwin (ensaio 5), e a Diane Paul, Martha Dencklа, Tim White, Andy Knoll e Carl Wunsch por suas referências, *insights* e explicações pacientes.

Felizmente, escrevo estes ensaios durante um período estimulante da teoria evolucionista. Quando penso na paleontologia em 1910, com sua riqueza de dados e o seu vazio de idéias, considero um privilégio estar trabalhando nesta época.

A teoria da evolução está expandindo seu domínio de impacto e explicação em todas as direções. Considere-se o entusiasmo corrente em domínios tão diferentes como os da mecânica básica do DNA, da embriologia e do estudo do comportamento. A evolução molecular é agora uma disciplina completamente delineada, que promete fornecer, ao mesmo tempo, novas e poderosas idéias (a teoria da neutralidade como uma alternativa à seleção natural) e a resolução de muitos dos mistérios clássicos da história natural (ver o ensaio 24). Ao mesmo tempo, a descoberta de seqüências intercaladas e de genes saltadores revela um novo estrato de complexidade genética, possivelmente prenhe de significado evolutivo. O código de tripletos é apenas uma linguagem-máquina; deve existir um nível mais elevado de controle. Se pudermos imaginar como as criaturas multicelulares regulam o relógio implícito na complexa orquestração do seu crescimento embrionário, então a biologia do desenvolvimento poderá fundir a genética molecular e a história natural numa ciência da vida unificada. A teoria da seleção de parentesco ampliou, de modo frutífero, a teoria darwinista à área do comportamento social, embora eu acredite que seus defensores mais zelosos compreendam mal a natureza hierárquica das explicações e tentem estendê-la (por meio de analogias mais do que permissíveis) a áreas da cultura humana a que ela não se aplica (ver os ensaios 7 e 8).

No entanto, enquanto a teoria de Darwin alarga seus domínios, alguns dos seus postulados mais queridos estão recuando, ou, pelo menos, perdendo a generalidade. A "síntese moderna", a versão contemporânea do darwinismo, que tem reinado há trinta anos, tomou o modelo de substituição de genes adaptativos em populações locais como uma descrição adequada, por acumulação e extensão, de toda a história da vida. O modelo pode funcionar bem no seu domínio empírico de ajustamento menor, local e adaptativo; populações da mariposa *Biston betularia* tornam-se de fato negras, pela substituição de um único gene, como resposta selecionada para a visibilidade diminuída nas árvores que foram enegrecidas pela fuligem industrial. Mas será a origem duma nova espécie simplesmente esse processo ampliado a mais genes e com efeitos aumentados? Serão as grandes tendências evolutivas no interior das linhagens principais apenas mais uma acumulação de mudanças seqüenciais e adaptativas?

Muitos evolucionistas (eu próprio incluído) começam a desafiar essa síntese e a propor a visão hierárquica de que diferentes níveis de mudança evolutiva refletem muitas vezes diferentes tipos de causas. O menor ajustamento interpopulacional pode ser seqüencial e adaptativo. Mas a especiação pode ocorrer mediante alterações cromossômicas maiores, que estabeleçam esterilidade com outras espécies por razões não relacionadas com a adaptação. As tendências evolutivas podem representar um tipo de seleção de nível superior em espécies essencialmente estáticas, e não a lenta e contínua alteração de uma única grande população durante incontáveis eras.

Antes da síntese moderna, muitos biólogos (ver Bateson, 1922, na bibliografia) expressaram confusão e desânimo porque os mecanismos propostos para a evolução em diferentes níveis pareciam suficientemente contraditórios para impedir uma ciência unificada. Após a síntese moderna espalhou-se a noção (que quase tornou-se um dogma entre os seus defensores menos atentos) de que toda a evolução podia ser reduzida ao darwinismo básico das mudanças adaptativas e graduais no interior de populações locais. Penso que estamos seguindo agora um caminho frutífero entre a anarquia dos tempos de Bateson e a restrição dos pontos de vista impostos pela síntese moderna. Esta trabalha no seu campo apropriado, mas os mesmos processos darwinianos de mutação e seleção podem operar de maneiras notavelmente diferentes em domínios mais elevados de uma hierarquia de níveis evolutivos. Acredito que podemos ter esperança na uniformidade dos agentes causais, e daí numa só teoria geral com um núcleo darwinista. Mas devemos contar com uma multiplicidade de mecanismos que impedem a explicação de fenômenos mais elevados pelo modelo da substituição do gene adaptativo, que favoreceu o nível mais baixo.

Na base de todo esse fermento encontra-se a complexidade irredutível da natureza. Os organismos não são bolas de bilhar impulsionadas, por forças exteriores simples e mensuráveis, para novas posições previsíveis na mesa de bilhar da vida. Sistemas suficientemente complexos possuem maior riqueza. Os organismos têm uma história que restringe seu futuro em miríades de vias sutis (ver os ensaios da seção I). A complexidade da sua forma acarreta uma hoste de funções incidentais a quaisquer pressões da seleção natural que tenham presidido a construção inicial (ver o ensaio 4). Seus intricados e amplamente desconhecidos caminhos de desenvolvimento embrionário garantem que influências simples (por exemplo, mudanças mínimas nos tempos) podem ser traduzidas em claras e surpreendentes alterações no resultado (no organismo adulto, ver o ensaio 18).

Charles Darwin optou por terminar sua grande obra com uma impressionante comparação que expressa essa riqueza. Opôs o sistema simples dos movimentos planetários, com o seu resultado de deslocamentos cíclicos intermináveis e estáticos, à complexidade da vida e à sua espantosa e imprevisível mudança ao longo das eras:

Há grandeza nessa visão de que a vida, com seus vários poderes, foi originalmente insuflada em algumas formas ou numa só; e ainda no fato de que, enquanto este planeta tem se deslocado ciclicamente, segundo a lei fixa da gravidade, têm surgido formas cada vez mais numerosas e maravilhosas a partir daquelas formas iniciais tão simples.

SEÇÃO I

Perfeição e imperfeição: uma trilogia sobre o polegar de um panda

1 O polegar do panda

Poucos heróis abrandaram seus ímpetos na plenitude da vida; o triunfo conduz inexoravelmente para a frente, muitas vezes até a destruição: Alexandre chorou por não ter mais mundos a conquistar; Napoleão insistiu e selou seu destino nas profundezas do inverno russo. Mas Charles Darwin não continuou seu *A Origem das Espécies* (1859) com uma defesa geral da seleção natural ou com a extensão óbvia dessa teoria à evolução humana (esperou até 1871 para publicar *A Descendência do Homem*). Em vez disso escreveu seu mais obscuro trabalho, um livro intitulado *On the Various Contrivances by which British and Foreign Orchids are Fertilized by Insects* (1862).

Suas inúmeras incursões pelas minúcias da história natural, de que resultaram uma taxionomia das cracas, um livro sobre plantas trepadeiras e um tratado sobre a formação de humo vegetal pelas minhocas, granjearam-lhe a imerecida reputação de velho ultrapassado, tolo descritor de plantas e animais curiosos, um homem que fizera uma descoberta feliz no momento certo. Uma visão descuidada do método darwiniano manteve esse mito durante os últimos vinte anos (ver ensaio 2). Antes disso, um acadêmico eminente, falando por muitos dos seus colegas mal informados, afirmou que Darwin não passava de um "pobre ajuntador de idéias ... incapaz de ombrear com os grandes pensadores".

De fato, cada um dos livros de Darwin desempenhou um papel no seu grandioso e coerente esquema de trabalho: demonstrar a realidade da evolução e defender a seleção natural como o seu mecanismo primário. Darwin não estudou as orquídeas somente por consideração a elas. Michael Ghiselin, um biólogo californiano que finalmente se deu ao trabalho de ler todos os livros de Darwin (vejam o seu *Triumph of the Darwinian Method*), identificou corretamente o tratado sobre as orquídeas como um episódio importante na campanha de Darwin em prol da evolução.

Darwin principia o livro sobre as orquídeas com uma valiosa premissa evolucionista: a autofecundação continuada constitui uma estratégia pobre para a sobrevivência a longo prazo, já que a descendência transporta apenas os genes do seu único progenitor, e as populações não mantêm variação suficiente para proporcionar flexibilidade evolutiva em face das mudanças do ambiente. Assim, as plantas que apresentam flores com órgãos masculino e feminino em geral desenvolvem mecanismos para assegurar a polinização cruzada. No caso das orquídeas, esse mecanismo é uma aliança com os insetos. Para isso, desenvolveram uma espantosa variedade de "dispositivos" que atraem os insetos, garantindo assim que o pólen pegajoso se fixe no visitante e entre em contato com o órgão feminino da próxima orquídea que o inseto visitar.

O livro de Darwin é um compêndio desses dispositivos, o equivalente botânico de um bestiário. E, tal como os bestiários medievais, foi elaborado com propósitos pedagógicos. A mensagem é paradoxal, mas profunda. As orquídeas criaram seus intricados dispositivos a partir dos componentes comuns de flores vulgares, partes geralmente aptas para funções muito diferentes. Se Deus tivesse projetado uma bela máquina para refletir sua sabedoria e seu poder, certamente não teria usado um conjunto de peças moldadas para outros propósitos. As orquídeas não foram feitas por um engenheiro ideal; têm de se safar a partir de um conjunto limitado de componentes disponíveis. Assim, devem ter evoluído a partir de flores comuns.

Daí deriva o paradoxo e o tema comum desta trilogia de ensaios: nossos compêndios gostam de ilustrar a evolução com exemplos muito bem desenhados — a imitação, quase perfeita, de uma folha morta por uma borboleta, ou de uma espécie venenosa por um apetitoso parente. Mas o desenho ideal constitui um mau argumento a favor da evolução, porque imita a ação postulada de um criador onipotente. Arranjos bizarros e soluções engraçadas são a melhor prova da evolução — sendas que um Deus sensível nunca trilharia, mas que um processo natural, sob o constrangimento da história, obrigatoriamente seguirá. Ninguém compreendeu isso melhor do que Darwin. Ernst Mayr mostrou como Darwin, ao defender a evolução, voltou-se consistentemente para as partes orgânicas e as distribuições geográficas que faziam menos sentido. O que me leva ao panda gigante e ao seu "polegar".

Os pandas gigantes são ursos peculiares, membros da ordem dos carnívoros. Os ursos comuns são os mais onívoros representantes da sua ordem, mas os pandas restringiram esse catolicismo do paladar a uma outra direção — e desmentem o nome da sua ordem subsistindo quase que totalmente de bambus. Vivem em densas florestas de bambus, em zonas muito elevadas das montanhas da China ocidental, onde, fora da ameaça dos predadores, se sentam de dez a doze horas por dia para mascar bambu.

UMA TRILOGIA SOBRE O POLEGAR DE UM PANDA

Quando garoto, fui fã de Andy Panda e o primeiro proprietário de um boneco felpudo, que ganhei com alguma sorte ao derrubar as garrafas de leite numa feira do distrito; fiquei por isso deliciado quando os primeiros frutos da nossa política de degelo com a China foram, além do pingue-pongue, o envio de dois pandas para o Zoo de Washington. Fui lá e observei-os com o respeito devido. Eles bocejavam, espreguiçavam-se, andavam um pouco, vagarosamente, mas passavam quase todo o tempo comendo o seu bem-amado bambu. Sentavam-se eretos e manipulavam os talos com as patas da frente, deixando cair as folhas e comendo apenas os rebentos.

Fiquei impressionado com sua destreza e me perguntei como poderiam indivíduos de uma estirpe adaptada à corrida utilizar as mãos com tal habilidade. Seguravam os talos de bambu com as patas e tiravam as folhas passando-os entre um polegar aparentemente flexível e os outros dedos. Isso me deixou intrigado. Tinha aprendido que um polegar destro e oponível se encontrava entre as marcas distintivas do êxito humano. Temos afirmado, e até exagerado, essa importante flexibilidade dos nossos antepassados primatas, enquanto a maior parte dos mamíferos a sacrificaram a favor da especialização dos seus dedos. Os carnívoros correm, perfuram e esgaravatam. Meu gato poderá manipular-me psicologicamente, mas nunca conseguirá escrever à máquina ou tocar piano.

Portanto, contei os outros dedos do panda e tive uma surpresa ainda maior: eram cinco, e não quatro. Seria o "polegar" um sexto dedo desenvolvido em separado? Felizmente, o panda gigante tem sua bíblia, uma monografia escrita por D. Dwight Davis, ex-conservador de anatomia dos vertebrados no Field Museum of Natural History, de Chicago. Constitui provavelmente o maior trabalho de anatomia comparada evolutiva moderna e contém mais do que se poderia desejar saber acerca dos pandas. Claro que Davis tinha a resposta.

O "polegar" do panda não é de maneira alguma, anatomicamente falando, um dedo. É construído a partir de um osso denominado sesamóideo radial, normalmente um pequeno componente do pulso. Nos pandas, esse osso apresenta-se mais largo e alongado, quase igualando, em comprimento, os ossos metapodiais dos dedos verdadeiros. O sesamóideo radial define um bloco na pata anterior do panda; os cinco dedos formam a estrutura de outro bloco, o palmar. Um sulco raso separa os dois blocos e serve de canal para os talos de bambu.

O polegar do panda vem equipado não só com um osso, que lhe dá robustez, mas também com músculos, que lhe conferem agilidade. Esses músculos, tal como o osso sesamóideo radial, não surgiram

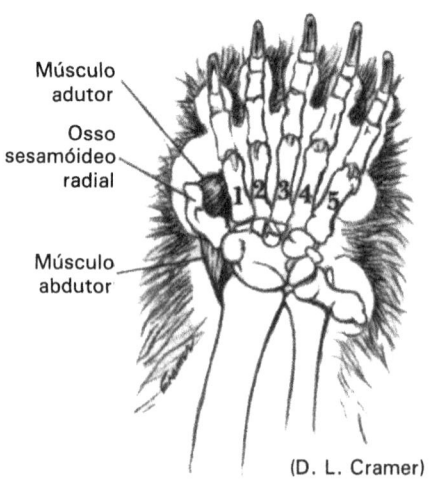
(D. L. Cramer)

de novo. Tal como os órgãos das orquídeas de Darwin, são peças anatômicas familiares, remodeladas para exercer uma nova função. O abdutor do sesamóideo radial (isto é, o músculo que o afasta dos dedos verdadeiros) sustenta o formidável nome de *abdutor pollicis longus* ("longo abdutor do polegar" — *pollicis* é o genitivo de *pollex*, vocábulo latino para "polegar"). Nos outros carnívoros, esse músculo liga-se ao primeiro dedo, o polegar verdadeiro. Dois músculos menores, entre o sesamóideo radial e o *pollex*, puxam o "polegar" sesamóideo na direção dos dedos verdadeiros.

A anatomia dos outros carnívoros nos forneceu alguma pista para a origem desse arranjo bizarro nos pandas? Davis afirma que os ursos comuns e os guaxinins, parentes mais próximos dos pandas gigantes, ultrapassam em muito todos os carnívoros no uso das patas anteriores para manipular objetos durante a alimentação. Perdoemme a metáfora retrógrada, mas os pandas, graças à sua ascendência, começaram um passo à frente no desenvolvimento de maior destreza na alimentação. Mais ainda: os ursos comuns já têm um sesamóideo radial ligeiramente mais largo.

Em muitos carnívoros, os mesmos músculos que nos pandas movem o sesamóideo radial ligam-se exclusivamente à base do *pollex*, ou polegar verdadeiro. Mas, nos ursos comuns, o músculo abdutor longo termina em dois tendões: um insere-se na base do polegar, como na maioria dos carnívoros, mas o outro liga-se ao sesamóideo radial. Nos ursos, os dois músculos menores também se ligam, em parte, ao sesamóideo radial. "Assim", conclui Davis, "a musculatura para operar esse novo e notável mecanismo — funcionalmente um novo dedo — não requereu qualquer mudança intrínseca em relação às condições já presentes nos parentes mais próximos do panda, os ursos. Mais ainda: parece que toda a seqüência de acontecimentos na musculatura parte, automaticamente, de uma simples hipertrofia do osso sesamóideo."

O polegar sesamóideo dos pandas constitui uma estrutura complexa, formada pelo acentuado alargamento de um osso e por um extenso rearranjo da musculatura. No entanto, Davis argumenta que todo o aparelho surgiu como uma resposta mecânica ao crescimento do próprio sesamóideo radial. Os músculos deslocaram-se porque o osso alargado os bloqueava nas suas posições originais. Davis postula ainda que o alargamento do sesamóideo radial pode ter resultado de uma simples mutação genética, talvez uma única mutação afetando o tempo e a taxa de crescimento.

No pé do panda, a contrapartida do sesamóideo radial (denominada "sesamóideo tibial") também se encontra alargada, embora não tanto como o sesamóideo radial. No entanto, o sesamóideo tibial não sustenta nenhum dedo novo, e seu tamanho aumentado não confere, tanto quanto sabemos, qualquer vantagem ao animal. Davis argumenta que o aumento coordenado dos dois ossos, como resposta à seleção natural sobre só um deles, reflete provavelmente uma variedade simples de mutação genética. As partes análogas, ou repetidas, do corpo não são moldadas pela ação de genes individuais — não existe um gene "para" o polegar, outro para o dedo grande do pé, um terceiro para o dedo mindinho. As partes repetidas estão coordenadas durante o desenvolvimento, e uma mutação num dos elementos causa uma mutação correspondente nos outros. Geneticamente, pode ser mais complicado aumentar um polegar, sem modificar o dedo grande do pé, do que aumentar os dois juntos. (No primeiro caso, é preciso quebrar uma coordenação geral, o polegar deve ser favorecido separadamente e tem que se suprimir o aumento correlativo de estruturas aparentadas. No segundo caso, um único gene pode aumentar a taxa de crescimento num campo que regule o desenvolvimento dos dedos correspondentes.)

O polegar do panda fornece uma elegante contrapartida zoológica às orquídeas de Darwin. A melhor solução de um engenheiro é negada pela história. O verdadeiro polegar do panda está comprometido com outro papel, especializado demais numa função diferente para tornar-se um dedo oponível e manipulador. Portanto, o pan-

Epipactis dos pântanos com as sépalas inferiores removidas

a) Pista do labelo abaixada, após a aterragem de um inseto. (D. L. Cramer)

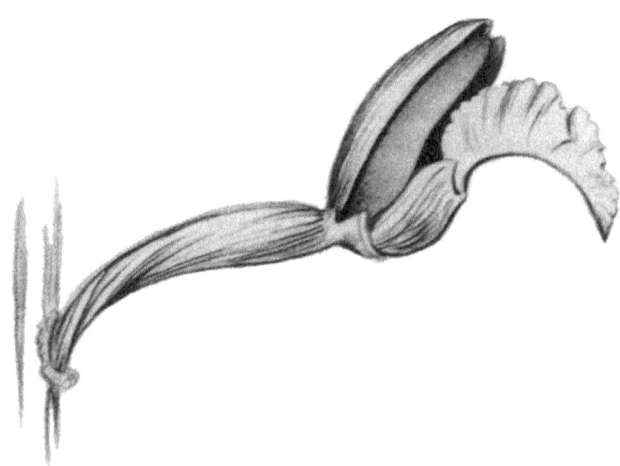

b) Pista do labelo levantada, depois de o inseto ter se arrastado para a taça. (D. L. Cramer)

da tem de usar aquilo de que dispõe e contentar-se com um osso do pulso ampliado — uma solução de certo modo desajeitada, mas funcional. O polegar sesamóideo não conquista nenhum prêmio num desafio entre engenheiros; constitui, para utilizar a frase de Michael Ghiselin, uma engenhoca, e não um dispositivo perfeito e acabado. Mas faz o seu trabalho e aguça ainda mais nossa imaginação por ser construído em bases tão improváveis.

O livro de orquídeas de Darwin está cheio de ilustrações semelhantes. O *Epipactis* dos pântanos, por exemplo, usa o seu labelo — uma pétala alargada — como armadilha. O labelo encontra-se dividido em duas partes, uma das quais, perto da base da flor, forma uma ampla taça cheia de néctar — o objeto da visita do inseto. A outra, perto da borda da flor, forma uma espécie de "pista de aterragem". Ao pousar nessa pista, o inseto faz com que ela se abaixe, ganhando assim acesso à taça de néctar. Mas a pista é tão elástica que se ergue instantaneamente, aprisionando o inseto na taça. Este tem então de recuar através da única saída existente — um caminho que o força a esfregar-se contra as massas de pólen. Um mecanismo notável, mas totalmente desenvolvido a partir de uma pétala convencional, já existente num antepassado da orquídea.

Darwin mostra então como o mesmo labelo evolui, em outras orquídeas, numa série de dispositivos engenhosos que asseguram a fertilização cruzada. Pode, por exemplo, desenvolver uma prega complexa que força o inseto a mover sua probóscide ao redor das massas de pólen, a fim de alcançar o néctar. Ou pode apresentar canais profundos ou saliências que conduzem os insetos ao néctar e ao pólen. Os canais por vezes formam um túnel, produzindo uma flor tubular. Todas essas adaptações foram construídas a partir de um órgão que iniciou como pétala convencional, em alguma forma ancestral. No entanto, a natureza pode fazer tanto com tão pouco, que desenvolve, nas palavras de Darwin, "uma prodigalidade de recursos para atingir o mesmíssimo fim, a saber, a fertilização de uma flor pelo pólen de outra planta".

A seguinte metáfora de Darwin, alusiva à forma orgânica, reflete sua admiração perante o fato de a evolução ser capaz de moldar um mundo tão diverso e esquemas tão adequados com matérias-primas tão limitadas:

> Se um órgão serve atualmente a determinado fim, temos o pleno direito de afirmar que ele foi inventado para isso, ainda que não tenha sido criado com nenhum propósito específico. Dentro do mesmo princípio, se alguém procurasse construir uma máquina com determinado

propósito, usando rodas, molas e roldanas velhas ligeiramente modificadas, ainda se poderia dizer que a máquina, como um todo, foi concebida para aquele propósito. Desse modo, quase todos os componentes de cada ser vivo já devem ter servido, em condições um pouco modificadas, a diferentes propósitos, e terão atuado na maquinaria viva de muitas formas específicas, antigas e distintas.

Talvez não nos sintamos muito lisonjeados com a metáfora das rodas e roldanas recauchutadas, mas devemos considerar como funcionamos bem. A natureza é, nas palavras do biólogo François Jacob, um excelente funileiro, e não um artífice divino. E quem poderá arvorar-se em juiz no meio desses talentos tão exemplares?

2 Sinais sem sentido da história

As palavras dão-nos pistas sobre sua história quando a etimologia *não* corresponde ao significado corrente. Assim, suspeitamos que emolumentos foram, outrora, tributos pagos ao moleiro local (do latim *molere*, que significa "moer"), enquanto desastres devem ter sido atribuídos a estrelas diabólicas.

Os evolucionistas sempre viram na evolução lingüística um campo fértil para analogias cheias de significado. Charles Darwin, ao advogar uma interpretação evolucionista para estruturas tão vestigiais como o apêndice humano e o dente embrionário das baleias, escreveu: "Os órgãos rudimentares podem ser comparados às letras que, embora ainda façam parte da grafia de uma palavra, já se tornaram inúteis para a pronúncia, mas servem de guia quando se pesquisa sua derivação." Organismos e linguagem evoluem.

Este ensaio mascara-se com uma lista de fatos curiosos, mas consiste realmente num discurso abstrato sobre o método, ou melhor, sobre um método particular, muito usado, apesar de pouco apreciado pelos cientistas. Segundo uma imagem estereotipada, os cientistas confiam apenas no experimento e na lógica. Um homem de meia-idade, de túnica branca (a maior parte dos estereótipos tem preconceitos sexuais), seja ele timidamente reticente, mas ardendo num zelo interior pela verdade, seja ebuliente e excêntrico, junta duas substâncias químicas e observa o resultado num frasco. Hipóteses, predições, experimentos e respostas: o método científico.

Mas muitas ciências não trabalham, nem podem trabalhar, desse modo. Como paleontólogo e biólogo evolucionista, meu papel é a reconstrução da história. A história é única e complexa e não pode ser reproduzida num frasco. Os cientistas que estudam a história, particularmente uma história antiga e inobservável — porque não registrada nas crônicas humanas ou geológicas —, têm de usar métodos inferenciais, mais do que experimentais. Têm de examinar os *resultados modernos* dos processos históricos e tentar reconstruir o caminho percorrido pelas palavras ou organismos, desde as formas ancestrais às contemporâneas. Uma vez traçado o caminho, podemos talvez especificar as causas que levaram a história a seguir este e não aquele caminho. Mas como podemos inferir caminhos a partir de resultados modernos? Particularmente, como podemos ter certeza de que houve mesmo um caminho? Como sabemos que o resultado moderno é o produto de alterações através da história, e não uma parte imutável de um universo inalterável?

Este foi o problema que Darwin enfrentou, já que seus oponentes criacionistas viam de fato cada espécie como inalterada desde sua formação inicial. Como Darwin conseguiu provar que as espécies modernas são os produtos da história? Podemos supor que ele olhou para os resultados mais impressionantes da evolução, as complexas e aperfeiçoadas adaptações dos organismos aos seus ambientes: a borboleta passando por uma folha morta, o botauro por um ramo, a engenharia soberba de uma gaivota em vôo ou de um atum no mar.

Paradoxalmente, no entanto, ele fez exatamente o oposto. Procurou estranhezas e imperfeições. A gaivota pode ter um desenho maravilhoso; se se acredita numa evolução anterior, então a engenharia das suas asas reflete a capacidade modeladora da seleção natural. Mas não se pode demonstrar a evolução com a perfeição, porque esta não precisa ter uma história. Além disso, a perfeição do desenho orgânico foi, durante muito tempo, o argumento favorito dos criacionistas, que viam na engenharia consumada a mão direita de um arquiteto divino. A asa de um pássaro, como maravilha aerodinâmica, pode ter sido criada exatamente como a conhecemos hoje em dia.

Mas Darwin raciocinou que, se os organismos têm uma história, então os estágios ancestrais devem ter deixado *remanescentes*. Remanescentes do passado que não fazem sentido em termos presentes — o inútil, o singular, o peculiar, o incongruente — são os sinais da história, que fornecem a prova de que o mundo não foi feito na sua forma atual. Quando a história aperfeiçoa, cobre suas próprias marcas.

Por que uma palavra genérica para designar compensação monetária deveria referir-se literalmente a uma profissão agora praticamente extinta, a menos que algum dia tenha tido qualquer relação com a moagem e o grão? E por que deveria o feto da baleia desenvolver dentes no ventre da sua mãe, apenas para reabsorvê-los mais tarde e passar a vida filtrando *krill* (seu alimento) através da barbatana, a não ser que seus ancestrais tivessem tido dentes funcionais, e que esses dentes constituam um remanescente, num estágio em que já não têm significado?

Nenhuma evidência a favor da evolução agradava mais a Darwin do que a presença, em quase todos os organismos, de estruturas vestigiais ou rudimentares, "órgãos nessa condição estranha, estampando o selo da inutilidade", como ele as designava. "Na minha visão da descendência com modificações, a origem de órgãos rudimentares é simples", prossegue ele. São pedaços de anatomia inútil, preservados como remanescentes de partes funcionais dos nossos antepassados.

Esse ponto de vista geral estende-se, para além da biologia e das estruturas rudimentares, a qualquer ciência histórica. As singularidades atuais são os sinais da história. O primeiro ensaio desta trilogia levantou a mesma questão num contexto diferente. O "polegar" do panda é sinal de evolução *porque* é grosseiro e foi construído a partir de uma parte singular, o osso sesamóideo radial do pulso. O verdadeiro polegar adaptou-se tanto ao seu papel ancestral de dedo corredor e dilacerador de carnívoro, que não podia ser modificado para um oponível colhedor de bambu num descendente vegetariano.

Num devaneio não biológico, encontrei-me na semana passada conjeturando por que é que "veterano" e "veterinário", duas palavras com significados tão diferentes, teriam uma raiz semelhante em latim, *vetus*, ou seja, "velho". Outra vez uma singularidade pedindo uma abordagem genealógica para ser esclarecida. "Veterano" não apresentou qualquer problema, já que sua raiz e seu sentido moderno coincidem — aqui não há nenhum indício de história. Mas "veterinário" revelou-se interessante. Os habitantes das cidades tendem a ver os veterinários como criados dos seus mimados cães e gatos. Esqueci-me de que os primeiros veterinários tratavam animais de fazenda e gado, como ainda hoje suponho que acontece — perdoemme meu "provincianismo" nova-iorquino. A ligação a *vetus* é feita através de "besta de carga" — velho, no sentido de "capaz de suportar uma carga". "Gado", em latim, é *veterinae*.

Este princípio geral da ciência histórica deveria aplicar-se também à Terra. A teoria da tectônica de placas levou-nos a reconstruir a história da superfície do nosso planeta. Durante os últimos 200 milhões de anos, nossos continentes modernos fragmentaram-se e dispersaram-se a partir de um único supercontinente, a Pangéia, que coalesceu a partir de continentes anteriores, há mais de 25 milhões de anos. Se as singularidades modernas são os sinais da história, é lícito perguntar se algumas das coisas estranhas que os animais fazem hoje em dia poderiam parecer mais razoáveis se pensadas como adaptações às antigas posições continentais. Entre os grandes quebra-cabeças e maravilhas da história encontram-se as longas e sinuosas rotas de migração seguidas por muitos animais. Algumas longas viagens fazem sentido como caminhos diretos para climas mais favoráveis, de estação para estação; não são mais estranhas do que a migração anual de inverno para a Flórida de grandes mamíferos no interior de pássaros metálicos. Mas outros animais migram milhares de milhas — de campos de alimentação para campos de reprodução — com precisão assombrosa, quando outros locais apropriados parecem estar muito mais à mão. Acaso alguma dessas rotas peculiares seria mais curta e mais razoável num mapa das antigas posições continentais? Archie Carr, perito mundial em migração de tartarugas verdes, sugeriu essa questão.

Uma população das tartarugas verdes, *Chelonia mydas*, faz o ninho e reproduz-se na pequena e isolada ilha de Ascensão, no Atlântico central. Os chefes de cozinha londrinos especialistas em sopas e os navios de abastecimento da Marinha de Sua Majestade descobriram e exploraram essas tartarugas há muito tempo. Mas não suspeitaram, como Carr descobriu marcando os animais em Ascensão e capturando-os mais tarde em seus campos de alimentação, que a *Chelonia* viaja 2.000 milhas, desde a costa do Brasil, para se reproduzir nessa "cabeça de alfinete de terra, a centenas de milhas de outras costas", nessa "quase imperceptível agulha no meio do oceano".

As tartarugas têm boas razões para se alimentarem e reproduzirem em locais distintos. Alimentam-se de algas em pastagens de águas protegidas e pouco profundas, mas procriam em costas abertas, onde se desenvolvem praias de areia — preferencialmente em ilhas onde os predadores são raros. Mas por que viajar 2.000 milhas para o meio de um oceano quando há outros campos de procriação, aparentemente apropriados, muito mais perto? (Outra grande população da mesma espécie procria na costa oriental da Costa Rica.) Como Carr escreve, "as dificuldades que enfrentam nessa viagem pareceriam intransponíveis se não fosse tão claro que as tartarugas as ultrapassam de alguma maneira".

Talvez, raciocinou Carr, essa odisséia seja uma extensão de algo muito mais sensato, uma viagem para uma ilha no meio do Atlântico, quando este não era mais do que um charco entre dois continentes recentemente separados. A América do Sul e a África separaram-se há cerca de 80 milhões de anos, quando os antepassados do gênero *Chelonia* já habitavam a área. Ascensão é uma ilha associada à crista atlântica central, cinturão linear onde brotam novos fundos marinhos a partir do interior da Terra. Esse material emerso empilha-se muitas vezes o suficiente para formar ilhas.

A Islândia é a maior ilha moderna formada pela crista atlântica central; Ascensão é uma versão menor do mesmo processo. Depois de se formarem num dos lados duma crista, as ilhas são empurradas para longe por novo material que emerge e se espalha. Assim, as ilhas tendem a ser tanto mais velhas quanto mais nos afastamos da crista. Mas também tendem a diminuir e, finalmente, a transformar-se, pela erosão, em montes marinhos submersos, já que o seu suprimento de novos materiais seca assim que se afastam da crista ativa. A não ser que sejam preservadas por um escudo de coral ou de outros organismos, as ilhas acabam sendo erodidas pelas ondas até um nível abaixo do mar. (Também podem afundar-se gradualmente desde um cume elevado até as profundidades oceânicas.)

Por esse motivo, Carr sugeriu que os antepassados das tartarugas verdes de Ascensão nadariam uma distância curta do Brasil para uma "proto-Ascensão", na crista atlântica central do cretáceo tardio. Quando essa ilha se moveu e se afundou, formou-se uma nova no seu lugar, e as tartarugas aventuraram-se um pouco mais longe. Esse processo continuou até que, como o corredor que percorre uma distância um pouco maior a cada dia e acaba se tornando um maratonista, as tartarugas se viram obrigadas a uma viagem de 2.000 milhas. (Essa hipótese histórica não aborda a questão fascinante de como as tartarugas conseguem encontrar esse ponto num mar de azul. Os recém-nascidos flutuam até o Brasil na corrente equatorial, mas como eles voltam? Carr supõe que começam sua viagem a partir de indicações celestes, terminando-a, finalmente, pela lembrança do aspecto [gosto? cheiro?] da água de Ascensão, quando detectam as proximidades da ilha.)

A hipótese de Carr é um excelente exemplo do uso do peculiar para a reconstrução da história. Gostaria de poder acreditar nela. Não estou preocupado com as dificuldades empíricas, já que elas não invalidam a teoria. Podemos ter certeza, por exemplo, de que uma nova ilha surgiu sempre a tempo de substituir a antiga, pois a ausência de uma ilha, mesmo que apenas por uma geração, descompensaria o sistema? E as novas ilhas surgiriam sempre suficientemente "dentro da rota" para que fossem encontradas? Ascensão tem menos de 7 milhões de anos de idade.

Por mim, estou mais preocupado com uma dificuldade teórica. Se toda a espécie de *Chelonia mydas* migrasse para Ascensão, ou, ainda melhor, se um grupo de espécies relacionadas fizesse a mesma viagem, nada teria a objetar, já que o comportamento pode ser tão antigo e tão herdável como a forma. Mas a *C. mydas* vive e procria no mundo inteiro. As tartarugas de Ascensão representam somente uma entre muitas populações. Embora seus antepassados possam ter vivido no charco atlântico há 200 milhões de anos, nosso registro do gênero *Chelonia* não remonta a mais de 15 milhões de anos, enquanto a espécie *C. mydas* é provavelmente bastante mais nova. (O registro fóssil, apesar de todas as suas lacunas, indica que poucas espécies de vertebrados sobreviveram por mais de 10 milhões de anos.) No esquema de Carr, as tartarugas que fizeram as primeiras viagens à proto-Ascensão seriam antepassados muito distantes da *C. mydas* (no mínimo, de outro gênero). Vários fenômenos de especiação separam esses antepassados cretáceos da moderna tartaruga verde. Consideremos agora o que terá acontecido, se Carr tiver razão. As espécies ancestrais devem ter sido divididas em várias populações de procriação, das quais apenas uma foi para proto-Ascensão. Esta espécie então evoluiu para outra e para outra, através dos muitos passos evolutivos que a separaram da *C. mydas*. Em cada passo, a população de Ascensão manteve sua integridade, evoluindo em conjunto com populações separadas de outras espécies.

Mas a evolução, pelo menos até onde a conhecemos, não trabalha dessa maneira. As novas espécies aparecem em populações pequenas e isoladas e espalham-se mais tarde. Subpopulações separadas de uma espécie muito dispersa não evoluem paralelamente, de uma espécie para a seguinte. Se as subpopulações são reservas de procriação separadas, qual a probabilidade de todas evoluírem na mesma direção e ainda serem capazes de cruzar umas com as outras, quando já tiverem mudado o suficiente para serem consideradas uma nova espécie? Suponho que a *C. mydas*, como muitas outras espécies, tenha surgido numa pequena área, em algum momento nos últimos 10 milhões de anos, quando a África e a América do Sul não estavam muito mais perto do que estão hoje.

Em 1965, antes da teoria da separação dos continentes ter entrado em voga, Carr propôs uma explicação diferente, que para mim tem mais sentido porque localiza a origem da população de Ascensão depois da evolução da *C. mydas*. Ele argumentou que os antepassados da população de Ascensão foram levados acidentalmente, pela corrente equatorial, da África ocidental para Ascensão. (Carr afirma que uma outra tartaruga da África ocidental, a *Lepidochelys olivacea*, colonizou a costa sul-americana seguindo essa rota.) Os recém-nascidos foram trazidos então ao Brasil pela mesma corrente leste-oeste. Claro que o regresso a Ascensão constitui o verdadeiro problema, mas o mecanismo de migração das tartarugas é tão misterioso, que não vejo qualquer barreira à suposição de que a lembrança do seu local de nascimento lhes seja impressa, sem a transmissão de informações genéticas pelas gerações anteriores.

Não acredito que a comprovação da separação continental tenha sido o único fator que levou Carr a mudar de idéia. Ele dá a entender que favorece sua nova teoria porque ela preserva alguns dos estilos básicos de explicação geralmente preferidos pelos cientistas (aliás incorretamente, na minha opinião iconoclasta). Pela nova teoria de Carr, a rota peculiar de Ascensão evoluiu gradualmente, de maneira sensata e previsível, passo a passo, enquanto que, do seu ponto de vista anterior, tratava-se de um acontecimento súbito, um acidental e imprevisível capricho da história. Os evolucionistas tendem a sentir-se mais confortáveis com teorias graduais e não-casuais. Penso que isso representa um profundo preconceito por parte das tradições filosóficas ocidentais, e não uma reflexão dos caminhos da natureza (ver ensaios da seção V). Encaro a nova teoria de Carr como uma hipótese arriscada em apoio a uma filosofia convencional. Suspeito que esteja errada, mas aplaudo o talento, o esforço e o método de Carr, porque ele segue o grande princípio histórico da utilização do peculiar como sinal de mudança.

Receio que as tartarugas ilustrem um outro aspecto da ciência histórica — nesse caso uma frustração, mais do que um princípio explicativo. Os resultados raramente especificam suas causas sem ambigüidade. Se não temos evidência direta a partir dos fósseis e dos registros humanos, somos forçados a inferir um processo a partir apenas dos seus resultados modernos, e aí somos geralmente impedidos ou reduzidos à especulação de probabilidades. Porque muitos caminhos levam a quase qualquer Roma.

Este "assalto" pertence às tartarugas — e por que não? Enquanto os marinheiros portugueses navegavam ao longo da costa da África, a *Chelonia mydas* nadou em linha reta em direção a um ponto no oceano. Enquanto os melhores cientistas do mundo lutaram séculos para inventar os instrumentos de navegação, a *Chelonia* olhou para os céus e prosseguiu em sua rota.

3 Problemas redobrados

Em 1654, o mais famoso pescador do mundo, antes de Ted Williams, escreveu acerca do seu engodo favorito: "Tenho um pequeno peixe artificial... tão curiosamente forjado e tão perfeitamente dissimulado, que enganaria qualquer truta de visão penetrante numa corrente rápida."

Um ensaio do meu livro anterior *Ever Since Darwin*, contava a história do *Lampsilis*, um mexilhão de água doce que tinha um "peixe"-isca montado em sua extremidade traseira. Esse notável engodo tem um "corpo" delgado, abas laterais simulando as barbatanas e a cauda e uma mancha-olho para aumentar o efeito; as abas inclusive ondulam, com um movimento rítmico que imita a natação. Esse "peixe", construído a partir de uma bolsa de chocar (o corpo) e da pele exterior do *Lampsilis* (barbatanas e cauda), atrai os peixes verdadeiros que sequer suspeitam desse processo, e permite à mãe lançar suas larvas em sua direção. Visto que as larvas de *Lampsilis* só podem crescer como parasitas das guelras de um peixe, esse engodo é de fato um dispositivo extremamente útil.

Fiquei surpreendido, recentemente, ao saber que o *Lampsilis* não está sozinho. Os ictiólogos Ted Pietsch e David Grobecker conseguiram um espécime único de um extraordinário peixe-pescador filipino, não como recompensa de intrépidas aventuras nas selvas, mas a partir daquele que é a fonte de tanta novidade científica — o vendedor do aquário local. (O reconhecimento, mais do que o empreendimento, é, muitas vezes, a base de descobertas exóticas.) Os peixes-pescadores atraem seu jantar, em vez de um transporte grátis para suas larvas. Apresentam uma barbatana dorsal muito modificada, ligada à ponta do nariz. Na extremidade dessa espinha montam um engodo apropriado. Algumas espécies de águas profundas, habitando um mundo escuro, intocado pela luz da superfície, pescam com uma fonte de luz própria: reúnem bactérias fosforescentes nas iscas. As espécies de águas rasas tendem a ter corpos coloridos e inchados e são muito parecidas com rochas incrustadas de esponjas e algas. Repousam inertes no fundo, ondeando ou agitando seus engodos conspícuos perto da boca. As "iscas" diferem de espécie para espécie, mas a maioria se parece com — freqüentemente de modo grosseiro — uma variedade de invertebrados que inclui as minhocas e os crustáceos.

Peixe-pescador (David B. Grobecker)

O peixe-pescador de Pietsch e Grobecker, por sua vez, desenvolveu um peixe-engodo tão impressionante quanto o engodo montado na extremidade traseira do *Lampsilis* — o que é inédito entre os peixes-pescadores. (O relato que fizeram recebeu o título apropriado de "The Compleat Angler", e traz como epígrafe uma citação de Walton mencionada acima.) Essa falsificação primorosa também apresenta manchas de pigmento semelhantes a olhos no lugar adequado. Além disso, há ainda filamentos comprimidos que representam as barbatanas peitorais e pélvicas da região ventral do corpo, extensões do dorso semelhantes às barbatanas dorsais e anais, e até uma projeção traseira que, aos olhos de todos, parece uma cauda. Pietsch e Grobecker concluem: "A isca é uma réplica quase exata de um pequeno peixe que poderia facilmente pertencer a qualquer uma das numerosas famílias percóides, comuns na região filipina." O peixe-pescador inclusive agita sua isca na água, "simulando as ondulações laterais de um peixe ao nadar".

Estes artifícios, quase idênticos, do peixe e do mexilhão podem parecer, à primeira vista, que decidem a causa a favor da evolução darwiniana. Se a seleção natural pode fazer isso duas vezes, certamente pode fazer qualquer coisa. No entanto — continuando o tema dos dois últimos ensaios e encerrando esta trilogia —, a perfeição serve tanto ao criacionista como ao evolucionista. Não declarou o salmista que "Os céus proclamam a glória de Deus; e o firmamento mostra seu trabalho manual"? Os dois últimos ensaios argumentaram que a imperfeição dá trunfos à evolução. Este ensaio discute a resposta darwiniana ao argumento da perfeição.

A única coisa mais difícil de explicar do que a perfeição é a perfeição repetida em animais muito diferentes. Um peixe na extremidade traseira de um mexilhão e outro à frente do nariz de um peixe-pescador — o primeiro desenvolvido a partir de uma bolsa de chocar e de uma pele externa, o segundo de uma barbatana espinhal — mais do que duplicam o problema. Não tenho dificuldades em defender a origem de ambos os "peixes" a partir da evolução. Uma série plausível de estágios intermediários pode ser identificada para o *Lampsilis*. O fato de o peixe-pescador utilizar uma barbatana espinhal para servir de engodo reflete o princípio de improvisação a partir de partes disponíveis, que faz com que o "polegar" do panda e o labelo da orquídea testemunhem tão fortemente a favor da evolução (ver o primeiro ensaio desta trilogia). Mas os darwinistas precisam fazer mais do que demonstrar a evolução; têm de defender o mecanismo básico da variação aleatória e da seleção natural como causa primária da mudança evolutiva.

Os evolucionistas antidarwinistas têm sempre adotado o desenvolvimento *repetido* de adaptações muito semelhantes em linhagens distintas como um argumento contra o conceito central darwiniano de que a evolução não é planejada, nem dirigida. Se organismos diferentes convergem repetidamente para as mesmas soluções, não significa isso que certas direções da evolução são predeterminadas, não sendo portanto estabelecidas pela seleção natural ao trabalhar sobre a variação aleatória? Não deveríamos considerar a própria forma repetida como uma causa dos numerosos acontecimentos evolutivos que a ela conduzem?

Por exemplo, Arthur Koestler, em sua última meia dúzia de livros, tem liderado uma campanha contra sua própria concepção equivocada do darwinismo. Ele alimenta a esperança de encontrar alguma força ordenadora que constranja a evolução a seguir certas direções, superando assim a influência da seleção natural. Seu baluarte é a repetida evolução de excelentes *designs* em linhagens separadas. Várias vezes cita os "esqueletos quase idênticos" dos lobos e do "lobo da tasmânia". (Este carnívoro marsupial assemelha-se a um lobo, mas, pela sua genealogia, está mais aparentado aos *wombats*, cangurus e coalas.) No seu último livro, *Janus*, Koestler escreve: "Até a evolução de uma única espécie de lobo por mutação aleatória mais seleção natural apresenta, como já vimos, dificuldades insuperáveis. Duplicar esse processo independentemente numa ilha e num continente seria o mesmo que um milagre."

A resposta darwiniana envolve simultaneamente uma negação e uma explicação. Primeiro, a negação: é manifestamente falso que formas muito convergentes sejam de fato idênticas. Louis Dollo, grande paleontólogo belga falecido em 1931, estabeleceu o princípio da "irreversibilidade da evolução" (também conhecido como "lei de Dollo"), que foi muito mal compreendido. Alguns cientistas mal informados pensam que Dollo advogava uma misteriosa força diretriz, guiando a evolução sempre para frente, sem permitir o mínimo recuo. Colocam-no entre os não-darwinistas que sentem que a seleção natural não pode ser a causa da ordem da natureza.

De fato, Dollo era um darwinista interessado no assunto da evolução convergente — o desenvolvimento repetido de adaptações similares em linhagens diferentes. A teoria elementar das probabilidades, argumentou ele, praticamente garante que a convergência jamais pode levar ao ponto da semelhança perfeita. Os organismos não podem apagar seu passado. Duas linhagens podem desenvolver semelhanças superficiais notáveis, em termos de adaptações a um modo comum de vida. Mas os organismos apresentam tantas partes complexas e independentes, que a probabilidade de todas elas evoluírem duas vezes em direção ao mesmo resultado é efetivamente nula. A evolução é irreversível; os sinais de ancestralidade são sempre preservados; a convergência, por mais impressionante que seja, é sempre superficial.

Considerem meu candidato à mais espantosa convergência de todas: o ictiossauro. Esse réptil com antepassados terrestres convergiu tão fortemente para os peixes, que desenvolveu uma barbatana dorsal e uma cauda justamente no lugar certo e segundo um esquema hidrológico correto. Essas estruturas são as mais notáveis de todas porque evoluíram a partir de nada — o réptil terrestre ancestral não tinha nenhuma elevação no dorso ou lâmina na cauda que servissem de antecedentes. Apesar disso, o ictiossauro não é um peixe, nem no seu aspecto geral, nem nos pormenores mais intricados. (Nos ictiossauros, por exemplo, a coluna vertebral atravessa a lâmina caudal inferior: nos peixes com vértebras caudais, a coluna dirige-se para a lâmina superior.) O ictiossauro continua sendo um réptil, desde os pulmões e a respiração superficial até as barbatanas, feitas a partir de ossos modificados das pernas, e não de raios espinhais.

Ictiossauro (Cortesia do Museu Americano de História Natural)

Os carnívoros de Koestler contam a mesma história. Tanto o lobo placentário como o "lobo" marsupial estão bem projetados para a caça, mas nenhum especialista confundiria seus esqueletos. As numerosas pequenas marcas da marsupialidade não são obliteradas pela convergência na forma e na função exteriores.

Em segundo lugar, a explicação: o darwinismo não é a teoria de mutação caprichosa que Koestler imagina. As variações aleatórias podem constituir a matéria bruta da mutação, mas a seleção natural constrói bons projetos, na medida em que rejeita a maior parte das variantes, aceitando e acumulando as poucas que melhoram a adaptação aos ambientes locais.

A razão básica para a convergência forte, por mais prosaica que possa parecer, é simplesmente que alguns modos de vida impõem critérios exigentes de forma e função a qualquer organismo atuante. Os mamíferos carnívoros têm de correr e atacar, não precisam de dentes molares moedores, já que abocanham sua comida e engolem-na. Os lobos, placentários ou marsupiais, são construídos para a corrida continuada, têm dentes caninos longos, afiados e pontiagudos, e molares reduzidos. Os vertebrados terrestres impulsionam-se com os membros e podem utilizar as caudas para manter o equilíbrio. Os peixes nadadores equilibram-se com as barbatanas e impulsionam-se com suas caudas. Os ictiossauros, vivendo como peixes, desenvolveram uma ampla cauda propulsora (como as baleias fizeram mais tarde — embora a cauda horizontal da baleia bata para cima e para baixo, enquanto a cauda vertical dos peixes e dos ictiossauros bate para os lados).

Ninguém abordou esse tema biológico do *design* aperfeiçoado e repetido de maneira mais eloqüente que D'Arcy Wentworth Thompson, em seu livro de 1942 *On Growth and Form*, ainda hoje editado e ainda tão relevante como sempre. Sir Peter Medawar, um homem que evita o exagero, descreve-o como "acima de qualquer comparação, o melhor trabalho de literatura em todos os anais de ciências já registrados em língua inglesa". Thompson, zoólogo, matemático, erudito clássico e estilista de prosa, foi distinguido com o grau de cavaleiro já na velhice, mas passou toda a sua vida profissional numa pequena universidade escocesa, porque suas idéias eram heterodoxas demais para conquistarem os prestigiosos empregos de Londres e Oxbridge.

Thompson era mais um reacionário brilhante do que um visionário. Levou Pitágoras a sério e trabalhou como um geômetra grego. Sentia um prazer especial em encontrar as formas abstratas de um mundo idealizado incorporadas uma e outra vez nos produtos da natureza. Por que é que aparecem hexágonos repetidos nas células de um favo de mel e nas placas de alguns cascos de tartaruga? Por que é que as espirais do cone de uma pinha e de um girassol (e muitas vezes das folhas em um tronco) seguem as séries de Fibonacci? (Um sistema de espirais irradiando de um ponto comum pode ser visto como um conjunto de espirais esquerdas ou direitas. As espirais esquerdas e direitas não são iguais em número, mas representam dois algarismos consecutivos das séries de Fibonacci. Essas séries são construídas adicionando-se os dois números anteriores para formar o seguinte: 1, 1, 2, 3, 5, 8, 13, 21, etc. O cone da pinha, por exemplo, tem 13 espirais esquerdas e 21 direitas.) Por que é que tantas conchas de caracol, chifres de carneiro e até a trajetória de uma mariposa em direção à luz seguem uma curva denominada "espiral logarítmica"?

A resposta de Thompson foi a mesma em todos os casos: essas formas abstratas são soluções ótimas para problemas comuns. Foram desenvolvidas repetidamente em grupos díspares porque constituem o melhor e, muitas vezes, o único caminho para a adaptação. Triângulos, paralelogramos e hexágonos são as únicas figuras planas que preenchem completamente o espaço, sem deixar buracos. Os hexágonos são muitas vezes preferidos porque se aproximam do círculo e maximizam a área interior relativa às paredes de apoio (construção mínima para um maior armazenamento de mel, por exemplo). O padrão de Fibonacci emerge automaticamente em qualquer sistema de espirais radiantes construído pela adição de novos elementos no seu vértice, um de cada vez, no maior espaço disponível. A espiral logarítmica é a única curva que não muda de forma quando cresce em tamanho. Posso identificar as formas abstratas de Thompson como adaptações ótimas, mas, quanto à questão metafísica maior de por que a "boa" forma exibe muitas vezes uma tal regularidade numérica simples, só posso manifestar ignorância e espanto.

Até aqui falei apenas de metade da questão contida no problema da perfeição. Discorri sobre os "porquês". Argumentei que a convergência nunca torna totalmente idênticos dois organismos complexos (circunstância que forçaria os processos darwinianos para além dos seus poderes razoáveis) e tentei explicar as repetições aproximadas como adaptações ótimas a problemas comuns com poucas soluções.

E acerca do "como"? Podemos saber para que servem o peixe do *Lampsilis* e o engodo do peixe-pescador, mas como surgiram? Este problema torna-se particularmente agudo quando a adaptação final é complexa e peculiar, embora construída a partir de órgãos conhecidos, com funções ancestrais diferentes. Se o engodo, semelhante a um peixe, do peixe-pescador requereu 500 modificações inteiramente separadas para atingir seu excelente mimetismo, então como é que o processo iniciou? E por que continuou, a menos que alguma força não-darwiniana, conhecedora do objetivo final, o tenha guiado para frente? Que benefícios se poderão extrair do primeiro passo, considerado isoladamente? Será a quinhentésima parte de uma fraude suficiente para inspirar a curiosidade de algum peixe verdadeiro?

Exaustiva, mas caracteristicamente profética, foi a resposta de D'Arcy Thompson a esse problema. Ele argumentou que os organismos são modelados diretamente pelas forças físicas que atuam sobre eles: as formas ótimas não são mais do que estados naturais da matéria plástica na presença de forças físicas apropriadas. Os organismos saltam subitamente de uma forma ótima para outra, quando o regime das forças físicas se altera. Sabemos agora que as forças físicas são, em muitos casos, fracas demais para construírem a forma diretamente — e aqui nos inclinamos para a seleção natural. Mas ficaremos perdidos se a seleção só puder agir aos poucos e de maneira paciente — um passo após o outro para construir qualquer adaptação complexa.

Penso que uma solução possível se encontra na essência do *insight* de Thompson, mas despojado de sua afirmação inconsistente de que as forças físicas modelam diretamente os organismos. Formas complexas são muitas vezes construídas por um sistema muito mais simples (em geral, muito simples) de fatores geradores. Durante o crescimento, as partes estão ligadas de modo intricado, e a alteração de uma delas pode refletir no organismo inteiro, mudando-o de diversas e imprevisíveis maneiras. David Raup, do Field Museum of Natural History de Chicago, adaptou o *insight* de D'Arcy Thompson a um computador moderno e mostrou que as formas básicas das conchas espiraladas — desde a nautilóide à do mexilhão e do caracol — podem ser todas geradas mediante a variação de apenas três gradientes simples de crescimento. Com o programa de Raup é possível transformar uma variedade de caracol de jardim num mexilhão comum, modificando apenas dois dos três gradientes. E, acreditem ou não, um gênero peculiar de caracóis modernos transporta de fato uma concha bivalve tão parecida com a do mexilhão convencional, que não pude deixar de arfar quando vi uma cabeça de caracol surgir por entre as valvas, num surpreendente filme em macrofotografia.

Com isso encerro minha trilogia sobre a questão da perfeição e da imperfeição como sinais da evolução. Mas todo esse conjunto constitui realmente uma extensa pesquisa sobre o "polegar" do panda, objeto concreto e único que produziu os três ensaios, apesar dos subseqüentes extravios e devaneios. O polegar, construído a partir de um osso do pulso, imperfeito enquanto um sinal da história, elaborado a partir de partes disponíveis. Dwight Davis enfrentou o dilema da impotência que afeta a seleção natural, se ela tiver de trabalhar ao longo de incontáveis passos para construir um panda a partir de um urso. E advogou a solução de D'Arcy Thompson da redução a um sistema simples de fatores geradores. Mostrou como o aparelho complexo que é o polegar, com todos os seus músculos e nervos, pode

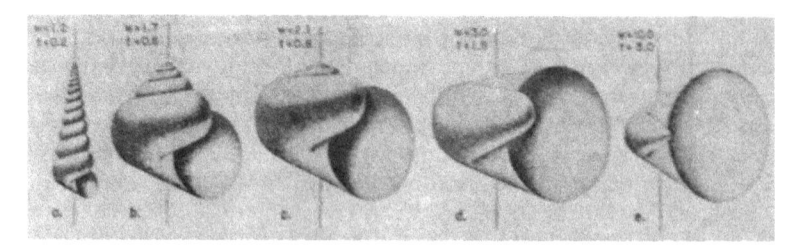

Nessas figuras, desenhadas por computador (não são caracóis verdadeiros, apesar das semelhanças), uma forma (à direita) muito semelhante a certos lamelibrânquios pode ser convertida num caracol (figuras da esquerda) simplesmente pelo decréscimo da taxa de crescimento da elipse geradora enquanto a "concha" cresce e pelo aumento da taxa de translação dessa elipse no eixo de espiralamento. Todas essas figuras são desenhadas pela especificação de apenas quatro parâmetros. (Cortesia de D. M. Raup, autor da fotografia)

surgir como um conjunto de conseqüências automáticas a partir de simples alargamento do osso sesamóideo radial. Argumentou então que mudanças complexas na forma e na função do esqueleto — a transição do estado onívoro para a alimentação exclusiva com bambus — poderiam ser expressas como conseqüência de uma ou duas modificações subjacentes. Concluiu que "muito poucos mecanismos genéticos — talvez não mais de meia dúzia — estiveram envolvidos na mudança adaptativa primária do *Ursus* (urso) para o *Ailuropoda* (panda). A ação da maior parte desses mecanismos pode ser identificada com razoável certeza".

E, assim, podemos passar da continuidade genética subjacente da mudança — um postulado darwiniano essencial — para uma alteração potencialmente episódica no seu resultado manifesto — uma seqüência de organismos adultos e complexos. Dentro dos sistemas complexos, a regularidade na entrada dos dados pode traduzir-se em mudanças episódicas no resultado. Encontramos aqui um paradoxo central da nossa existência e da nossa busca pela compreensão daquilo que nos fez. Sem esse nível de complexidade na construção não poderíamos ter desenvolvido cérebros para formularmos tais questões. Perante esse grau de complexidade, não podemos esperar encontrar soluções nas respostas simples que nosso cérebro gosta de idealizar.

SEÇÃO II

Darwiniana

4 A seleção natural e o cérebro humano: Darwin versus Wallace

No transepto sul da catedral de Chartres, a mais esplêndida das janelas medievais representa os quatro evangelistas como anões sentados nos ombros de quatro profetas do Antigo Testamento — Isaías, Jeremias, Ezequiel e Daniel. Quando vi essa janela pela primeira vez (em 1961, quando eu era ainda um universitário presunçoso) pensei imediatamente no famoso aforismo de Newton — "Se vi mais longe, foi porque me apoiei nos ombros de gigantes" — e imaginei que tinha feito uma grande descoberta ao desvendar assim sua falta de originalidade. Anos mais tarde, e já mais humilde por muitas e variadas razões, soube que Robert K. Merton, o célebre sociólogo da ciência da Universidade de Colúmbia, dedicara um livro inteiro às aplicações pré-newtonianas dessa metáfora.

O livro em questão intitula-se, apropriadamente, *Sobre os Ombros de Gigantes*. De fato, Merton faz recuar o bom mote a Bernardo de Chartres em 1126 e cita vários eruditos que acreditam que as janelas do grande transepto sul, instaladas após a morte de Bernardo, representam uma tentativa explícita de aprisionar no vidro sua metáfora.

Embora tenha sabiamente construído seu livro como um périplo delicioso e brincalhão através da vida intelectual da Europa medieval e renascentista, Merton tem de fato um ponto sério a averbar, porque devotou muito do seu trabalho ao estudo das descobertas múltiplas na ciência. Mostrou que quase todas as grandes idéias aparecem mais de uma vez — de forma independente e, freqüentemente, quase ao mesmo tempo — e que os grandes cientistas estão impregnados de suas culturas, e não divorciados delas. A maior parte das grandes idéias está "no ar", e muitos eruditos passam suas redes ao mesmo tempo.

Um dos mais famosos "múltiplos" de Merton encontra-se no meu próprio campo da biologia evolucionista. Darwin, para contar brevemente a famosa história, desenvolveu sua teoria da seleção natural em 1838, apresentando-a em dois esboços não publicados, em 1842 e 1844. Então, nunca duvidando de sua teoria por um momento que fosse, mas receando expor as implicações revolucionárias que ela traria, continuou a "cozinhar", a hesitar, a esperar, a ponderar e a coletar dados durante mais quinze anos. Finalmente, devido à insistência virtual dos amigos mais íntimos, começou a trabalhar em seus registros, com a intenção de publicar um volume maciço que teria sido quatro vezes maior que o publicado *A Origem das Espécies*. Mas, em 1858, Darwin recebeu uma carta e um manuscrito de Alfred Russel Wallace, um jovem naturalista que idealizara independentemente a mesma teoria da seleção natural, enquanto jazia doente de malária numa ilha do arquipélago malaio. Darwin ficou assombrado com a pormenorizada semelhança. Wallace afirmava, inclusive, ter-se inspirado na mesma fonte não-biológica — o livro de Malthus *Ensaio sobre a População*. Em estado de grande ansiedade, Darwin teve o esperado gesto de magnanimidade, mas esperando ardentemente encontrar algum modo de preservar sua prioridade legítima. Escreveu a Lyell: "Prefiro queimar todo o meu livro a que ele [Wallace] ou qualquer outra pessoa possa pensar que agi com mesquinhez." Mas juntou a sugestão: "Se eu pudesse publicar honrosamente, declararia que fora induzido a publicar agora um esboço ... devido a Wallace ter me enviado uma resenha das minhas conclusões gerais." Lyell e Hooker morderam o anzol e vieram em socorro de Darwin. Enquanto este ficava em casa, enlutado com a morte de seu filho pequeno (devida a escarlatina), apresentaram um artigo conjunto à Sociedade Lineana, com um excerto do ensaio de Darwin de 1844, juntamente com o manuscrito de Wallace. Um ano mais tarde, Darwin publicou o febrilmente compilado "resumo" de um trabalho maior, *A Origem das Espécies*. Wallace fora eclipsado.

Wallace tem permanecido, através da história, como a sombra de Darwin. Em público e privado, Darwin era sempre decente e generoso para com seu colega mais novo. Em 1870 escreveu a Wallace: "Espero que seja uma satisfação para você pensar — e muito poucas coisas na minha vida me têm dado mais satisfação — que nunca sentimos qualquer ciúme um do outro, embora em certo sentido sejamos rivais." Wallace, por sua vez, usava a maior deferência para com Darwin. Em 1864 escreveu-lhe: "Em relação à própria teoria da Seleção Natural, manterei sempre que ela é sua e exclusivamente sua. Você trabalhou em muitos pontos em que eu nunca pensara, anos antes de eu ter tido um raio de luz sobre o assunto e o meu artigo jamais teria convencido ninguém, ou seria notado apenas como uma especulação engenhosa, enquanto seu livro revolucionou o estudo da história natural e cativou os melhores homens da presente época."

Essa genuína afeição e apoio mútuo mascararam um desentendimento sério entre ambos, que poderia ter constituído a questão fundamental da teoria evolucionista — tanto naquela época como hoje. Até que ponto a seleção natural é exclusiva, enquanto agente da mutação evolutiva? Todas as características dos organismos devem ser encaradas como adaptações? Todavia, o papel de Wallace como *alter ego* subordinado de Darwin está tão firmemente implantado nas descrições populares, que poucos estudiosos da evolução estão sequer cientes do fato de que eles divergiram por vezes em questões teóricas. Mais ainda, numa área específica em que seu desacordo público foi manifestamente registrado — a origem do intelecto humano —, muitos escritores contaram a história ao contrário, porque não souberam situar o debate no contexto de um desacordo mais geral acerca do poder da seleção natural.

Todas as idéias sutis podem ser trivializadas e até vulgarizadas por descrições absolutas e inflexíveis. Marx sentiu-se compelido a negar que fosse marxista, enquanto Einstein se viu confrontado com a deturpação daquilo que ele quis dizer com "tudo é relativo". Darwin viveu o suficiente para ver seu nome abusivamente ligado a uma opinião extrema, que ele nunca defendera — porque o "darwinismo" tem sido freqüentemente definido, tanto nos seus dias como nos nossos, como a crença de que virtualmente toda mudança evolutiva é produto da seleção natural. De fato, muitas vezes Darwin se queixou, com uma amargura nada características dessa má apropriação do seu nome. Na última edição de *A Origem das Espécies* (1872), ele escreveu: "Como as minhas conclusões têm sido ultimamente muito mal apresentadas, e se tem dito que atribuo a modificação das espécies exclusivamente à seleção natural, quero observar que, na primeira edição deste trabalho e subseqüentemente, coloquei numa posição muito conspícua — nomeadamente, no fecho da Introdução — as seguintes palavras: Estou convencido de que a seleção natural tem sido o principal, mas não o exclusivo, meio da modificação. Isso de nada valeu. Grande é o poder da deturpação constante."

No entanto, a Inglaterra albergava de fato um pequeno grupo de selecionistas estritos — "darwinianos", num sentido menos apropriado —, e Alfred Russel Wallace era o seu líder. Esses biólogos atribuíam toda mudança evolutiva à seleção natural e consideravam cada elemento morfológico, cada função orgânica, cada comportamento como uma adaptação, um produto da seleção conduzindo a um organismo "melhor". Tinham uma profunda convicção na "exatidão" da natureza, na adaptação requintada de todas as criaturas aos seus ambientes. Num sentido curioso, eles quase reintroduziram a noção criacionista da harmonia natural, substituindo uma deidade benévola pela força onipotente da seleção natural. Darwin, por outro lado, era um pluralista consistente contemplando um universo confuso, que logrou divisar muita adequação e harmonia porque acreditava que a seleção natural ocupa um lugar destacado entre as forças evolutivas. Mas outros processos funcionam tão bem como ela, e os organismos apresentam um conjunto de características que não são adaptações e não promovem diretamente a sobrevivência. Darwin enfatizou dois princípios que levam à mudança não-adaptativa:

1) Os organismos são sistemas integrados e uma mudança adaptativa numa das suas partes pode levar a modificações não-adaptativas de outras características ("correlações de crescimento", nas palavras de Darwin).

2) Um órgão construído para um papel específico, sob a influência da seleção, pode ser capaz de desempenhar também muitas outras funções não-selecionadas, em conseqüência da sua estrutura.

Wallace afirmou sua linha dura hiperselecionista ("darwinismo puro", nos seus termos) num artigo de 1867, chamando-lhe "uma dedução necessária a partir da teoria da seleção natural":

Nenhum dos fatos definidos da seleção orgânica, nenhum órgão especial, nenhuma forma característica ou distintiva, nenhuma peculiaridade do instinto ou do hábito, nenhuma relação entre espécies ou grupos de espécies — nada disso pode existir, a menos que seja, ou tenha sido alguma vez, útil aos indivíduos ou às raças que os possuem.

Na verdade, argumentou ele mais tarde, qualquer coisa aparentemente inútil apenas reflete nossa falta de conhecimento — um argumento importante, já que torna o princípio da utilidade invulnerável a refutações apriorísticas: "A asserção de 'inutilidade' no caso de qualquer órgão... não é, nem nunca poderá ser, a enunciação de um fato, mas meramente uma expressão da nossa ignorância acerca do seu propósito ou origem."

Todos os debates públicos e privados que Darwin manteve com Wallace centraram-se sobre suas asserções divergentes acerca do poder da seleção natural. Cruzaram espadas primeiro sobre a questão da "seleção sexual", o processo subsidiário que Darwin propusera para explicar a origem das características que pareciam irrelevantes ou até nocivas na habitual "luta pela sobrevivência" (expressa primeiramente na alimentação e na defesa), mas que podiam ser interpretadas como meios para aumentar o êxito no acasalamento — os cornos elaborados do veado ou as penas da cauda do pavão, por exemplo. Darwin propôs dois tipos de seleção sexual — a competição entre os machos pelo acesso às fêmeas e a escolha exercida pelas próprias fêmeas — e atribuiu muito da diferenciação racial entre os seres humanos modernos à seleção sexual, baseando-se nos diferentes critérios de beleza que aparecem entre os vários povos. (Seu livro sobre a evolução humana — *A Descendência do Homem*, 1871 — é realmente uma amálgama de dois trabalhos: um longo tratado sobre a seleção sexual no reino animal e um ensaio especulativo mais curto sobre as origens humanas, baseado sobretudo na seleção sexual.)

A noção de seleção sexual não é de fato contrária à de seleção natural, porque constitui apenas outro caminho para o imperativo darwiniano de êxito reprodutivo diferencial. Mas Wallace não gostava da seleção sexual por três razões: comprometia a generalidade dessa visão peculiar do século XIX da seleção natural como batalha pela própria vida, e não meramente pela cópula; colocava, no todo, muita ênfase sobre a "volição" dos animais, particularmente no conceito de escolha pela fêmea; e, mais importante ainda, admitia o desenvolvimento de numerosas e importantes características irrelevantes, se não até verdadeiramente nocivas, para o funcionamento de um organismo como máquina bem projetada. Assim, Wallace via na seleção sexual uma ameaça à sua concepção dos animais como obras de uma engenharia requintada, construídos pela força puramente material da seleção natural. (De fato, Darwin havia desenvolvido amplamente o conceito para explicar por que tantas diferenças entre os grupos humanos são irrelevantes para a sobrevivência baseada num bom projeto, refletindo apenas a variedade dos critérios caprichosos de beleza que surgiram entre as várias raças, sem nenhuma razão adaptativa. Wallace aceitava a seleção sexual baseada no combate entre os machos como algo suficientemente próximo da metáfora de batalha que influenciava sua concepção da seleção natural. Mas rejeitava a noção de escolha pela fêmea, e incomodou bastante Darwin com suas tentativas especulativas para atribuir à ação adaptativa da seleção natural todas as características surgidas dessa escolha.)

Em 1870, quando preparava *A Descendência do Homem*, Darwin escreveu a Wallace: "Aflige-me divergir de você, e esse fato realmente me aterroriza e me faz desconfiar constantemente de mim. Receio que nunca chegaremos a entender um ao outro." Darwin esforçou-se para entender a relutância de Wallace e até para aceitar a fé dos seus amigos numa seleção natural pura: "Você gostará de ouvir", escreveu ele a Wallace, "que estou atravessando sérias dificuldades acerca da proteção e da seleção sexual; esta amanhã oscilei com alegria na sua direção; esta tarde balancei de volta à [minha] antiga posição, da qual receio que nunca sairei."

Mas o debate sobre a seleção sexual foi apenas um prelúdio a um desentendimento muito mais sério e famoso sobre o assunto mais emocional e litigioso de todos — as origens humanas. Em suma, Wallace, o hiperselecionista, o homem que censurava Darwin pela relutância em ver a ação da seleção natural em cada nuance da forma orgânica, deteve-se abruptamente perante o cérebro humano. Nosso intelecto e senso moral, argumentou Wallace, não podiam ser produto da seleção natural; portanto, já que a seleção natural é a única via da evolução, algum poder mais elevado — Deus, para pôr a questão diretamente — deve ter intervindo para construir a última e a maior das inovações orgânicas.

Se Darwin já ficara desolado com o fracasso da sua tentativa para impressionar Wallace com a seleção sexual, estava agora positivamente agastado com a abrupta volta-face do seu antagonista à linha de chegada. Assim, escreveu a Wallace em 1869: "Espero que você não tenha assassinado completamente a sua e a minha criança." Um mês depois insistiu: "Se você não tivesse dito isso a mim teria pensado que [as suas observações sobre o homem] foram acrescentadas por outra pessoa. Como era de esperar, divirjo lamentavelmente de você e estou muito triste por causa disso." Wallace, sensibilizado pela zombaria, passou a referir-se à sua teoria do intelecto humano como "a minha heresia especial".

A apostasia de Wallace, à beira de concluir uma teoria consistente, exemplifica a falta de coragem em dar o último passo e admitir completamente o homem no sistema natural — um passo que Darwin deu, com louvável fortaleza de espírito, em dois livros: *A Descendência do Homem* (1871) e *A Expressão das Emoções* (1872). Assim, Wallace emerge de muitos relatos históricos como um homem menor do que Darwin por uma (ou mais) de três razões, todas relacionadas com a sua posição sobre as origens do intelecto humano: por simples covardia; por incapacidade de transcender as restrições da cultura e as visões tradicionais da singularidade humana; e pela incoerência de advogar tão fortemente a seleção natural (no debate sobre a seleção sexual) para vir a abandoná-la no momento mais crucial.

Não posso analisar a psique de Wallace e não comentarei seus motivos profundos para se agarrar firmemente ao intransponível hiato entre o intelecto humano e o comportamento de simples animais. Mas posso avaliar a lógica do seu argumento e reconhecer que o relato tradicional acerca disso é não apenas incorreto, mas sobretudo retrógrado. Wallace não abandonou a seleção natural quando chegou ao limiar do humano. Foi sua visão particularmente rígida da seleção natural que o levou, muito consistentemente, a rejeitá-la em relação à mente humana. Sua posição nunca mudou — a seleção natural é a única causa das mudanças evolutivas mais importantes. Seus dois debates com Darwin — sobre a seleção sexual e a origem do intelecto humano — tipificam o mesmo argumento, e não um Wallace incoerente, defendendo a seleção num caso e afastando-se dela no outro. O erro de Wallace acerca do intelecto humano surgiu da inadequação do seu selecionismo rígido, e não da incapacidade em aplicá-lo. E é compensador estudar seu argumento hoje, já que a falha desse argumento persiste como o elo frágil em muitas das especulações evolutivas "modernas" da nossa literatura corrente. Porque o rígido selecionismo de Wallace está mais perto da atitude incorporada à teoria que favorecemos hoje — a qual, ironicamente neste contexto, é designada pelo nome de "neodarwinismo" — do que o pluralismo de Darwin.

Wallace apresentou vários argumentos a favor da singularidade do intelecto humano, mas sua pretensão central começa com uma posição extremamente invulgar para o seu tempo, posição que, vista em retrospectiva, merece nosso mais alto elogio. Wallace foi um dos poucos não-racistas do século XIX; acreditava realmente que todos os grupos humanos tinham a mesma capacidade intelectual inata. Defendeu esse igualitarismo, decididamente não-convencional, com dois argumentos, um anatômico e outro cultural. Afirmou, em primeiro lugar, que o cérebro dos "selvagens" não é nem muito menor, nem mais pobremente organizado do que o nosso: "No cérebro dos selvagens mais inferiores e, tanto quanto sabemos, no das raças pré-históricas, encontramos um órgão... pouco inferior em tamanho e complexidade ao do tipo superior." Além disso, já que o condicionamento cultural pode integrar o mais rude de todos os selvagens em nossa vida mais requintada, a rudeza em si deve resultar de uma falha no uso das capacidades existentes, e não da sua ausência: "As capacidades encontram-se latentes nas raças inferiores, já que, sob treino europeu, bandas militares nativas têm sido formadas em muitos lugares do mundo, sendo capazes de tocar dignamente a melhor música moderna."

Claro que, ao denominar Wallace de não-racista, não quero dizer que ele considerava as práticas culturais de todos os povos como sendo iguais em valor intrínseco. Wallace, como muitos dos seus con temporâneos, era um chauvinista cultural que não duvidava da evidente superioridade das maneiras européias. Ele pode ter sido generoso quanto às capacidades dos "selvagens", mas tinha certamente uma opinião pouco favorável acerca do modo de vida deles, como colocou, equivocadamente: "Nossa lei, nosso governo e nossa ciência exigem continuamente que raciocinemos para atingir o resultado esperado através de uma grande variedade de fenômenos complicados. Até nossos jogos, tais como o xadrez, compelem-nos a exercitar essas faculdades em alto grau. Comparemos isto com as línguas selvagens, que não contêm palavras para as concepções abstratas; com a ausência total de previsão do homem selvagem para lá das suas necessidades imediatas; com sua incapacidade para combinar, comparar ou raciocinar sobre qualquer assunto geral que não apele imediatamente aos seus sentidos."

Daí o dilema de Wallace: todos os "selvagens", desde os nossos antepassados até seus sobreviventes modernos, tinham cérebros plenamente capazes de desenvolver e apreciar todas as sutilezas mais finas da arte, da moralidade e da filosofia européias; no entanto, no seu estado natural, usavam somente uma pequena fração dessa capacidade na construção das suas culturas rudimentares, com linguagens pobres e uma moralidade repugnante.

Mas a seleção natural só pode adaptar uma característica para uso imediato, e o cérebro ultrapassa de longe aquilo que realizou na sociedade primitiva; logo, a seleção natural não pode tê-lo construído:

> Um cérebro 50% maior que o de um gorila teria ... sido suficiente para o desenvolvimento mental limitado do selvagem; e devemos, portanto, admitir que o grande cérebro que ele de fato possui nunca poderia ter sido desenvolvido somente por alguma dessas leis da evolução, cuja essência reside no fato de conduzirem a um grau de organização exatamente proporcional às necessidades de cada espécie, nunca além dessas necessidades... a seleção natural só teria dotado o homem selvagem de um cérebro alguns graus superior ao de um macaco, enquanto ele possui de fato um cérebro muito pouco inferior ao de um filósofo.

Wallace não confinou esse argumento geral ao intelecto abstrato, estendendo-o a todos os aspectos do "refinamento" europeu, em particular à música e à linguagem. Consideremos seus pontos de vista sobre "o maravilhoso poder, alcance, flexibilidade e suavidade dos sons musicais produzidos pela laringe humana, especialmente no sexo feminino".

Os hábitos dos selvagens não dão qualquer indicação de como essa faculdade poderia ter sido desenvolvida pela seleção natural, porque ela nunca é requerida, nem usada por eles. O canto dos selvagens é um uivado mais ou menos monótono, e as fêmeas raramente cantam seja o que for. Os selvagens nunca escolhem suas mulheres por suas vozes delicadas, mas sim pela saúde vigorosa, a força e a beleza física. A seleção sexual não poderia, portanto, ter desenvolvido esse maravilhoso poder, que só desabrocha entre os povos civilizados. É como se o órgão tivesse sido preparado, antecipadamente, ao futuro progresso do homem, já que encerra capacidades tardias inúteis para ele na sua condição primitiva.

Finalmente, se nossas capacidades mais elevadas apareceram antes de as usarmos ou precisarmos delas, então não podem ser produto da seleção natural. E, se elas se originaram em antecipação a uma necessidade futura, então devem ser a criação direta de uma inteligência superior: "A inferência que eu traçaria a partir dessa classe de fenômenos é que uma inteligência superior guiou o desenvolvimento do homem numa direção definida e para um propósito especial." Wallace aderira ao campo da teologia natural. Darwin protestou, falhou na tentativa de demover seu parceiro e, finalmente, lamentou.

A falácia do argumento de Wallace não constitui uma simples má-vontade em estender a evolução aos seres humanos, mas antes o hiperselecionismo que permeou todo o seu pensamento evolutivo. Porque, se o hiperselecionismo é válido — se cada parte de cada criatura se desenvolve apenas, e exclusivamente, para uso imediato —, então Wallace não pode ser refutado. Os primeiros homens de Cro-Magnon, dotados de cérebros maiores do que os nossos, produziram esplêndidas pinturas em suas cavernas, mas não escreveram sinfonias, nem construíram computadores. Tudo o que temos realizado desde então é o produto da evolução cultural baseada num cérebro de capacidade invariável. Do ponto de vista de Wallace, esse cérebro não poderia ser produto da seleção natural, já que sempre possuiu capacidades que excediam bastante sua função original.

Mas o hiperselecionismo não é válido. Ele representa uma caricatura da visão mais sutil de Darwin, ao mesmo tempo que ignora e se equivoca sobre a natureza da forma e da função orgânicas. A seleção natural pode construir um órgão "para" uma função específica ou para um grupo de funções, mas não é preciso que este "propósito" especifique completamente a capacidade desse órgão. Objetos projetados para propósitos definidos podem, como resultado da sua complexidade estrutural, desempenhar também muitas outras tarefas. Uma fábrica pode instalar um computador só para emitir os cheques dos pagamentos mensais, mas uma máquina como essa pode também analisar os resultados eleitorais ou "flagelar o traseiro" de alguém (ou, pelo menos, embaraçá-lo perpetuamente). Nossos grandes cérebros podem ter-se originado apenas "para" determinado conjunto de habilidades necessárias, como procurar comida, viver em sociedade ou quaisquer outras; mas essas habilidades não esgotam os limites do que essa máquina complexa pode fazer. Felizmente, para nós, os limites incluem, entre outras coisas, a capacidade de escrever, desde listas de compras (para todos nós) a grandes óperas (para alguns poucos). E nossa laringe pode ter surgido "para" uma gama limitada de sons articulados necessários à coordenação da vida social, embora o seu projeto físico nos permita fazer muito mais com ela, desde cantar no chuveiro até tornar-nos uma prima-dona.

O hiperselecionismo tem estado conosco há muito tempo, sob vários aspectos, pois representa a versão científica, de finais do século XIX, do mito da harmonia natural — tudo é para o melhor no melhor dos mundos possível (todas as estruturas bem projetadas para um propósito definido, neste caso). É, na verdade, a visão do louco dr. Pangloss, tão vivamente satirizado por Voltaire no *Cândido* — o mundo não é necessariamente bom, mas é o melhor que possivelmente poderíamos ter. Como diz o bom doutor numa famosa passagem que antecipou Wallace em cerca de um século, mas que capta a essência do que está tão profundamente errado em seu argumento: "As coisas não podem ser senão aquilo que são... Tudo é feito para o melhor propósito. Nossos narizes foram feitos para transportar óculos, logo nós temos óculos. As pernas foram claramente pensadas para usar calções, e nós os usamos." O panglossianismo ainda não está morto — claro que não, quando tantos livros da literatura popular sobre o comportamento humano afirmam que desenvolvemos nosso grande cérebro "para" caçar e remontam todos os nossos males correntes aos limites de pensamento e emoção supostamente impostos por esse modo de vida.

Ironicamente, então, o hiperselecionismo de Wallace conduziu diretamente e de novo à crença básica do criacionismo que pretendia substituir — uma fé na "exatidão" das coisas, um lugar definido para cada objeto num todo integrado. Wallace escreveu, muito injustamente, acerca de Darwin:

> Ele, cujos ensinamentos foram no princípio estigmatizados como degradantes ou até ateísticos, por devotar aos variados fenômenos dos

seres vivos um carinhoso, paciente e reverente estudo, próprio de quem realmente tinha fé na beleza, harmonia e perfeição da criação, tornou possível trazer à luz inúmeras adaptações e provar que as mais insignificantes partes dos seres vivos menos importantes têm um emprego e um propósito.

Não nego que a natureza tenha as suas harmonias. Mas a estrutura também tem suas capacidades latentes. Construída para uma coisa, pode fazer outras — e nesta flexibilidade residem ambas, a confusão e a esperança das nossas vidas.

5 O meio-termo de Darwin

"Começamos a navegar no apertado estreito lamentando-nos", narra Ulisses. "Porque de um lado estava Cila, com doze pés todos a abanar; e seis pescoços excessivamente longos, cada um deles com uma cabeça medonha, e nesse lugar três fileiras de dentes à mostra, cheias de morte negra. E no outro a poderosa Caribdes sugava para o fundo a salgada água do mar. Tão freqüentemente como a vomitava para diante, como um caldeirão num grande fogo ela fervilhava através de todas as suas agitadas profundezas." Ulisses conseguiu guinar à volta de Caribdes, mas Cila apanhou seis dos seus melhores homens e devorou-os à sua vista — "a mais lamentável coisa que os meus olhos viram em todo o meu trabalho em busca dos caminhos do mar".

Falsos engodos e perigos aparecem freqüentemente aos pares em nossas lendas e metáforas — considerem a frigideira e o fogo, ou o demônio e o profundo mar azul. As prescrições para evitá-los ou realçam uma obstinada firmeza — a retidão e a restrição dos evangelistas cristãos —, ou uma média entre alternativas desagradáveis — o meio-termo áureo de Aristóteles. A idéia de fixar uma rota entre extremos indesejáveis emerge como prescrição central para uma vida sensível.

A natureza da criatividade científica constitui, ao mesmo tempo, um tópico perene de discussão e um primeiro candidato à busca de um meio-termo áureo. As duas posições extremas nunca competem diretamente pela fidelidade do imprudente. Ao contrário, substituem-se alternadamente, uma ascendendo à medida que a outra é eclipsada.

A primeira — o indutivismo — sustentava que os grandes cientistas são, antes de tudo, grandes observadores e acumuladores pacientes de informações. Porque, segundo os inducionistas, teorias novas e significativas só podem surgir baseadas num conjunto firme de fatos. Nessa visão arquitetônica, cada fato constitui um tijolo numa estrutura construída sem projetos. Qualquer conversa ou pensamento acerca da teoria (o edifício concluído) é tolo e prematuro antes de se assentarem os tijolos.

O indutivismo já desfrutou de grande prestígio na ciência, e chegou a representar uma posição "oficial", pois angariava, embora falsamente, a honestidade absoluta, a objetividade completa e a natureza quase automática do progresso científico em direção a uma verdade final e incontestável.

E, no entanto, como seus críticos tão corretamente apontavam, o indutivismo também representava a ciência como uma disciplina sem coração, quase inumana, que não oferecia lugar legítimo para as sutilezas, a intuição e todos os outros atributos subjetivos inerentes à nossa noção vernácula de gênio. Os críticos afirmavam que os grandes cientistas se distinguem mais pelas suas capacidades de suposição e de síntese do que pela sua habilidade na experimentação ou na observação. As críticas ao indutivismo são certamente válidas, e eu acolho o seu destronamento nos últimos trinta anos como um prelúdio necessário a uma melhor compreensão. No entanto, ao atacá-lo tão acirradamente, alguns críticos tentaram substituí-lo por uma alternativa igualmente extrema e improdutiva na sua ênfase da subjetividade essencial do pensamento criativo. Nessa visão do tipo *eureka*, a criatividade constitui algo de inefável, apenas acessível a pessoas de gênio. Surge como um relâmpago de luz, imprevisto, súbito e impossível de ser analisado — mas os relâmpagos atingem apenas algumas poucas pessoas especiais. Nós, os mortais comuns, devemos manter-nos temerosos e gratos. (O termo refere-se, claro, à lendária história de Arquimedes correndo nu pelas ruas de Siracusa a gritar *Eureka!* [Descobri!] quando a água deslocada pelo seu corpo no banho abriu-lhe subitamente os olhos, sugerindo-lhe um método para medir volumes.)

Estou igualmente desencantado com os dois extremos opostos. O indutivismo reduz o gênio a enfadonhas operações de rotina; o eurekaísmo confere-lhe uma condição de inacessível, mais no domínio do mistério intrínseco do que numa esfera onde pudéssemos compreender e aprender a partir dele. Possamos nós não desposar as boas características de cada visão e abandonar tanto o elitismo do eurekaísmo, como as qualidades prosaicas do indutivismo. Possamos nós não reconhecer o caráter pessoal e subjetivo da criatividade, mas compreendê-la ainda como um modo de pensamento que salienta ou exagera capacidades suficientemente comuns a todos, de maneira que possamos pelo menos compreendê-la, se não mesmo imitá-la.

Na hagiografia da ciência, alguns cientistas ocupam posições tão elevadas, que todos os argumentos, para terem alguma validade, devem ser creditados a eles. Charles Darwin, como o santo principal da biologia evolutiva, tem sido, conseqüentemente, apresentado ao mesmo tempo como indutivista e exemplo principal de eurekaísmo. Tentarei mostrar que essas interpretações são igualmente inadequadas, e que os estudos recentes sobre a odisséia pessoal de Darwin em direção à teoria da seleção natural apóiam uma posição intermediária.

Tão grande era o prestígio do indutivismo nos seus dias, que o próprio Darwin caiu sob a sua influência e, na velhice, ilustrou falsamente à sua luz as realizações da juventude. Numa autobiografia, escrita como lição de moral para os seus filhos e sem intenções de publicação, escreveu algumas linhas famosas que enganaram os historiadores durante quase cem anos. Descrevendo o seu caminho para a teoria da seleção natural, afirmou: "Trabalhei sobre princípios verdadeiramente baconianos e sem quaisquer fatos reunidos em função de uma teoria geral."

A interpretação indutivista centra-se nos cinco anos de Darwin a bordo do *Beagle* e explica sua transição de estudante de ministério a nêmesis* dos pregadores, por causa da aplicação dos seus argutos poderes de observação ao conjunto do mundo. Assim, como relata a história tradicional, os olhos de Darwin abriram-se cada vez mais à medida que foi vendo os ossos de mamíferos fósseis gigantes da América do Sul, as tartarugas e os tentilhões das Galápagos e a fauna marsupial da Austrália. A verdade da evolução e o seu mecanismo de seleção natural impuseram-se a ele de maneira gradual, conforme submetia os fatos a um crivo de objetividade absoluta.

Os pontos falhos dessa história são melhor ilustrados pela falsidade do seu primeiro exemplo convencional — os chamados tentilhões de Darwin das Galápagos. Sabemos agora que, embora esses pássaros compartilhem uma ancestralidade recente e comum no continente-mãe sul-americano, um impressionante conjunto de espécies se espalhou pelas distantes Galápagos. Poucas espécies terrestres conseguem atravessar a grande barreira oceânica entre a América do Sul e as Galápagos. Mas os migrantes afortunados encontram muitas vezes um mundo escassamente habitado, desprovido dos competidores que limitam suas oportunidades no populoso continente. Assim, os tentilhões evoluíram de modo a desempenhar papéis normalmente atribuídos a outros pássaros e desenvolveram o seu famoso conjunto de adaptações para a alimentação — a trituração de sementes, a ingestão de insetos e até a manipulação de espinhos de cacto para desalojar insetos das plantas. O isolamento das ilhas, quer em relação ao

---

* Em inglês, o termo *nemesis* se refere a um castigo inevitável, freqüentemente considerado como uma força ativa ou divina (na mitologia, Nêmesis é a deusa da vingança). Por extensão, pode significar também a pessoa que carrega esse castigo ou, numa terceira acepção, um inimigo ou oponente poderoso. (N. R.)

continente quer entre elas, propiciou uma oportunidade para a separação, a adaptação independente e a especiação.

De acordo com a visão tradicional, Darwin descobriu esses tentilhões, inferiu corretamente sua história e escreveu no livro de apontamentos as famosas linhas: "Se existe algum fundamento nessas observações, a zoologia dos arquipélagos merecerá exame atento; porque tais fatos enfraqueceriam a estabilidade das espécies." Mas, tal como em tantas histórias heróicas, desde a cerejeira de Washington à piedade dos cruzados, é a esperança, mais do que a verdade, que motiva a interpretação comum. Darwin certamente encontrou os tentilhões. Mas não os reconheceu como variante de um tronco comum. De fato, ele nem sequer registrou em que ilha muitos deles foram descobertos — algumas das suas etiquetas dizem apenas "Ilhas Galápagos". Tanto pior para o seu reconhecimento imediato do papel do isolamento na formação de novas espécies. E só reconstruiu a história evolutiva após seu regresso a Londres, quando um ornitologista do Museu Britânico identificou corretamente todos os pássaros como tentilhões.

A famosa citação do seu livro de apontamentos refere-se às tartarugas das Galápagos e à afirmação dos habitantes nativos de que podiam "dizer imediatamente de que ilha fora trazida qualquer tartaruga", a partir de diferenças sutis no tamanho e na forma do corpo e das patas. Trata-se de uma afirmação de ordem diferente e muito reduzida em relação à história tradicional dos tentilhões. Porque estes últimos constituem espécies verdadeiras e separadas — um exemplo vivo da evolução. As diferenças sutis entre as tartarugas representam a variação geográfica menor dentro de uma espécie. É um salto de raciocínio, embora válido, como sabemos agora, argumentar que essas pequenas diferenças possam ser ampliadas para produzir uma nova espécie. No fim de contas, todos os criacionistas reconheceram a variação geográfica (considerem as raças humanas), mas argumentaram que ela não poderia funcionar para lá dos limites rígidos de um arquétipo criado.

Não desejo minimizar a influência fundamental da viagem do *Beagle* na carreira de Darwin, que lhe deu espaço, liberdade e tempo infinito para pensar, à sua maneira favorita de auto-estímulo independente. (Sua ambivalência em relação à vida universitária e seu desempenho mediano, à luz dos padrões convencionais, refletiam sua insatisfação com um currículo de sabedoria recebida.) A propósito, escreve da América do Sul em 1834: "Não tenho qualquer idéia clara acerca de clivagem, estratificação e modificações da crosta terrestre.

Não tenho livros que me digam muito, e o que dizem não o posso aplicar àquilo que vejo. Em conseqüência, tiro minhas próprias conclusões, que em geral são gloriosamente ridículas." As rochas, as plantas e os animais que viu suscitaram-lhe de fato a atitude crucial da dúvida, mãe de toda a criatividade. Sydney, Austrália — 1836. Darwin pergunta a si mesmo por que um Deus racional criaria tantos marsupiais na Austrália, já que nada do seu clima ou geografia sugere qualquer superioridade para as bolsas marsupiais: "Estivera deitado num banco ensolarado, refletindo sobre o estranho caráter dos animais deste país em comparação com os do resto do mundo. Um descrente em qualquer coisa que ultrapasse sua própria razão poderia exclamar: 'Decerto devem ter trabalhado dois Criadores distintos.' "

Apesar disso, Darwin voltou a Londres sem uma teoria evolutiva. Suspeitava da verdade da evolução, mas não tinha qualquer mecanismo para explicá-la. A seleção natural não surgiu a partir de uma interpretação direta dos fatos observados na viagem do *Beagle*, mas de dois anos subseqüentes de pensamento e esforço, como revela uma série de apontamentos notáveis que foram descobertos e publicados durante os últimos vinte anos. Nesses registros vemos Darwin testando e abandonando numerosas teorias, para perseguir uma grande quantidade de pistas falsas — demais para sua posterior pretensão de registrar fatos com uma mente vazia. Darwin leu filósofos, poetas e economistas, sempre em busca do significado e do *insight* — tanto pior para a noção de que a seleção natural surgiu indutivamente a partir dos fatos do *Beagle*. Mais tarde rotulou um livro de notas como "cheio de metafísica sobre a moral".

Se, por um lado, esse caminho tortuoso desmente a Cila do indutivismo, por outro engendra um mito igualmente simplista — a Caribdes do eurekaísmo. Em sua autobiografia, irritantemente enganadora, Darwin registra um *eureka* e sugere que a seleção natural o atingiu como um relâmpago súbito e casual, após mais de um ano de frustração:

> Em outubro de 1838, isto é, quinze meses depois de ter iniciado minha investigação sistemática, aconteceu-me estar lendo, por entretenimento, o ensaio de Malthus sobre a população, e, a partir da observação longa e continuada dos hábitos dos animais e das plantas — para avaliar a luta pela existência, que continua em toda a parte —, repentinamente ocorreu-me que, sob essas circunstâncias, as variações favoráveis tenderiam a ser preservadas, e as desfavoráveis, destruídas. O resultado disso seria a formação de novas espécies. Aqui, então, tinha finalmente conseguido uma teoria pela qual trabalhar.

No entanto, uma vez mais os livros de notas desmentem as recordações tardias de Darwin — neste caso pela falha absoluta em registrar, na altura em que isso sucedeu, qualquer exultação especial sobre o *insight* malthusiano. Antes, limitou-se a uma menção muito curta e sóbria, sem qualquer ponto de exclamação, embora habitualmente usasse dois ou três em momentos de entusiasmo. Darwin não renunciou a tudo, para reinterpretar o mundo à luz desse *insight*. No dia seguinte mesmo, registrou uma passagem ainda mais longa acerca da curiosidade sexual dos primatas.

A teoria da seleção natural não surgiu nem como uma indução profissional dos fatos da natureza, nem como um relâmpago misterioso vindo do subconsciente de Darwin e desencadeado por uma leitura acidental de Malthus. Emergiu, em vez disso, como resultado de uma busca consciente e produtiva, seguindo um método ramificado, mas ordenado, e utilizando tanto os fatos da história natural como a imensa gama de *insights* suscitados por disciplinas díspares e muito afastadas da sua. Darwin trilhou o caminho intermediário entre o indutivismo e o eurekaísmo. Seu gênio não é vulgar, nem inacessível.

Os estudos acadêmicos sobre Darwin "explodiram" desde o centenário de *A origem*, em 1959. A publicação dos seus livros de notas e a atenção devotada por vários estudiosos aos dois anos cruciais entre o regresso do *Beagle* e o *insight* malthusiano fecham o argumento a favor de um "caminho do meio" com relação à criatividade de Darwin. Sobre isto há dois trabalhos particularmente importantes. *Darwin on Man*, de Howard E. Gruber, traça uma biografia magistral, intelectual e psicológica, dessa fase da vida de Darwin, assinalando todas as pistas falsas e pontos de inflexão em suas pesquisas. Gruber mostra que Darwin continuamente elaborava, testava e abandonava hipóteses e que, além disso, nunca se limitou a reunir fatos de maneira cega. Principiou com uma teoria singular que incluía a idéia de que as novas espécies surgem com uma duração de vida prefixada, e percorreu seu caminho gradualmente, embora de maneira desordenada, em direção à idéia de extinção por competição num mundo de luta. E, se não registrou qualquer entusiasmo especial pela leitura de Malthus, foi porque, naquela época, faltava apenas uma peça ou duas ao quebra-cabeças.

Silvan S. Schweber reconstruiu, com a minúcia que os registros permitiram, as atividades de Darwin durante as últimas semanas antes da leitura de Malthus ("The Origin of the *Origin* Revisited", in *Journal of the History of Biology*, 1977), argumentando que as peças finais não surgiram a partir de novos fatos da história natural, mas das incursões intelectuais de Darwin em campos distantes. Ao ler uma extensa revisão do *Cours de Philosophie Positive* — o trabalho mais famoso do filósofo e cientista natural Auguste Comte —, Darwin ficou particularmente impressionado com a insistência do autor em que uma teoria adequada deve ser profética e, no mínimo, potencialmente quantitativa. Voltou-se então para o livro de Dugald Stewart, *On the Life and Writing of Adam Smith*, e absorveu a crença básica dos economistas escoceses de que as teorias da estrutura social como um todo devem começar pela análise das ações espontâneas dos indivíduos. (A seleção natural é, acima de tudo, uma teoria acerca da luta dos organismos individuais pelo êxito na reprodução.) Em seguida, em busca da quantificação, leu uma longa análise de trabalho pelo mais famoso estatístico do seu tempo — o belga Adolphe Quetelet. Na revisão de Quetelet, Darwin encontrou, entre outras coisas, uma forte confirmação às afirmações quantitativas de Malthus — de que a população cresceria geometricamente, enquanto as reservas de alimentação aumentariam aritmeticamente, garantindo assim uma intensa luta pela sobrevivência. De fato, Darwin já havia lido várias vezes a afirmação malthusiana, mas só agora se encontrava preparado para apreciar seu significado. Assim, não se voltou para Malthus por acaso e já sabia de antemão o que ele continha. Seu "entretenimento", devemos supor, consistiu apenas num desejo de ler, na formulação original, o enunciado familiar que tanto o impressionara no relato em segunda mão de Quetelet.

Ao ler o relato pormenorizado de Schweber dos momentos que precederam a formulação da teoria da seleção natural por Darwin, fui particularmente tocado pela ausência de influências decisivas a partir de seu próprio campo, a biologia. Os precursores imediatos foram um cientista social, um economista e um estatístico. Se o gênio tem algum denominador comum, eu proporia a amplitude de interesses e a capacidade de construir analogias frutíferas entre campos diferentes.

De fato, acredito que a teoria da seleção natural deveria ser vista como uma analogia ampliada — se consciente ou inconsciente da parte de Darwin, não sei — à economia do *laissez-faire*, de Adam Smith. A essência do argumento de Smith é um paradoxo de dois tipos: para se obter uma economia ordenada, que forneça benefícios máximos a todos, deve-se deixar os indivíduos competirem e lutarem por suas próprias vantagens. O resultado, após a separação apropriada e a eliminação dos ineficientes, será um regime estável e harmonioso. A ordem aparente surge naturalmente da luta entre os indivíduos, e não de princípios predestinados ou controle mais elevado. Dugald Stewart condensou o sistema de Smith no livro que Darwin leu:

> O plano mais eficaz para o avanço de um povo ... é permitir a cada homem, desde que se observem as regras da justiça, que persiga seu próprio interesse à sua própria maneira, colocando sua aptidão e seu capital em competição, a mais livre possível, com os dos cidadãos seus colegas. Todo o sistema de governo que se esforça ... em desviar para uma espécie particular de aptidão uma fração maior do capital da sociedade que naturalmente iria para ela ... constitui, na realidade, uma subversão do grande propósito que deseja promover.

Como Schweber afirma: "A análise escocesa da sociedade afirma que o efeito combinado das ações individuais resulta nas instituições sobre as quais se baseia a sociedade, e que uma tal sociedade é estável e progressiva e funciona sem uma mente planificadora e dirigente."

Sabemos que a singularidade de Darwin não reside no seu apoio à idéia da evolução — inúmeros cientistas o precederam nesse aspecto. A contribuição especial de Darwin reside na sua documentação e no caráter novo da sua teoria quanto ao modo como a evolução opera. Outros evolucionistas já tinham proposto esquemas, ineficazes, baseados em tendências de aperfeiçoamento interno e direções inerentes. Darwin advogou uma teoria natural e comprovável, com base na interação imediata entre indivíduos (seus oponentes consideraram-na mecanicista, sem coração). A teoria da seleção natural constitui uma transferência criativa, para a biologia, do argumento básico de Adam Smith a favor de uma economia racional: o equilíbrio e a ordem da natureza não surgem de um controle externo mais elevado (divino) ou da existência de leis operando diretamente sobre o todo, mas sim a partir da luta entre indivíduos pelos seus próprios benefícios (em termos modernos, pela transmissão dos seus genes a gerações futuras através do êxito diferencial na reprodução).

Muitas pessoas sentem-se perturbadas ao ouvir um tal argumento: não compromete a integridade da ciência o fato de algumas de suas conclusões primárias se originarem, por analogia, da política e da cultura contemporâneas, em vez de se basearem nos dados da própria disciplina? Numa famosa carta a Engels, Karl Marx identificou do seguinte modo as semelhanças entre a seleção natural e a cena social inglesa:

> É notável como Darwin reconhece, entre animais e plantas, sua sociedade inglesa, com as divisões de trabalho, a competição, a abertura

de novos mercados, a "invenção" e a malthusiana "luta pela sobrevivência". É o *bellum omnium contra omnes* (a guerra de todos contra todos) de Hobbes.

No entanto, Marx foi um grande admirador de Darwin — e é neste paradoxo aparente que reside a resolução. Por razões que envolvem todos os temas que destaquei aqui — que o indutivismo é inadequado, que a criatividade exige abertura e que a analogia é uma fonte profunda de *insight* —, os grandes pensadores não podem ser dissociados do seu *background* social. Mas a origem de uma idéia é uma coisa, e a sua verdade ou fecundidade é outra. A psicologia e a utilidade da descoberta são assuntos de fato muito diferentes. Darwin pode ter ido buscar na economia a idéia da seleção natural, mas isso não a impede de estar certa. Como o socialista alemão Karl Kautsky escreveu em 1902: "O fato de que uma idéia emana de uma classe particular ou de que está de acordo com os seus interesses, claro que não prova nada a respeito de sua verdade ou falsidade." Neste caso, é irônico que o sistema do *laissez-faire* de Adam Smith não funcione no seu domínio próprio da economia, já que conduz ao oligopólio e à revolução, em vez de à ordem e à harmonia. A luta entre indivíduos parece ser, no entanto, uma lei da natureza.

Muitas pessoas utilizam esse tipo de argumento acerca do contexto social para atribuir grandes *insights* ao fenômeno indefinível da boa sorte. Assim, Darwin teve a sorte de haver nascido rico, sorte em se encontrar no *Beagle*, sorte em viver no meio das idéias do seu tempo, sorte em devanear sobre Parson Malthus — essencialmente, pouco mais do que um homem no lugar certo no momento certo. No entanto, quando lemos acerca do seu esforço pessoal para compreender, da amplitude de suas preocupações e de seus estudos e da sua capacidade de orientação na busca de um mecanismo de evolução, logo percebemos a razão do famoso chiste de Pasteur, de que a fortuna favorece a mente preparada.

6 A morte antes do nascimento, ou o Nunc dimittis de um ácaro

Pode alguma coisa ser mais desmoralizante do que a incompetência paterna perante as mais óbvias e inocentes perguntas das crianças: por que o céu é azul, e a relva verde? por que a Lua tem fases? Nosso embaraço é ainda maior porque pensávamos que conhecíamos a resposta perfeitamente, e contudo não a recordamos, pois nós próprios, em circunstâncias semelhantes e uma geração antes, recebemos uma resposta titubeante. São essas coisas que pensamos saber — porque são tão elementares ou porque nos rodeiam — que muitas vezes apresentam as maiores dificuldades quando somos realmente desafiados a explicá-las.

Uma dessas questões, cuja resposta é óbvia e incorreta, encontra-se muito perto das nossas vidas biológicas: por que é que, entre os seres humanos (e em muitas espécies que nos são familiares), os machos e as fêmeas são produzidos em números aproximadamente iguais? (Na verdade, no caso dos seres humanos, o nascimento de machos é mais comum que o de fêmeas, mas a mortalidade diferencial dos machos leva a um predomínio de fêmeas em fases posteriores da vida. Todavia, a diferença de proporção entre um e outro nunca é grande.) À primeira vista, a resposta parece ser, como diz Rabelais, "evidente como o nariz na cara de homem". No fim de contas, a reprodução sexual requer um companheiro; números iguais implicam acasalamento universal — a feliz condição darwiniana de capacidade reprodutiva máxima. Mas, à segunda vista, não é assim tão claro, e somos arrastados em confusão para a reformulação do símile em Shakespeare: "Um gracejo oculto, imperscrutável e invisível como o nariz na face de um homem." Se a capacidade reprodutiva máxima é o estado ótimo para as espécies, então por que há de ser igual o número de machos e fêmeas? As fêmeas, afinal de contas, fixam o limite numérico da prole, já que, nas espécies que nos são familiares, os óvulos são invariavelmente muito maiores e menos abundantes do que os espermatozóides — isto é, cada óvulo pode dar origem a um descendente, o que não é válido para cada espermatozóide. Um macho pode inseminar várias fêmeas. Se um macho pode acasalar com 9 fêmeas, e a população engloba 100 indivíduos, por que não fazer 10 machos e 90 fêmeas? A capacidade reprodutiva irá com certeza exceder a de uma população composta por 50 machos e 50 fêmeas. As populações constituídas predominantemente por fêmeas deveriam, por suas taxas mais rápidas de reprodução, ganhar qualquer corrida evolutiva com populações que mantenham igualdade numérica entre os sexos.

O que parecia óbvio torna-se problemático, e a questão permanece: por que é que a maior parte das espécies sexuadas apresentam números aproximadamente iguais de machos e fêmeas? A resposta, de acordo com a maioria dos biólogos evolucionistas, reside no reconhecimento de que a teoria da seleção natural de Darwin fala apenas de luta entre *indivíduos* pelo sucesso reprodutivo. Nela não se encontra qualquer enunciado acerca dos benefícios para as populações, as espécies ou os ecossistemas. O argumento a favor das 90 fêmeas e dos 10 machos foi idealizado em termos de vantagens para as populações consideradas como um todo — o modo usual, característico e completamente errado como a maior parte das pessoas concebe a evolução. Se a evolução trabalhasse para o bem das populações como um todo, as espécies sexuadas apresentariam relativamente poucos machos.

A igualdade observada entre machos e fêmeas, em face das vantagens óbvias da predominância das fêmeas, se a evolução operasse sobre grupos, ergue-se como uma das mais elegantes demonstrações de que Darwin tinha razão — a seleção natural funciona através da luta entre os indivíduos para maximizarem seu êxito reprodutivo. O argumento darwiniano foi pela primeira vez idealizado pelo grande biólogo e matemático R. A. Fisher. Suponham, argumentou Fisher, que um dos sexos se torne predominante. Por exemplo, digamos que nascem menos machos do que fêmeas. Os machos começam então a deixar maior descendência do que as fêmeas, já que suas oportunidades de acasalamento aumentam à medida que se tornam mais raros — isto é, eles inseminam em média mais de uma fêmea. Assim, se alguns fatores genéticos influenciam a proporção relativa de machos nascidos para um progenitor (e esses fatores existem de fato), então os progenitores com inclinação genética para produzir machos obterão uma vantagem darwiniana — produzirão mais do que um número médio de netos, graças ao superior sucesso reprodutivo de sua descendência predominantemente masculina. Assim, os genes que favorecem a produção de machos se espalharão, aumentando a freqüência de nascimentos entre eles. Mas essa vantagem para os machos dissipa-se à medida que o nascimento de machos aumenta, desaparecendo completamente quando estes igualam as fêmeas em número. Já que o mesmo argumento funciona inversamente, favorecendo o nascimento de fêmeas quando as fêmeas são raras, a proporção entre os sexos é levada por processos darwinianos ao valor de equilíbrio de um para um.

Mas como poderia um biólogo comprovar a teoria de Fisher da proporção entre os sexos? Ironicamente, as espécies que confirmam essas predições não nos prestam grande ajuda para além da observação inicial. Uma vez que desenvolvemos o argumento básico e determinamos que as espécies mais conhecidas apresentam números aproximadamente iguais de machos e fêmeas, o que é que obtemos com a descoberta de que as mil espécies seguintes estão ordenadas de modo semelhante? Certamente, tudo se encaixa, mas não ganhamos uma igual quantidade de confiança a cada vez que acrescentamos uma espécie. Talvez a proporção de um para um tenha outra razão de ser.

Para comprovar a teoria de Fisher, devemos procurar exceções, situações incomuns, que não apresentem as premissas dessa teoria — situações que conduzam a uma previsão específica de como a proporção entre os sexos se afastaria do valor de um para um. Se a mudança das premissas nos levar a uma previsão definida e bem-sucedida do resultado alterado, então disporemos de um teste independente que fortalece em muito nossa confiança. Este método está contido no velho provérbio "a exceção prova a regra" — embora muitas pessoas não compreendam esse provérbio, por incorporar o significado menos comum de "provar". Provar vem do latim *probare* — testar, experimentar. O significado usual desse termo, atualmente, refere-se a uma demonstração final e convincente, dando ao provérbio o sentido de que as exceções estabelecem validade inquestionável. Em um outro sentido, contudo, mais próximo do original, "provar" se assemelha ao seu cognato "prova" — teste ou verificação (como em "campo de prova" ou "prova de impressão"). A exceção põe a regra à prova, testando e verificando suas conseqüências em situações variadas.

Aqui, a rica diversidade da natureza vem em nosso auxílio. A imagem estereotipada de um especialista em pássaros catalogando sistematicamente um *towhee* de crista ruiva com pernas de cabide, bico cruzado e olhos trocados, dá-nos, de modo desnecessariamente ridículo, uma inversão perversa do uso atual que os naturalistas fazem da diversidade da vida. É a riqueza da natureza que nos permite estabelecer em primeiro lugar uma ciência da história natural — já que a variedade nos garante virtualmente podermos encontrar as exceções apropriadas para testar qualquer regra. As singularidades e as bizarrices são testes de generalidade, e não meras peculiaridades para serem descritas e saudadas com temor ou um riso vitorioso.

Felizmente para nós, a natureza tem sido prolífica ao prover espécies e modos de vida que violam as premissas do argumento de Fisher. Em 1967, o biólogo britânico W. D. Hamilton (atualmente na Universidade de Michigan) reuniu casos e argumentos num artigo intitulado "A Extraordinária Proporção entre os Sexos". Discutirei neste ensaio apenas a mais clara e a mais importante dessas violações.

A natureza raramente presta atenção às nossas homilias. Somos ensinados, e por boas razões, que o acasalamento entre irmãos e irmãs deve ser evitado, sem o que muitos genes recessivos desfavoráveis ganham a oportunidade de se exprimir em dose dupla. (Esses genes tendem a ser raros, e é baixa a probabilidade de que dois progenitores sem laços de parentesco sejam deles portadores.) Mas a probabilidade de dois indivíduos aparentados serem portadores do mesmo gene é, em geral, de 15%. Apesar disso, alguns animais nunca ouviram falar da regra e entregam-se, talvez exclusivamente, ao acasalamento incestuoso.

O acasalamento incestuoso exclusivo destrói a premissa principal do argumento de Fisher a favor da proporção de um para um entre os sexos. Se as fêmeas são sempre fertilizadas pelos seus irmãos, então os mesmos progenitores produzem ambos os parceiros de qualquer acasalamento. Fisher supôs que os machos tinham pais diferentes e que um suprimento menor de machos concederia vantagens genéticas aos progenitores que pudessem produzir preferencialmente machos. Mas, se os mesmos progenitores produzem tanto as mães como os pais dos seus netos, então eles têm o mesmo investimento genético em cada neto, seja qual for a percentagem de machos e fêmeas que produzam entre seus filhos. Nesse caso, a razão para um equilíbrio entre machos e fêmeas desaparece, e o argumento prévio a favor da predominância feminina reafirma-se. Se cada par de avós tivesse uma reserva de energia limitada para investir na descendência, e se os avós que produzissem mais descendência ganhassem uma vantagem darwiniana, então os avós deveriam gerar o maior número de filhas possível, produzindo apenas os filhos suficientes para assegurar que todas as suas filhas fossem fertilizadas. De fato, se os filhos conseguissem exibir proficiência sexual, os pais deveriam fazer apenas um filho e utilizar toda a energia remanescente para produzir tantas filhas quantas pudessem. Como acontece normalmente, a natureza generosa vem ajudar-nos com numerosas exceções que permitem pôr à prova a regra de Fisher: na verdade, as espécies com acasalamento incestuoso tendem também a produzir um número mínimo de machos.

Consideremos a curiosa vida de um ácaro macho do gênero *Adactylidium*, descrita por E. A. Albadry e M. S. F. Tawfik em 1966. O bicho sai do corpo da mãe e morre em poucas horas, aparentemente sem fazer nada durante sua breve vida. No período em que está fora do corpo de sua mãe, não tenta alimentar-se nem acasalar. Temos conhecimento de criaturas com vidas adultas curtas — o único dia da efemérida após uma vida larvar muito mais longa, por exemplo. Mas a efemérida acasala, assegurando a continuidade da espécie durante essas poucas e preciosas horas. Os machos do *Adactylidium* parecem nada fazer, a não ser emergir e morrer.

Para resolver esse mistério, devemos estudar todo o seu ciclo de vida e examinar o interior do corpo da mãe. A fêmea inseminada do *Adactylidium* fixa-se ao ovo de um tripe. Esse ovo constitui a única fonte de nutrição para criar toda a descendência — já que ela não se alimentará de mais nada até morrer. Este ácaro, tanto quanto sabemos, dedica-se exclusivamente ao acasalamento incestuoso; assim, deveria produzir um número mínimo de machos. Mais ainda, já que a energia total de reprodução se encontra tão fortemente restringida pelos recursos nutritivos de um único ovo de tripe, a descendência fica estritamente limitada, e quanto maior o número de fêmeas, melhor. De fato, o *Adactylidium* desafia a nossa imaginação, ao produzir uma ninhada de 5 a 8 irmãs acompanhadas por um único macho, que servirá simultaneamente de irmão e de marido para todas elas. Mas produzir um único macho é arriscado; se ele morrer, todas as irmãs ficarão virgens, e a vida evolutiva de sua mãe estará terminada.

Se o ácaro aceita o risco de produzir apenas um macho, maximizando assim sua ninhada potencial de fêmeas férteis, duas outras adaptações podem diminuir o risco — fornecendo ao mesmo tempo proteção para o macho e proximidade garantida para as suas irmãs. O que será melhor do que criar a ninhada inteiramente dentro do corpo da mãe, alimentando tanto as larvas como os adultos dentro dela e permitindo inclusive que a cópula ocorra dentro da sua casca? Na realidade, cerca de quarenta e oito horas após a fêmea se ter fixado ao ovo de tripe, chocam dentro do seu corpo de 6 a 8 ovos. As larvas alimentam-se do corpo da mãe, devorando-a literalmente a partir do interior. Dois dias mais tarde, a prole atinge a maturidade, e o único macho copula com todas as suas irmãs. Por essa altura, os tecidos da mãe já se desintegraram, e o seu espaço corporal consiste agora numa massa de ácaros adultos, suas fezes e seus descartados esqueletos larvares e nínficos. A prole abre então buracos através do corpo da mãe e sai. As fêmeas têm agora de encontrar um ovo de tripe e começar de novo o processo, mas os machos já desempenharam seu papel evolutivo antes do "nascimento". Assim, emergem, reagem tanto quanto um ácaro pode reagir às glórias do mundo exterior e morrem prontamente.

Mas por que não levar o processo um passo mais adiante? Por que é que o macho precisa nascer? Depois de copular com as irmãs, seu trabalho está feito. Ele está então pronto para cantar a versão acarina da prece de Simão, *Nunc dimittis* — "Ó Senhor, deixa agora o teu servo partir em paz". De fato, já que tudo o que é possível tende a ocorrer pelo menos uma vez no diversificado mundo da vida, existe um parente próximo do *Adactylidium* que faz exatamente isso. O *Acarophenax tribolii* também entrega-se exclusivamente ao acasalamento incestuoso. No corpo da mãe desenvolvem-se 15 ovos, entre os quais um único macho, que copula com todas as suas irmãs e morre antes do nascimento.

Pode não parecer grande coisa como vida, mas o fato é que o *Acarophenax* macho faz tanto pela sua continuidade evolucionária quanto fez Abraão ao ser pai na sua décima década.

As singularidades da natureza são mais do que boas historietas. Constituem material para sondar os limites de interessantes teorias sobre a história e o significado da vida.

7 Sombras de Lamarck

Infelizmente, é raro o mundo corresponder às nossas esperanças, numa recusa sistemática de se comportar de maneira razoável. O salmista não se distinguiu como observador perspicaz ao escrever: "Fui novo e agora sou velho; e, apesar disso, ainda não vi os justos esquecidos, nem sua semente pedindo pão." A tirania do que parece razoável muitas vezes empecilha a ciência. Quem, antes de Einstein, teria acreditado que a massa e o envelhecimento de um objeto poderiam ser afetados se ele se deslocasse a uma velocidade próxima à da luz?

Visto que o mundo vivo é um produto da evolução, por que não supor que ele surgiu da maneira mais simples e direta? Por que não argumentar que os organismos se aperfeiçoam por seus próprios esforços, transmitindo essas vantagens à sua descendência sob a forma de genes alterados — um processo que é há muito denominado, em linguagem técnica, "herança dos caracteres adquiridos". Esta idéia agrada ao senso comum, não só por sua simplicidade, mas talvez ainda mais por sua feliz implicação de que a evolução trilha um caminho inerentemente progressivo, impulsionada pelo árduo trabalho dos próprios organismos. Mas, como todos morremos, e como não habitamos o corpo central de um universo restrito, a herança dos caracteres adquiridos também representa mais uma esperança humana desdenhada pela natureza.

A herança dos caracteres adquiridos é geralmente designada pelo nome mais curto, embora historicamente incorreto, de "lamarckismo". Jean Baptiste Lamarck (1744-1829), grande biólogo francês e um dos primeiros evolucionistas, acreditava na herança dos caracteres adquiridos, mas esta não era a peça central da sua teoria evolucionista, nem certamente uma idéia original dele. Volumes inteiros foram escritos para traçar a linhagem pré-lamarckista dessa idéia (ver Zirkle na Bibliografia). Lamarck argumentou que a vida é gerada continua e espontaneamente de uma forma muito simples, subindo então uma escada de complexidade, motivada por uma "força que tende incessantemente a complicar a organização". Esta força opera através da resposta criativa dos organismos a "necessidades sentidas". Mas a vida não pode ser organizada como uma escada, pois o caminho para cima é muitas vezes desviado por requisitos de ambientes locais: assim, as girafas adquiriram pescoços longos, e as aves pernaltas pés palmípedes, enquanto as toupeiras e os peixes abissais perderam os olhos. A herança dos caracteres adquiridos desempenha de fato um papel importante neste esquema, mas não o papel central. É o mecanismo para assegurar que a prole se beneficie dos esforços de seus pais, mas não impulsiona a evolução escada acima.

Em fins do século XIX, muitos evolucionistas divisaram uma alternativa à teoria da seleção natural de Darwin. Releram Lamarck, deixaram de lado o cerne da teoria dele (geração contínua e forças complicativas) e elevaram um aspecto mecânico — a herança dos caracteres adquiridos — até um foco central — posição que nunca ocupara, nem para o próprio Lamarck. Além disso, muitos desses autodenominados "neolamarckistas" abandonaram a idéia fulcral de Lamarck, de que a evolução é uma resposta ativa e criativa dos organismos às necessidades sentidas. Embora tenham preservado a herança dos caracteres adquiridos, conceberam as aquisições como imposições diretas de ambientes impressivos a organismos passivos.

Embora eu me incline perante o uso contemporâneo e defina o lamarckismo como a noção de que os organismos evoluem pela aquisição de caracteres adaptativos, transmitindo-os à descendência na forma de informação genética alterada, desejo registrar quão pobremente esse nome honra um refinado cientista que morreu há 150 anos. A sutileza e a riqueza são tantas vezes degradadas em nosso mundo! Considerem o pobre *marshmallow* (refiro-me à planta); suas raízes uma vez deram origem a ótimos doces; agora seu nome se refere a um miserável *ersatz*[1] de açúcar, gelatina e xarope de milho[2].

Nesse sentido, o lamarckismo manteve-se como uma teoria evolucionista popular ainda dentro do nosso século. Darwin venceu a batalha para estabelecer a evolução como fato, mas sua teoria para explicar o mecanismo da evolução — a seleção natural — só ganhou popularidade quando as tradições da história natural e da genética mendeliana se fundiram, durante os anos 30. Além disso, o próprio Darwin não negava o lamarckismo, embora o considerasse um mecanismo subsidiário da seleção natural em termos evolutivos. Só em 1938, por exemplo, o paleontólogo Percy Raymond de Harvard, escrevendo (suponho eu) na mesma escrivaninha que agora estou utili-

---

1. "Sucedâneo". Em alemão no original. (N. T.)
2. A planta a que o autor faz menção é chamada no Brasil de altéia ou malvavisco. O termo *marshmallow* foi mantido para que o leitor possa entender a relação proposta pelo autor, uma vez que o *ersatz* citado também é conhecido no Brasil pelo nome de *marshmallow*. (N. T.)

zando, disse acerca de seus colegas: "Provavelmente, muitos são lamarckistas de algum matiz; à crítica pouco indulgente poderia parecer que muitos deles são mais lamarckistas que Lamarck." Temos de reconhecer a influência contínua do lamarckismo, se quisermos entender muitas das teorias sociais do passado recente — idéias que se tornam incompreensíveis quando colocadas à força dentro da estrutura darwiniana, como muitas vezes fazemos. Quando os reformadores falavam dos "flagelos" da pobreza, do alcoolismo ou da criminalidade, pensavam geralmente em termos bastante literais — os pecados dos pais se estenderiam, através de uma dura hereditariedade, muito além da terceira geração. Quando Lysenko, na década de 30, começou a advogar curas lamarckistas para os males da agricultura soviética, não estava ressuscitando algum disparate do princípio do séxulo XIX, mas sim uma teoria ainda respeitável (embora em vias de desaparecimento). Embora este naco de informação histórica não afirme a hegemonia de Lysenko, nem torne menos espantosos os métodos que usou para mantê-la, faz a história um pouco menos misteriosa. O debate de Lysenko com os mendelianos russos foi, a princípio, um debate científico legítimo. Mais tarde manteve-se à custa da fraude, da decepção, da manipulação, do assassínio — isto constituiu a tragédia.

A teoria da seleção natural de Darwin é mais complexa que o lamarckismo porque requer *dois* processos separados, em vez de uma força única. Ambas as teorias têm raízes no conceito de *adaptação* — a idéia de que os organismos respondem às mudanças ambientais desenvolvendo uma forma, função ou comportamento mais adequado às novas circunstâncias. Assim, nas duas teorias, as informações do ambiente têm de ser transmitidas aos organismos. No lamarckismo, a transmissão é direta. Um organismo dá-se conta da mudança ambiental, responde a ela da maneira "correta" e passa diretamente à descendência a reação apropriada.

O darwinismo, por outro lado, é um processo de duas fases, em que as forças responsáveis pela variação e pela direção são diferentes. Os darwinistas referem-se à primeira fase, a variação genética, como sendo "aleatória". Trata-se de um termo infeliz, porque não queremos dizer aleatório no sentido matemático, de igualmente provável em todas as direções. Simplesmente, entendemos que a variação ocorre sem orientação preferida nas direções adaptativas. Se a temperatura está caindo e um revestimento mais peludo ajudaria na sobrevivência, a variação genética que aumenta a quantidade de pêlos não começa a surgir com freqüência maior. A seleção, segunda fase, trabalha sobre variações *não-orientadas* e muda a população, conferindo maior êxito reprodutivo às variantes favorecidas. Esta é a diferença essencial entre lamarckismo e darwinismo, já que o lamarckismo é fundamentalmente uma teoria de variação *dirigida*. Se os pêlos são melhores, os animais compreendem essa necessidade, desenvolvem-nos e passam o potencial à descendência. Assim, a variação é dirigida automaticamente para a adaptação, e nenhuma força secundária como a seleção natural é necessária. Muitas pessoas não percebem o papel essencial da variação dirigida no lamarckismo, e argumentam com freqüência: não será o lamarckismo verdadeiro porque o ambiente influencia de fato a hereditariedade — os mutagênicos químicos e radioativos aumentam a taxa de mutação e ampliam o campo de variação genética de uma população. Esse mecanismo aumenta a *quantidade* de variação, mas não a impulsiona em direções favorecidas. O lamarckismo defende que a variação genética se origina *preferencialmente* em direções adaptativas.

No exemplar de 2 de junho de 1979 do *Lancet*, o principal jornal médico britânico, o dr. Paul E. M. Fine, por exemplo, argumenta a favor do que denomina "lamarckismo", discutindo uma variedade de caminhos bioquímicos para a herança do adquirido, exceto a variação genética *não dirigida*. Os vírus, essencialmente pedaços nus de DNA, podem inserir-se no material genético de uma bactéria e ser transmitidos à descendência como parte do cromossomo bacteriano. Uma enzima chamada "transcritase reversa" pode mediar a leitura de informações do RNA celular de volta ao DNA nuclear. A velha idéia de um fluxo de informação único e irreversível do DNA nuclear para as proteínas que constituem o corpo, através do RNA intermediário, não se mantém em todos os casos — embora o próprio Watson a tivesse santificado como o "dogma central" da biologia molecular: o DNA fabrica o RNA, que fabrica as proteínas. Já que um vírus inserido é um "caráter adquirido" que pode ser passado à descendência, Fine argumenta que o lamarckismo permanece em alguns casos. Mas ele se equivocou quanto ao pressuposto lamarckista de que os caracteres são adquiridos por razões adaptativas — porque o lamarckismo é uma teoria de variação dirigida. Não sei de nenhuma evidência de que algum desses mecanismos bioquímicos leve à incorporação preferencial de informações genéticas *favoráveis*. Talvez isto até seja possível; talvez até aconteça. Em caso afirmativo, seria um novo e excitante desenvolvimento, verdadeiramente lamarckista.

Mas até aqui não encontramos nada nos trabalhos do mendelismo ou na bioquímica do DNA que encoraje a crença de que ambientes ou adaptações adquiridas possam levar as células sexuais a modificarem-se em direções específicas. Como poderia o clima mais frio "dizer" aos cromossomos de um espermatozóide ou de um óvulo que produzissem mutações que originassem pêlos mais compridos? *Como poderia Pete Rose transferir agitação para seus gametas?* Seria bom. Seria simples e impulsionaria a evolução em taxas muito mais rápidas do que as permitidas pelos processos darwinianos. Mas este não é o caminho da natureza, pelo menos até onde sabemos.

No entanto, o lamarckismo permaneceu, ao menos na imaginação popular, e é caso para perguntar por que. Arthur Koestler, em particular, tem-no defendido ardorosamente em vários livros, incluindo *The Case of the Midwife Toad*, uma tentativa abrangente de justificar o lamarckista austríaco Paul Kammerer, que se suicidou com um tiro em 1926 (se bem que, em grande parte, por outras razões), após ter descoberto que seu espécime premiado fora "medicado" com uma injeção de nanquim. Koestler espera estabelecer no mínimo um "minilamarckismo" para alfinetar a ortodoxia do que ele vê como um darwinismo mecanicista e sem coração. Quanto a mim, penso que o lamarckismo mantém seu atrativo por duas grandes razões.

Primeiro, alguns fenômenos evolutivos parecem de fato sugerir, superficialmente, explicações lamarckistas. Em geral, o apelo lamarckista emerge de uma concepção errônea do darwinismo. Afirma-se com freqüência, por exemplo, e verdadeiramente, que muitas adaptações genéticas têm de ser precedidas por uma mudança de comportamento sem base genética. Num caso recente e clássico, várias espécies de chapins aprenderam a abrir garrafas de leite inglesas com o bico e a beber o conteúdo delas. Pode-se muito bem imaginar uma evolução subseqüente da forma do bico para facilitar a pilhagem (embora isso provavelmente não seja frutífero, devido ao uso de papel cartonado e ao fim das entregas caseiras). Não será isto lamarckismo, no sentido de que uma inovação comportamental ativa e não-genética prepara o palco para o reforço da evolução? Não acredita o darwinismo que o ambiente é um fogo purificador e que os organismos são entidades passivas perante ele?

Mas o darwinismo não é uma teoria mecanicista de determinismo ambiental. Não vê os organismos como bolas de bilhar, jogadas de um lado para outro por um ambiente modelador. Esses exemplos de inovação do comportamento são verdadeiramente darwinianos — e no entanto agradecemos a Lamarck por ter realçado tão fortemente o papel ativo dos organismos como criadores do seu ambiente. Os chapins, ao aprenderem a assaltar garrafas de leite, estabeleceram novas pressões seletivas ao alterarem seu próprio ambiente. Bicos de formas diferentes serão agora favorecidos pela seleção natural. O novo ambiente não induz os chapins a fabricarem uma variação genética dirigida no sentido da forma favorecida. Isto, e apenas isto, seria lamarckista.

Outro fenômeno que se esconde sob uma variedade de nomes, incluindo "efeito Baldwin" e "assimilação genética", parece ter características mais lamarckistas, mas enquadra-se igualmente bem numa perspectiva darwiniana. Citemos o exemplo clássico: as avestruzes têm calosidades na região das pernas que encostam no chão duro, ao ajoelharem; mas as calosidades desenvolvem-se dentro do ovo, quando ainda não podem ser usadas. Não exigirá esse fato um cenário lamarckista: antepassados com pernas lisas começam a joelhar e adquirem calosidades como adaptação não-genética, tal como nós, dependendo da profissão, desenvolvemos calos de escritor ou plantas do pé espessas. Essas calosidades foram então herdadas como adaptações genéticas, formando-se muito antes do seu uso prático.

A explicação darwiniana da "assimilação genética" pode ser ilustrada com o exemplo de Koestler do sapo-parteiro de Paul Kammerer, já que este, ironicamente, executou uma experiência darwiniana sem reconhecê-la. Esses sapos terrestres descendem de antepassados aquáticos que desenvolveram cristas endurecidas nas patas dianteiras — as almofadas nupciais. Os machos usavam essas almofadas para segurar a fêmea durante o acasalamento em seu meio ambiente escorregadio. Os sapos-parteiros, ao copularem em *terra firme*, perderam as almofadas, embora alguns indivíduos anômalos as desenvolvam numa forma rudimentar — indicando assim que a capacidade genética para produzir almofadas não foi inteiramente perdida.

Kammerer obrigou alguns sapos-parteiros a reproduzirem-se na água e criou a geração seguinte a partir dos poucos ovos que sobreviveram nesse ambiente inóspito. Depois de repetir o processo durante várias gerações, Kammerer produziu machos com almofadas nupciais (embora um deles tivesse mais tarde recebido uma injeção de nanquin para intensificar o efeito, injeção que talvez não tenha sido dada por Kammerer). Kammerer concluiu que havia demonstrado um efeito lamarckiano, ao devolver o sapo-parteiro ao seu ambiente ancestral, conseguindo que readquirisse uma adaptação ancestral e a transmitisse, sob forma genética, à sua descendência.

Mas Kammerer tinha realmente realizado uma experiência darwiniana: quando obrigou os sapos a se reproduzirem na água, apenas alguns ovos sobreviveram. Com isso exercera uma forte pressão seletiva a favor de quaisquer variações genéticas que adjudassem o êxito na água. E reforçou essa pressão em várias gerações. A seleção de Kammerer reunira os genes que favorecem a vida aquática — uma combinação que nenhum dos progenitores da primeira geração possuía. Já que as almofadas nupciais são uma adaptação aquática, sua expressão pode ser ligada ao conjunto de genes que conferem êxito na água — um conjunto aumentado em freqüência pela seleção darwiniana de Kammerer. Do mesmo modo, a avestruz pode desenvolver as calosidades como uma adaptação não-genética. Mas o hábito de ajoelhar, reforçado por essas calosidades, também desencadeia novas pressões seletivas para a preservação de variações genéticas aleatórias que podem ser codificadas também para essas características. As calosidades em si mesmas não são misteriosamente transferidas, do adulto para o jovem, por herança de caracteres adquiridos.

A segunda, e suspeito que a mais importante razão para o atrativo contínuo do lamarckismo, reside na sua oferta de algum conforto contra um universo desprovido de significado intrínseco para as nossas vidas. Reforça dois dos nossos mais profundos preconceitos — a crença de que o esforço deve ser recompensado e a esperança num mundo inerentemente propositado e progressivo. Para Koestler e outros humanistas, seu apelo reside mais nesse consolo do que em qualquer argumento técnico acerca da hereditariedade. O darwinismo não oferece nenhum consolo desse tipo porque sustenta apenas que os organismos se adaptam a ambientes locais através do esforço para aumentar o próprio êxito reprodutivo. O darwinismo compele-nos a procurar significados noutro lugar — e não é dessa busca que tratam a arte, a música, a literatura, a teoria ética, a luta pessoal e o humanismo koestleriano? Por que fazer exigências à natureza e tentar restringir seus caminhos se as respostas (mesmo quando não pessoais e não absolutas) residem no nosso interior?

Assim, o lamarckismo, tanto quanto podemos avaliar, é falso no domínio que sempre tem ocupado — como teoria biológica da herança genética. Contudo, apenas por analogia, é o modo de "herança" de um outro tipo de evolução, muito diferente — a evolução cultural humana. O *Homo sapiens* surgiu há pelo menos 50.000 anos, e não temos a menor evidência a favor de algum aperfeiçoamento genético desde então. Suspeito que o Cro-Magnon médio, convenientemente treinado, poderia ter manejado computadores como os melhores dentre nós (seus cérebros, inclusive, eram um pouco maiores do que os nossos). Tudo o que realizamos, para o bem ou para o mal, é resultado da evolução cultural. E temos feito isso em proporções incomparavelmente superiores às de toda a história anterior da vida. Os geólogos não podem medir umas poucas centenas ou uns poucos milhares de anos no contexto geral da história do nosso planeta. No entanto, neste milimicrossegundo, transformamos a superfície do nosso planeta pela influência de uma invenção biológica inalterada — a autoconsciência. Desde talvez uma centena de milhares de pessoas com machados até mais de quatro bilhões com bombas, foguetes, navios, cidades, televisões e computadores — e tudo isto sem que tenham ocorrido mudanças genéticas substanciais.

A evolução cultural progrediu segundo taxas das quais os processos darwinianos sequer podem começar a aproximar-se. A evolução darwiniana prossegue no *Homo sapiens*, mas tão lentamente que já não produz grandes impactos sobre nossa história. Na história da Terra, este ponto crucial foi alcançado porque os processos lamarckistas foram finalmente libertados. A evolução cultural humana é de caráter lamarckista, em forte oposição à nossa história biológica. O que aprendemos numa geração é transmitido diretamente pelo ensino e pela escrita. Caracteres adquiridos são herdados na tecnologia e na cultura. A evolução lamarckista é rápida e acumulativa. Explica a diferença principal entre nosso modo de mudança passado, puramente biológico, e a aceleração alucinante com que corremos atualmente em direção a algo novo e libertador — ou em direção ao abismo.

8 Grupos protetores e genes egoístas

O mundo dos objetos pode ser ordenado numa hierarquia de níveis ascendentes. Um dentro do outro. Dos átomos às moléculas por eles constituídas, aos cristais feitos de moléculas, aos minerais, às rochas, à Terra, ao sistema solar, à galáxia feita de estrelas e ao universo de galáxias. Diferentes forças atuam em diferentes níveis. As rochas caem devido à força da gravidade, mas, a nível atômico e molecular, a gravidade é tão fraca que os cálculos padrões a ignoram.

Também a vida atua em muitos níveis, e cada um tem seu papel no processo evolutivo. Consideremos três níveis principais: os genes, os organismos e as espécies. Os genes são projetos para os organismos; os organismos são os blocos construtores das espécies. A evolução requer variação, já que a seleção natural não pode operar sem um vasto conjunto de escolhas. A mutação é a fonte final da variação, e os genes são a unidade da variação. Os organismos individuais são as unidades da seleção. Mas os indivíduos não evoluem — eles só podem crescer, reproduzir-se e morrer. A mudança evolutiva ocorre em grupos de organismos interagentes; as espécies são a unidade da evolução. Resumindo, como escreve o filósofo David Hull, os genes se modificam, os indivíduos são selecionados e as espécies evoluem. Ou assim o proclama a visão darwinista ortodoxa.

A identificação dos indivíduos como unidades de seleção constitui um tema central no pensamento de Darwin. Darwin afirmava que o delicado equilíbrio da natureza não apresentava nenhuma causa "mais elevada". A evolução não reconhece o "bem do ecossistema" ou mesmo "o bem das espécies". Qualquer harmonia ou estabilidade é somente o resultado indireto de indivíduos perseguindo implacavelmente seu próprio interesse — em linguagem moderna, colocando mais genes seus nas gerações futuras, através de um maior êxito reprodutivo. Os indivíduos constituem a unidade da seleção; a "luta pela sobrevivência" é uma questão entre eles.

Durante os últimos quinze anos, no entanto, desafios ao foco de Darwin sobre os indivíduos produziram debates acalorados entre os evolucionistas. Esses desafios vieram de baixo e de cima. De cima, o biólogo escocês V. C. Wynne-Edwards provocou reações irritadas entre os ortodoxos ao argumentar, quinze anos atrás, que são os grupos, e não os indivíduos, as unidades da seleção, pelo menos no domínio da evolução do comportamento social. De baixo, o biólogo inglês Richard Dawkins desencadeou recentemente a minha própria irritação ao afirmar que os genes são as unidades da seleção, e os indivíduos meramente seus receptáculos temporários.

Wynne-Edwards apresentou sua defesa da "seleção de grupo" num longo livro intitulado *Animal Dispersion in Relation to Social Behavior*. Iniciou com um dilema: se os indivíduos lutam apenas para maximizar seu êxito reprodutivo, por que é que tantas espécies parecem manter suas populações em níveis satisfatoriamente constantes, de acordo com os recursos disponíveis? A resposta darwinista tradicional invocava limitações externas de alimento, clima, e predação: se apenas alguns podem ser alimentados, então o resto morre de fome (ou congela ou é devorado), e os números se estabilizam. Wynne-Edwards, por outro lado, argumentou que os animais controlam suas populações aferindo as restrições do meio ambiente e regulando sua reprodução de acordo com elas, mas reconheceu imediatamente que essa teoria contrariava a insistência de Darwin na "seleção individual", pois pressupunha que muitos indivíduos limitam ou renunciam à sua própria reprodução para bem do grupo.

Wynne-Edwards postulava que a maioria das espécies estão divididas em numerosos grupos, mais ou menos distintos, alguns dos quais nunca desenvolvem um meio de regular sua reprodução. No seio desses grupos, a seleção individual reina absoluta. Nos anos bons, a população cresce e os grupos florescem; nos anos ruins, os grupos não podem regular-se, sofrem severas baixas, estando sujeitos inclusive à extinção. Outros grupos desenvolvem sistemas de regulação nos quais muitos indivíduos sacrificam sua reprodução para benefício do grupo (uma impossibilidade se a seleção só favorecer indivíduos que buscam o benefício próprio). Esses grupos sobrevivem aos períodos bons e maus. A evolução é uma luta entre grupos, não entre indivíduos. E os grupos sobrevivem se regulam suas populações pelos atos altruístas dos indivíduos. "É necessário", escreveu Wynne-Edwards, "postular que as organizações sociais são capazes de evolução progressiva e de perfeição enquanto entidades com direito próprio."

Wynne-Edwards reinterpretou muito do comportamento animal a essa luz. O ambiente, se quiserem, imprime um número limitado de bilhetes para a reprodução. Os animais, então, competem entre si pelos bilhetes, através de sistemas elaborados de rivalidade convencionada. Nas espécies territoriais, cada parcela de terreno contém um bilhete, e os animais (geralmente os machos) procuram apoderar-se das parcelas. Os vencidos aceitam graciosamente a derrota e retiram-se para o celibato periférico, para o bem de todos. (Wynne-Edwards, claro, não imputa intenções conscientes a vencedores e derrotados. Em vez disso supõe a existência de algum mecanismo inconsciente subjacente à boa vontade dos vencidos.)

Em espécies com hierarquias de dominância, os bilhetes são repartidos pelo número de lugares apropriado, e os animais competem pelas posições. A competição se faz através de blefe e postura, já que os animais não devem destruir uns aos outros, lutando como gladiadores. No fundo, lutam somente por bilhetes para beneficiar o grupo. A disputa é mais uma loteria do que uma prova de habilidades; a distribuição do número certo de bilhetes é mais importante do que o vencedor. "A convencionalização da rivalidade e o fundamento da sociedade são uma e a mesma coisa", segundo Wynne-Edwards.

Mas como é que os animais sabem qual o número de bilhetes? Claro que não podem sabê-lo, a não ser que fizessem um censo da própria população. Na sua mais notável hipótese, Wynne-Edwards sugeriu que a congregação, enxameação, canto comunal e coral evoluíram através da seleção de grupo como dispositivos eficazes de censo, neles incluindo "o canto dos pássaros, o cricrilar dos gafanhotos verdes e grilos, o coachar das rãs, os sons submarinos dos peixes e a luz dos pirilampos".

Os darwinistas caíram duramente sobre Wynne-Edwards na década que se seguiu à publicação do seu livro. Aplicaram duas estratégias. Primeiro, aceitaram grande parte das observações de Wynne-Edwards, mas reinterpretaram-nas como exemplos de seleção individual. Argumentaram, por exemplo, que as hierarquias de dominância e a territorialidade se baseavam de fato em quem ganhava. Se a proporção entre machos e fêmeas é cerca de 50:50, e se os machos bem-sucedidos monopolizam várias fêmeas, então nem todos os machos podem acasalar. Todos lutam pelo prêmio darwinista de transmitirem mais genes à descendência. Os vencidos não se afastam de boa vontade, satisfeitos porque seu sacrifício aumenta o bem comum. Foram simplesmente vencidos; com sorte, vencerão na sua próxima tentativa. O resultado pode ser uma população bem regulada, mas o mecanismo é a luta individual.

Virtualmente, todos os exemplos de altruísmo aparente citados por Wynne-Edwards podem ser reequacionados como relatos de egoísmo individual. Em muitos bandos de pássaros, por exemplo, o primeiro indivíduo que localiza um predador solta um grito de aviso. O bando dispersa, mas, de acordo com os selecionistas de grupo, o pássaro que grita salva seus colegas de bando chamando a atenção para si — autodestruição (ou, no mínimo, perigo) para bem do bando. Grupos com altruístas que gritam prevalecem na evolução sobre todos os grupos silenciosos e egoístas, apesar do perigo para o altruísta individual. Mas os debates trouxeram para o primeiro plano, pelo menos, doze alternativas que interpretam o grito como sendo benéfico para aquele que grita. O grito pode pôr o bando em movimento desordenado, confundindo assim o predador e diminuindo sua possibilidade de apanhar alguém, inclusive o que grita. Ou este último pode desejar retirar-se para lugar seguro, mas não se atreve a romper as fileiras para fazê-lo sozinho, com receio que o predador detecte um indivíduo fora do bando. Logo, ele grita para trazer o grupo junto de si. Aquele que grita pode estar em desvantagem em relação aos companheiros de bando (ou não, como o primeiro a buscar segurança), mas também pode se sair melhor do que se mantivesse o silêncio, permitindo assim ao predador apanhar alguém (talvez ele próprio) ao acaso.

A segunda estratégia contra a seleção de grupo reinterpreta gestos aparentes de altruísmo desinteressado como meios egoístas de propagar genes através de parentes sobreviventes — a teoria da seleção de parentesco. Os parentes partilham, em média, metade dos seus genes. Se alguém morre para salvar três parentes, passa 150% de si próprio através da reprodução desses parentes. Novamente, o aparente sacrifício visa ao próprio benefício evolutivo, quando não até a uma continuidade corporal. A seleção de parentesco é uma forma de seleção individual darwinista.

Essas alternativas não contestam a seleção de grupo porque apenas recontam suas histórias à maneira darwinista mais convencional da seleção individual. O pó tem ainda de assentar sobre esse assunto controverso, mas um consenso (talvez incorreto) parece já estar emergindo. A maior parte dos evolucionistas admitiriam agora que a seleção de grupo pode ocorrer em certas situações especiais (espécies constituídas por muitos grupos separados, socialmente coesos e em competição direta uns com os outros). Mas encaram essas situações como incomuns, talvez porque os grupos separados sejam freqüentemente grupos de parentesco — o que faz prevalecer a seleção de parentesco como explicação para o altruísmo dentro do grupo.

No entanto, mal a seleção individual saiu, relativamente ilesa, da batalha com a seleção de grupo, outros evolucionistas lançaram-lhe um ataque a partir de baixo. Os genes, argumentam eles, e não os indivíduos, é que constituem as unidades da seleção. Começam por adaptar o famoso aforismo de Butler de que uma galinha é apenas o meio de um ovo fabricar outro ovo. Um animal, afirmam eles, é só uma maneira de o DNA fabricar mais DNA. Richard Dawkins pôs a questão mais vigorosamente em seu recente livro *The Selfish Gene*: "Um corpo é a maneira que os genes têm de manter o genes inalterados."

Para Dawkins, a evolução é uma batalha entre genes, cada um procurando fabricar mais cópias de si mesmo. Os corpos são apenas os lugares onde os genes se agregam por algum tempo, são receptáculos temporários, máquinas de sobrevivência manipuladas pelos genes e descartadas para o lixo geológico, tão logo se tenham reduplicado e mitigado sua sede insaciável de mais cópias de si mesmos nos corpos da geração seguinte:

> Somos máquinas de sobrevivência — veículos robotizados, cegamente programados para preservar as moléculas egoístas conhecidas como genes...
> Eles pululam em enormes colônias, em segurança no interior de pesados e gigantescos robôs ... estão em vocês e em mim; eles nos criaram, corpo e mente; e sua preservação é a razão última para a nossa existência.

Dawkins abandona explicitamente o conceito darwinista dos indivíduos como unidades da seleção: "Argumentarei que a unidade fundamental da seleção e, portanto, do interesse pessoal, não é a espécie, nem o grupo, nem mesmo estritamente o indivíduo. É o gene a unidade de hereditariedade." Assim, não deveríamos falar em seleção de parentesco e altruísmo aparente. Os corpos não são as unidades apropriadas. Os genes simplesmente tentam reconhecer as cópias de si mesmo onde quer que elas ocorram. Atuam apenas para preservar e fabricar mais cópias, sem se preocuparem absolutamente com o corpo que lhes serve de casa temporária.

Começo minha crítica declarando que não me sinto incomodado com o que choca a maior parte das pessoas, o elemento mais ultrajante dessas afirmações — a imputação de ação consciente aos genes. Dawkins sabe tão bem quanto vocês ou eu que os genes não planejam nem esquematizam; não atuam como agentes argutos da sua própria preservação. Dawkins está apenas perpetuando, de maneira mais colorida, uma estenografia metafórica usada (talvez insensatamente) por todos os escritores populares que escrevem sobre a evolução, incluindo eu próprio (embora moderadamente, espero). Quando ele diz que os genes lutam para fazer mais cópias de si mesmos, quer dizer de fato: "a seleção atua em favor dos genes que, por acaso, variaram de tal maneira, que mais cópias suas sobreviveram nas gerações subseqüentes". A segunda afirmação é pretensiosa; a primeira é direta e aceitável como metáfora, embora seja imprecisa literalmente.

Todavia, há uma falha fatal no ataque de Dawkins. Não importa quanto poder queira atribuir aos genes, uma coisa não lhes pode imputar — visibilidade direta da seleção natural. A seleção simplesmente não pode ver os genes e escolher diretamente entre eles; ela tem de usar os corpos como intermediários. O gene é um pedaço de DNA escondido no interior da célula. A seleção vê os corpos, favorece alguns deles porque são mais fortes, melhor isolados, são mais precoces na sua maturação sexual, ferozes em combate ou mais bonitos de se olhar.

Se, ao favorecer um corpo mais forte, a seleção atuou diretamente sobre um gene de força, então Dawkins poderá ser justificado. Se os corpos fossem mapas inequívocos de seus genes, então os pedaços batalhadores de DNA exibiriam suas cores externamente e a seleção poderia atuar diretamente sobre eles. Mas os corpos não são tal coisa.

Não há nenhum gene "para" esses pedaços inequívocos de morfologia, como sua rótula esquerda ou suas unhas. Os corpos não podem ser atomizados em partes, cada uma delas construída por um gene individual. Centenas de genes contribuem para a construção de muitas partes do corpo, e sua ação é canalizada através de uma série caleidoscópica de influências ambientais: embrionárias e pós-natais, internas e externas. As partes de um corpo não são genes traduzidos, e a seleção nem sequer trabalha diretamente sobre elas. Aceita ou rejeita organismos inteiros porque conjuntos de partes, interagindo de maneiras complexas, são mais vantajosos. A imagem de genes individuais marcando o curso da sua própria sobrevivência tem pouca relação com a genética do desenvolvimento, como a entendemos. Dawkins precisará de outra metáfora: genes conspirando, formando alianças, mostrando deferência por uma hipótese de se juntarem num pacto, aferindo os ambientes prováveis. Mas, quando amalgamamos tantos genes e os ligamos em cadeias hierárquicas de ação mediadas por ambientes, chamamos o objeto resultante de corpo.

Além disso, a visão de Dawkins supõe que os genes tenham influência sobre os corpos. A seleção não os pode ver, a menos que se traduzam em pedaços de morfologia, fisiologia ou comportamento que façam diferença para o êxito de um organismo. Precisamos não apenas de um mapeamento de um para um entre gene e corpo (criticado no último parágrafo), mas também de um mapeamento *adaptativo* de um para um. Por ironia, a teoria de Dawkins chegou justamente numa altura em que cada vez mais evolucionistas estão rejeitando a suposição panselecionista de que todos os pedaços do corpo são modelados no cadinho da seleção natural. Pode ser que muitos genes, se não todos, trabalhem igualmente bem (ou, no mínimo, suficientemente bem) em todas as suas variantes, e que a seleção não escolha entre eles. Se a maioria dos genes não se apresenta à revista, então eles não podem constituir a unidade da seleção.

Penso, em resumo, que o fascínio gerado pela teoria de Dawkins é fruto de alguns maus hábitos do pensamento científico ocidental — das atitudes (perdoem-me o jargão) que denominamos atomismo, reducionismo e determinismo: a idéia de que os todos podem ser compreendidos por decomposição em unidades "básicas"; de que as propriedades das unidades microscópicas podem gerar e explicar o comportamento de resultados macroscópicos; de que todos os acontecimentos e objetos têm causas previsíveis, definidas e determinadas. Essas idéias têm sido eficazes no estudo de objetos simples, constituídos por poucos componentes e sem a influência de uma história anterior. Tenho absoluta certeza de que meu fogão se acenderá quando eu o ligar (e acendeu). As leis dos gases, construídas a partir das moléculas, levam-nos até as propriedades previsíveis de volumes maiores. Mas os organismos são muito mais do que amálgamas de genes. Têm uma história que não podemos desprezar; suas partes interagem de maneiras complexas. Os organismos são construídos por genes atuando em concerto, são influenciados pelos ambientes e traduzidos em partes que a seleção vê e partes que ela não vê. As moléculas que determinam as propriedades da água constituem uma pobre analogia dos genes e dos corpos. Posso não ser o senhor do meu destino, mas minha intuição da totalidade provavelmente reflete uma verdade biológica.

SEÇÃO III

A evolução humana

9 Uma homenagem biológica a Mickey Mouse

A idade freqüentemente transforma o fogo em placidez. Lytton Strachey, no seu incisivo retrato de Florence Nightingale, escreveu sobre os anos de declínio dela:

> O destino, depois de esperar muito pacientemente, pregou uma curiosa peça em Miss Nightingale. A benevolência e o espírito de devoção pública daquela longa vida só tinham sido igualados pelo seu azedume. Sua virtude residira na dureza ... E agora os anos sarcásticos traziam à orgulhosa mulher o seu castigo. Ela não iria morrer como tinha vivido. O ferrão lhe seria retirado; tornar-se-ia branda; seria reduzida à submissão e à complacência.

Portanto, não me surpreendi — embora a analogia possa parecer sacrílega para algumas pessoas — ao descobrir que a criatura que ofereceu seu nome como sinônimo de insipidez tivera uma juventude mais tempestuosa. Mickey Mouse tornou-se um respeitável cinqüentão no ano passado. Para assinalar a ocasião, muitos cinemas reprisaram sua atuação de estréia em *Steamboat Willie* (1928). O Mickey original era um tipo desordeiro e até levemente sádico. Numa seqüência notável, a explorar o desenvolvimento então recente da sonorização, Mickey e Minnie batem, apertam e torcem os animais a bordo do barco para produzirem um coro animado de "Turkey in the Straw". Eles "buzinam" um pato com um abraço apertado, serpenteiam a cauda de uma cabra, beliscam os mamilos de um porco, percutem os dentes de uma vaca como se fossem um xilofone e tocam gaita de foles em suas tetas.

Christopher Finch, na sua semi-oficial história ilustrada do trabalho de Disney, comenta: "O Mickey Mouse que surgiu nos cinemas no fim dos anos 20 não era, absolutamente, a personagem bem comportada familiar à maioria de nós hoje em dia. Era malévolo, para dizer o mínimo, e chegava mesmo a exibir rasgos de crueldade. Mas Mickey logo 'limpou' sua atuação, deixando apenas à especulação e aos mexericos sua relação não resolvida com Minnie e o estatuto dos seus sobrinhos Chiquinho e Francisquinho. Mickey ... tornara-se virtualmente um símbolo nacional e, como tal, dele se esperava

Evolução de Mickey durante cinqüenta anos (da esquerda para a direita). À medida que Mickey se torna cada vez mais bem-comportado, sua aparência ganha mais juventude. Medições de três estágios do seu desenvolvimento revelaram uma cabeça de tamanho relativamente maior, olhos maiores e crânio alargado — todos traços de juvenilidade. © Produções Walt Disney

um comportamento exemplar em todas as ocasiões. Se por vezes saía da linha, logo chegavam ao estúdio algumas cartas de cidadãos e organizações que sentiam ter nas suas mãos o bem-estar moral da nação ... No final, ele seria pressionado a assumir o papel de homem reto.''

À medida que a personalidade de Mickey suavizou-se, sua aparência mudou. Muitos admiradores de Disney perceberam essa transformação, mas poucos (suspeito eu) reconheceram o tema coordenador por trás de todas as alterações — de fato, não tenho certeza de que os próprios desenhistas de Disney tenham se dado conta, explicitamente, do que estavam fazendo, já que as mudanças surgiram aos poucos e de maneira vacilante.

Em resumo, o Mickey mais suave e inofensivo ganhou uma aparência cada vez mais jovem. (Já que a idade cronológica de Mickey nunca se alterou — como a maior parte das personagens dos quadrinhos, ele permanece impermeável às devastações do tempo —, esta mudança na aparência, mantendo-se a idade constante, constitui uma verdadeira transformação evolutiva. A juvenilização progressiva como fenômeno evolutivo denomina-se neotenia. Adiante falaremos mais sobre este assunto.)

As características mudanças de forma durante o crescimento humano inspiraram uma literatura biológica abundante. Já que a extremidade cefálica do embrião se diferencia primeiro e cresce mais depressa no útero do que a extremidade relativa aos pés (em linguagem técnica, trata-se de um gradiente ântero-posterior), um recém-nascido apresenta uma cabeça relativamente grande, ligada a um corpo de tamanho médio, com pernas e pés diminutos. Esse gradiente é invertido durante o crescimento, quando as pernas e os pés ultrapassam a extremidade cefálica. A cabeça continua a crescer, mas muito mais lentamente que o resto do corpo, de modo que o seu tamanho relativo diminui.

Além disso, durante o crescimento humano ocorre um conjunto de mudanças na própria cabeça. O cérebro cresce muito lentamente após os 3 anos de idade, e o crânio bulboso da criança dá lugar à configuração mais longilínea e de testa mais baixa do adulto. Os olhos praticamente não crescem e seu tamanho relativo decresce abruptamente. Mas o maxilar torna-se cada vez maior. As crianças, em comparação com os adultos, têm cabeças e olhos maiores, maxilares menores, crânio mais proeminente e bulboso e pernas e pés menores e mais rechonchudos. Lamento dizer, mas as cabeças dos adultos são, no seu conjunto, mais simiescas.

Mickey, no entanto, atravessou esse caminho ontogenético em sentido inverso, durante os seus cinqüenta anos entre nós. Adquiriu uma aparência ainda mais infantil, à medida que a personagem de *Steamboat Willie* se tornava o elegante e inofensivo anfitrião de um

A "evolução" de Mickey Mouse

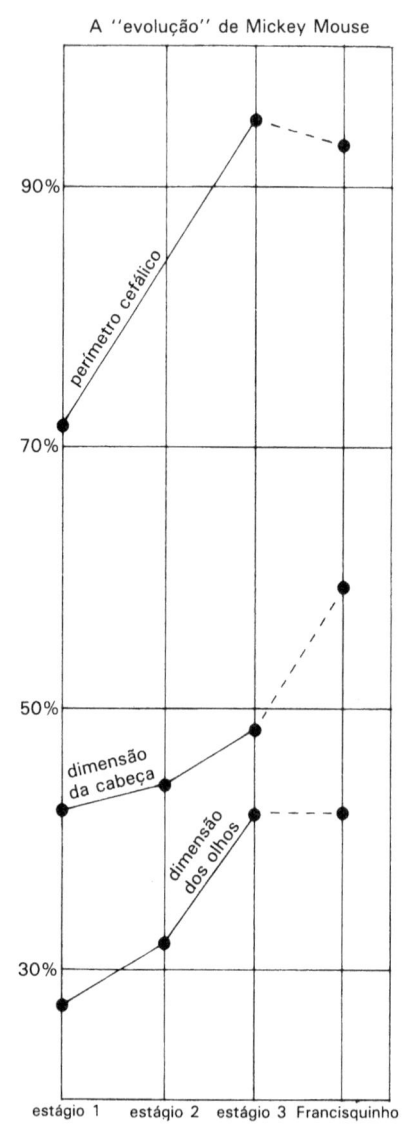

(gráfico: perímetro cefálico, dimensão da cabeça, dimensão dos olhos ao longo de estágio 1, estágio 2, estágio 3, Francisquinho)

Num estágio mais primitivo da sua evolução, Mickey apresentava cabeça, crânio e olhos menores. Ao evoluir, aproximou-se das características do sobrinho Francisquinho (ligado a Mickey por uma linha tracejada).

reino mágico. Por volta de 1940, o antigo beliscador de mamilos de porcos leva um pontapé no traseiro por insubordinação (como "Aprendiz de Feiticeiro", em *Fantasia*). Por volta de 1953, em seu último desenho animado, foi pescar e não pôde sequer subjugar um molusco esguichante.

Os desenhistas de Disney transformaram Mickey de maneira inteligentemente silenciosa, usando muitas vezes ardis sugestivos que simulam por caminhos diferentes as mudanças da própria natureza. Para o dotarem das pernas mais curtas e atarracadas da mocidade, baixaram-lhe a cintura das calças e cobriram-lhe as pernas esguias com calças amplas (os braços e as pernas também engrossaram substancialmente e adquiriram articulações para forjar uma aparência mais despreocupada). A cabeça tornou-se relativamente mais larga, com traços mais juvenis. O comprimento do nariz não se alterou, mas um engrossamento pronunciado sugere sutilmente uma protusão menor. O olho cresceu de duas formas: primeiro, através de uma mudança evolutiva descontínua principal, pela qual todo o olho do ancestral de Mickey se tornou a pupila dos seus descendentes; em segundo lugar, devido a um aumento gradual posterior.

O aprimoramento de Mickey quanto ao aumento do crânio seguiu uma via interessante, já que sua evolução foi sempre restringida pela convenção inalterada de desenharem sua cabeça com um círculo com orelhas apensas e um focinho oblongo. A forma do círculo não podia ser alterada abruptamente para configurar um crânio bulboso. Em vez disso, as orelhas de Mickey moveram-se para trás, aumentando a distância em relação ao nariz e dando à testa uma forma arredondada, em vez de inclinada.

Para dar a essas observações o estatuto da ciência quantitativa, utilizei meu melhor par de compassos nos três estágios da filogenia oficial — a figura do início dos anos 30, de nariz fino e orelhas avançadas (estágio 1), a figura mais tardia de *Mickey e o Pé de Feijão* (estágio 2, 1947) e o rato moderno (estágio 3). Medi os três sinais da juventude progressiva de Mickey: aumento do tamanho do olho (altura máxima) como porcentagem do comprimento da cabeça (base do nariz até o topo da parte posterior da orelha); aumento do tamanho da cabeça como porcentagem da altura do corpo; e aumento da abóbada craniana, medido pelo deslocamento para trás da parte anterior da orelha (distância da base do nariz até o topo da parte anterior da orelha como porcentagem da distância entre a base do nariz e o topo da parte posterior da orelha).

Todas as três porcentagens aumentaram consideravelmente — o tamanho do olho, de 27% para 42% do comprimento da cabeça; o tamanho da cabeça, de 42,7% para 48,1% da altura do corpo; e a distância do nariz à parte anterior da orelha passou de 71,7% para surpreendentes 95,6% da distância entre o nariz e a parte posterior da orelha. Para fins de comparação, medi também o jovem "sobrinho" de Mickey, Francisquinho. Em cada caso, Mickey evoluiu claramente em direção a estágios mais jovens da sua linhagem, embora tenha ainda um caminho a percorrer no que respeita ao tamanho da cabeça.

Os leitores podem perguntar agora o que é que um cientista, no mínimo marginalmente respeitável, tem andado fazendo com esse rato. Em parte, matando o tempo e, claro, divertindo-me também. (Ainda prefiro *Pinóquio* a *Cidadão Kane*.) Mas tenho de fato um ponto sério — dois, na verdade — a salientar. Devemos perguntar primeiro por que é que Disney escolheu mudar sua personagem mais famosa, tão gradual e persistentemente na mesma direção. Os símbolos nacionais não são alterados ao sabor de caprichos, e os pesquisadores de mercado (os que trabalham para a indústria de bonecas em particular) têm despendido muito tempo e esforço prático para aprender quais os traços mais atrativos para as pessoas. Os biólogos também têm investido bastante tempo no estudo de um assunto análogo, numa ampla variedade de animais.

Num dos seus mais famosos artigos, Konrad Lorenz argumenta que os seres humanos utilizam as diferenças características de forma entre bebês e adultos como importantes sinais do comportamento. Ele acredita que os traços juvenis desencadeiam "mecanismos inatos de libertação" de afeto e cuidado nos humanos adultos. Quando vemos uma criatura viva com características de bebê, somos acometidos por um surto automático de ternura desarmante. O valor adaptativo dessa resposta dificilmente pode ser questionado, já que temos de cuidar dos nossos bebês. Lorenz, a propósito, assinala entre os seus "liberadores" os próprios traços de bebê que Disney incorporou progressivamente em Mickey: "Uma cabeça relativamente larga, predominância da cápsula cerebral, olhos grandes e de implantação baixa, região das bochechas abaulada, extremidades curtas e grossas, consistência elástica e saltitante e movimentos desajeitados." Proponho-me deixar de lado neste artigo a controversa questão de se nossa reação afetuosa às características de bebê é ou não, de fato, inata e herdada diretamente de primatas antepassados — como argumenta Lorenz —, ou se é simplesmente aprendida a partir da nossa experiência imediata com bebês e enxertada sobre uma predisposição evolutiva para ligar laços de afeição a certos sinais aprendidos. Meus argumentos funcionam igualmente bem em qualquer caso, pois limito-me a afirmar que os traços de bebê tendem a desencadear fortes sentimentos de afeição nos adultos humanos, seja sua base biológica a programação direta ou a capacidade de aprender e fixar sinais. Também considero secundária em relação ao meu ponto de vista a tese principal do artigo de Lorenz — de que respondemos não à totalidade ou *Gestalt*, mas sim a um conjunto de traços específicos que atuam como "liberadores". Esse argumento é importante para Lorenz, porque ele quer defender a identidade evolutiva dos modos de comportamento entre seres humanos e outros vertebrados, e sabemos que muitos pássaros, por exemplo, respondem freqüentemente a traços abstratos, mais do que a *Gestalt*. O artigo de Lorenz, publicado em 1950, intitula-se *Ganzheit und Teil in der tierischen und menschlichen Gemeinschaft* (O todo e a parte na sociedade humana e animal). A transformação gradual na aparência de Mickey operada por Disney não faz sentido nesse contexto — ele operou de maneira seqüencial sobre os liberadores primários de Lorenz.

Lorenz enfatiza o poder que os traços juvenis exercem sobre nós e a qualidade abstrata da sua influência, salientando que julgamos os outros animais pelos mesmos critérios — embora, num contexto evolutivo, o julgamento possa ser totalmente inadequado. Em resumo, somos enganados por uma resposta desenvolvida aos nossos próprios bebês e transferimos essa reação para o mesmo conjunto de características em outros animais.

Muitos animais, por razões que nada têm a ver com a inspiração de afeto nos humanos, apresentam alguns traços comuns aos bebês humanos, mas não aos nossos adultos — particularmente, olhos grandes e cabeça bulbosa, com queixo retraído.

Somos atraídos por eles, cultivamo-los como bichos de estimação, paramos para admirá-los quando os encontramos no estado selvagem — ao passo que rejeitamos seus parentes de olhos pequenos e focinhos longos que poderiam constituir companheiros mais afeiçoados ou objetos de admiração. Lorenz enfatiza que os nomes alemães de muitos animais com traços semelhantes aos dos bebês humanos terminam pelo sufixo diminutivo *chen*, embora esses animais sejam muitas vezes maiores do que seus parentes próximos que não exibem essas mesmas características — *Rotkehlchen* (pintarroxo), *Eichhörnchen* (esquilo) e *Kaninchen* (coelho), por exemplo.

Numa seção fascinante do seu trabalho, Lorenz estende-se sobre nossa capacidade de resposta biologicamente inadequada a outros animais ou até a objetos inanimados que simulem características humanas. "Os mais espantosos objetos podem adquirir valores emocionais notáveis e altamente específicos por 'ligação empírica' a propriedades humanas ... Altas escarpas um tanto sobressaídas ou nuvens de tempestade superpostas têm o mesmo valor imediato que um ser humano de pé, na sua altura máxima, inclinando-se ligeiramente para a frente" — ou seja, são ameaçadoras.

Não podemos evitar encarar o camelo como indiferente e inamistoso, porque ele exibe, de maneira absolutamente involuntária, e por outras razões, o "gesto de rejeição arrogante" comum a tantas

Os seres humanos sentem afeição por animais com traços juvenis: olhos grandes, crânios bulbosos, maxilares retraídos (coluna da esquerda). Os animais de olhos pequenos e focinho longo (coluna da direita) não despertam a mesma reação. Extraído de *Studies in Animal and Human Behavior*, vol. II, de Konrad Lorenz, 1971, Methuen & Co. Ltd.

culturas humanas. Nesse gesto levantamos a cabeça, colocando o nariz acima dos olhos, que semicerramos, soprando pelo nariz — o *harumph* da estereotipada classe superior inglesa ou dos seus bem treinados criados. "Tudo isso", argumenta Lorenz muito convincentemente, "simboliza resistência contra todas as modalidades sensoriais emanadas da contraparte desdenhada." Mas o pobre camelo não pode evitar andar com o nariz acima dos olhos alongados e com a boca voltada para baixo. Como Lorenz nos recorda, se querem saber se um camelo comerá em sua mão ou cuspirá, olhem para as orelhas dele, e não para o resto do rosto.

No importante livro *Expression of the Emotions in Man and Animals*, publicado em 1872, Charles Darwin remontou a base evolutiva de muitos gestos comuns a ações originalmente adaptativas dos animais, mais tarde interiorizadas como símbolos nos seres humanos, com o que defendeu a continuidade evolutiva da emoção, e não apenas da forma. Grunhimos e levantamos o lábio superior quando em ira feroz, para expor nossos inexistentes dentes caninos de luta. Nosso gesto de aversão repete as ações faciais associadas ao ato altamente adaptativo de vomitar nas circunstâncias necessárias. Darwin concluiu, para a aflição de numerosos vitorianos seus contemporâneos, que, "na humanidade, algumas expressões, tais como eriçar o cabelo sob terror extremo ou mostrar os dentes sob raiva furiosa, só podem ser entendidas com base na crença de que o homem já existiu numa condição muito mais inferior e animalesca".

Em qualquer caso, as características abstratas da infância humana despertam em nós poderosas respostas emocionais, mesmo quando ocorrem em outros animais. Afirmo que o caminho evolutivo de Mickey Mouse, na rota do seu próprio crescimento invertido, reflete a descoberta inconsciente desse princípio biológico por Disney e seus desenhistas. De fato, o estado emocional de muitas personagens de Disney reside no mesmo conjunto de distinções. Nesse ponto, o reino mágico tira partido de uma ilusão biológica — nossa habilidade para abstrair e nossa propensão a transferir, inadequadamente, para outros animais, as respostas ajustadas que damos às mudanças de forma no desenvolvimento dos nossos corpos.

O Pato Donald também assume traços mais juvenis através do tempo. O bico alongado diminui e os olhos aumentam. Ele converge para Huguinho, Zezinho e Luisinho tão certamente como Mickey se aproxima de Francisquinho. Mas Donald, tendo herdado o manto do mau comportamento original de Mickey, permanece mais adulto na forma, com o bico projetado e a testa mais oblíqua.

Os ratos vilões, ou "afilados", em contraste com Mickey, têm sempre uma aparência mais adulta, embora por vezes partilhem da sua idade cronológica. Em 1936, por exemplo, Disney fez um curta-metragem intitulado *Mickey's Rival*. Ranulfo, um janota com carro esporte amarelo, intromete-se no calmo piquenique campestre de Mickey e Minnie. O muito pouco respeitável Ranulfo tem uma cabeça que mede apenas 29% da altura do corpo, em relação aos 45% de Mickey, e um focinho de 80% do tamanho da cabeça, muito acima dos 49% de Mickey. (De qualquer maneira, e como sempre, Minnie transfere sua afeição, até que um obsequioso touro de um campo vizinho despacha o rival de Mickey.) Considerem também os traços adultos exagerados de outras personagens de Disney — o fanfarrão taurino Horácio ou o simples, apesar de adorável, Pateta.

Como comentário biológico secundário e importante à odisséia de Mickey nos meandros da forma, observo que o seu caminho para a juventude eterna repete, em epítome, nossa história evolutiva. Porque os seres humanos são neotênicos. Nós evoluímos retendo, no estado adulto, os traços juvenis originais dos nossos antepassados.

Ranulfo, janota de má reputação (aqui a roubar as afeições de Minnie), apresenta muito mais características adultas do que Mickey: a cabeça é menor em proporção ao tamanho do corpo, e o nariz mede 80% do tamanho da cabeça. © Produções Walt Disney

A EVOLUÇÃO HUMANA

Nossos antecessores australopitecíneos, tal como Mickey em *Steamboat Willie*, tinham mandíbulas proeminentes e crânios de abóbada baixa.

Nosso esqueleto embrionário pouco difere daquele dos chimpanzés. E seguimos o mesmo caminho de mudança de forma durante o crescimento: decréscimo relativo da abóbada craniana, já que os cérebros crescem muito mais lentamente do que os corpos após o nascimento, e aumento contínuo relativo da mandíbula. Mas, enquanto

Os vilões dos quadrinhos não são as únicas personagens de Disney com características adultas exageradas. Pateta, tal como Ranulfo, tem uma cabeça pequena em relação ao tamanho do corpo e um focinho proeminente. © Produções Walt Disney

os chimpanzés acentuam essas mudanças, originando um adulto impressionantemente diferente de um bebê na forma, prosseguimos muito mais lentamente ao longo do mesmo caminho e nunca vamos tão longe. Assim, como adultos, retemos traços juvenis. Sem dúvida, mudamos o suficiente para produzir uma diferença notável entre bebês e adultos, mas as mudanças são muito menores que as sofridas pelos chimpanzés e outros primatas.

Foi um abrandamento acentuado das taxas de desenvolvimento que desencadeou nossa neotenia. Os primatas se desenvolvem lentamente em relação aos demais mamíferos, mas nós reforçamos essa tendência a um grau não igualado por qualquer outro mamífero. As características morfológicas da juventude eterna têm-nos servido bem. Nosso cérebro aumentado é, pelo menos em parte, o resultado da extensão a idades mais tardias das taxas de crescimento pré-natal. (Em todos os mamíferos, o cérebro cresce rapidamente no útero e, com freqüência, muito pouco após o nascimento, enquanto estendemos essa fase fetal para a vida pós-natal.)

Mas as próprias mudanças na regulação têm sido igualmente importantes. Somos sobretudo animais que aprendem, e nossa infância prolongada permite a transferência da cultura pela educação. Muitos animais manifestam flexibilidade e desenvolvem atividades lúdicas na infância, mas seguem padrões rigidamente programados quando adultos. Lorenz escreve no mesmo artigo já citado: "A característica tão vital para a peculiaridade humana do verdadeiro homem — a de permanecer sempre num estado de desenvolvimento — é com certeza um dom que devemos à natureza neotênica da humanidade."

Em suma, nós, tal como Mickey, nunca crescemos, embora, ai de nós, envelheçamos de fato. Os melhores votos para você, Mickey, no seu próximo meio século. Possamos nos manter tão jovens como você, mas tornando-nos um pouco mais sensatos.

10 Piltdown revisitado

Nada é tão fascinante como um mistério bem antigo. Muitos conhecedores encaram o livro de Josephine Tey, *The Daughter of Time,* como a maior história de detetives jamais escrita, porque seu protagonista é Ricardo III, e não o moderno e insignificante assassino de Roger Ackroyd. Os velhos chavões constituem fontes perenes de debates apaixonados e infrutíferos. Quem era Jack, o Estripador? Seria Shakespeare Shakespeare?

A paleontologia, minha profissão, ganhou sua entrada para a primeira fileira dos enigmas históricos há um quarto de século. Em 1953, o homem de Piltdown foi desmascarado como fraude certa, perpetrada por um muito incerto mistificador. Desde então, o interesse pelo caso não mais enfraqueceu. Pessoas que não distinguem um *Tyrannosaurus* de um *Allosaurus* têm opiniões firmes sobre a identidade do falsário de Piltdown. Em vez de perguntar simplesmente "quem o fez", trato aqui daquilo que considero um assunto intelectualmente mais interessante: por que é que alguém aceitou, pela primeira vez, o homem de Piltdown? Fui levado a debruçar-me sobre o assunto por recentes e destacados relatos que acrescentaram à lista — aliás com provas abissalmente pobres, na minha opinião — mais um proeminente suspeito. Como velho leitor de obras de mistério, também não posso deixar de exprimir meu próprio preconceito, tudo no devido tempo.

Em 1912, Charles Dawson, advogado e arqueólogo amador de Sussex, apresentou vários fragmentos de um crânio a Arthur Smith Woodward, conservador no Departamento de Geologia do Museu Britânico (História Natural). O primeiro fragmento, disse ele, fora desenterrado de uma saibreira por um trabalhador, em 1908. Desde essa altura, começou a vasculhar o local, encontrando mais alguns fragmentos. Os ossos, gastos e profundamente manchados, pareciam originários do velho fosso, e não os restos de uma inumação mais recente. No entanto, o crânio parecia notavelmente moderno na forma, embora os ossos fossem invulgarmente espessos.

Smith Woodward, tão excitado quanto um homem comedido poderia estar, acompanhou Dawson a Piltdown e aí, com o P.e Teilhard de Chardin, tentou encontrar mais evidências. (Sim, acreditem ou não, é o mesmo Teilhard que, como cientista e teólogo maduro, tornou-se uma espécie de figura de culto, há uns quinze anos, com sua tentativa de reconciliar a evolução, a natureza e Deus no livro *The Phenomenon of Man*. Teilhard viera para a Inglaterra em 1908 para estudar num colégio jesuíta em Hastings, perto de Piltdown, e conheceu Dawson numa pedreira em 31 de maio de 1909; o procurado de meia-idade e o jovem jesuíta francês tornaram-se amigos calorosos, colegas e co-exploradores.)

Numa de suas expedições conjuntas, Dawson encontrou a famosa mandíbula ou maxilar inferior. Tal como os fragmentos de crânio, a mandíbula encontrava-se profundamente manchada, mas parecia ser tão simiesca na forma quanto o crânio era humano. Apesar disso,

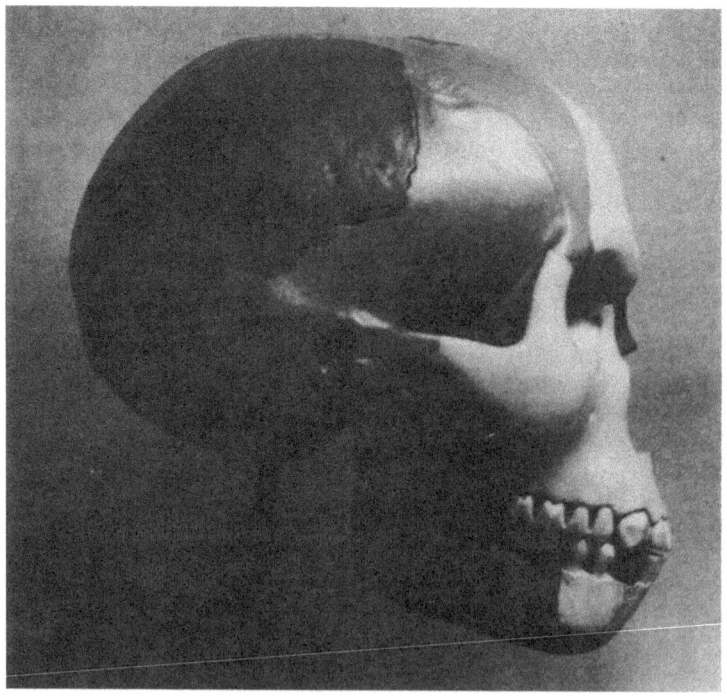

Caveira do homem de Piltdown. (Por cortesia do Museu Americano de História Natural)

tinha dois dentes molares gastos pelo uso, como é comum nos seres humanos, mas nunca nos macacos. Infelizmente, a mandíbula encontrava-se quebrada justamente nos dois lugares, que poderiam estabelecer sua relação com o crânio: a região do queixo, com todas as suas marcas distintivas entre macacos e seres humanos, e a área da articulação com o crânio.

Com os fragmentos do crânio, o maxilar inferior e uma coleção associada de ossos e pedras trabalhados, e mais um certo número de fósseis de mamífero, para fixar a idade do achado como muito antiga, Smith Woodward e Dawson apresentaram o seu "espetáculo" perante a Sociedade Geológica de Londres, em 18 de dezembro de 1912. A recepção a eles foi confusa, embora totalmente favorável. Ninguém farejou a fraude, mas, para alguns críticos, a associação de um crânio humano com uma mandíbula simiesca indicava que os restos de dois animais distintos poderiam ter sido misturados um com o outro na pedreira.

Durante os três anos seguintes, Dawson e Smith Woodward apresentaram uma série de novas descobertas que, em retrospectiva, não poderiam ter sido melhor arranjadas para afastar a dúvida. Em 1913, o Pe Teilhard encontrou o importante dente canino inferior, também simiesco na forma, mas bastante desgastado, à maneira humana. Então, em 1915, Dawson convenceu muitos dos seus opositores ao descobrir a mesma associação de dois fragmentos cranianos humanos espessos, com um dente simiesco gasto à maneira humana, num segundo sítio a duas milhas dos achados originais.

Henry Fairfield Osborn, principal paleontólogo americano e crítico convertido, escreveu:

> Se há uma Providência pairando sobre os assuntos do homem pré-histórico, ela certamente manifestou-se neste caso, porque os três fragmentos do segundo homem de Piltdown encontrados por Dawson são exatamente aqueles que teríamos selecionado para confirmar a comparação com o tipo original ... Colocados lado a lado com os fósseis correspondentes do primeiro homem de Piltdown, concordam precisamente; não há uma sombra de diferença.

A Providência, desconhecida para Osborn, caminhou sob forma humana em Piltdown.

Durante os trinta anos seguintes, Piltdown ocupou um lugar desconfortável, mas reconhecido, na pré-história humana. Então, em 1949, Kenneth P. Oakley aplicou o seu teste de flúor aos restos fósseis de Piltown. Os ossos impregnam-se de flúor em função do tempo de permanência na jazida e do teor de flúor das rochas e do solo nas imediações. Ora ambos, o crânio e a mandíbula de Piltdown, continham quantidades de flúor apenas detectáveis, pelo que não poderiam ter estado muito tempo nas fossas. Oakley, ainda sem suspeitar de falsificação, propôs que, no fim de contas, Piltdown teria sido uma inumação relativamente recente em fossas antigas.

Alguns anos mais tarde, porém, em colaboração com J. S. Weiner e W. E. le Gros Clark, Oakley considerou finalmente a alternativa óbvia — que a "inumação" fora feita neste século com a intenção de fraude. Descobriu que o crânio e a mandíbula haviam sido artificialmente manchados, as pedras e os ossos trabalhados com lâminas modernas, e os mamíferos associados, embora sendo fósseis genuínos, tinham sido importados de outro lado. Mais ainda, os dentes foram limados para simular uso humano. A velha anomalia — uma mandíbula simiesca com um crânio humano — ficou resolvida da maneira mais parcimoniosa de todas. O crânio de fato *pertencera* a um ser humano moderno; a mandíbula era de um orangotango.

Mas quem impingira uma tão monstruosa fraude a cientistas tão ansiosos por uma descoberta desse tipo que permaneceram cegos à explicação óbvia das suas anomalias? Do trio original, Teilhard foi afastado como sendo um jovem ingênuo e inconsciente. Ninguém jamais suspeitou (e, na minha opinião, corretamente) de Smith Woodward, o superíntegro luminar que devotou sua vida à realidade de Piltdown e que, já depois dos 80, aposentado e cego, publicou seu último livro com o pretensioso título de *The Earliest Englishman* (1948).

Em vez disso, as suspeitas centraram-se em Dawson. Oportunidade ele certamente tivera, embora não se conseguisse estabelecer um motivo satisfatório. Dawson era um amador altamente respeitado, com vários achados importantes a seu crédito. Excessivamente entusiasta e sem nenhum senso crítico, talvez fosse até um pouco inescrupuloso em suas relações com outros amadores, mas nenhuma evidência direta da sua cumplicidade jamais transpareceu. Apesar disso, o caso circunstancial é forte e está bem sumarizado por J. S. Weiner em *The Piltdown Forgery* (Oxford University Press, 1955).

Os defensores de Dawson sustentam que um cientista mais profissional deve ter estado envolvido, no mínimo como cúmplice, porque os achados foram muito engenhosamente falsificados. Sempre considerei este argumento pobre, apresentado em grande parte com o intuito de se atenuar o embaraço provocado por não se ter detectado mais cedo uma fraude tão negligentemente elaborada. As manchas, na verdade, foram feitas com cuidado, mas as "ferramentas" e os dentes haviam sido grosseiramente forjados. — Assim que os cientistas os observaram com a hipótese de fraude em mente, logo se encontraram marcas de arranhões. Le Gros Clark escreveu: "As evidências de abrasão artificial saltam imediatamente à vista". De fato parecem tão óbvias que se poderá perguntar como não foram notadas antes. A maior habilidade do falsário consistiu em saber o que deixar de fora — livrando-se do queixo e da articulação.

Em novembro de 1978, Piltdown reapareceu destacamente nas notícias, porque outro cientista fora implicado como possível cúmplice. Pouco antes da sua morte, aos 93 anos de idade, J. A. Douglas, emérito professor de Geologia em Oxford, fez uma gravação em fita sugerindo que o seu predecessor na cadeira, W. J. Sollas, era o réu. Em apoio a sua afirmação, Douglas referiu apenas três pontos, que não considero como provas:

1) Solas e Smith Woodward eram inimigos viscerais. (É certo que a Academia é um ninho de víboras, mas agressão verbal e falsificação elaborada são comportamentos de magnitude diferente.)
2) Em 1910, Douglas deu a Sollas alguns ossos de mastodonte que poderiam ter sido usados como parte da fauna importada. (Mas esses ossos e dentes não são raros.)
3) Sollas recebeu certa vez uma embalagem de dicromato de potássio, e nem Douglas nem o fotógrafo de Sollas conseguiram imaginar o que ele iria fazer com ela.

De fato foi empregado dicromato de potássio para escurecer os ossos de Piltdown, mas trata-se também de um importante produto químico na fotografia, e não encaro a alegada confusão do fotógrafo de Sollas como forte indício de que o professor tivesse algum uso nefando em mente. Em resumo, considero as provas contra Sollas tão fracas, que me admira as principais publicações científicas da Inglaterra e dos Estados Unidos terem-lhes concedido tanto espaço. Até excluiria Sollas completamente, não fosse pelo paradoxo de seu famoso livro *Ancient Hunters* apoiar as idéias de Smith Woodward sobre Piltdown em termos tão obsequiosamente entusiásticos, que poderia ser interpretado como um sarcasmo sutil.

Na minha opinião, somente três hipóteses são consistentes. Em primeiro lugar, Dawson era detestado e tido como suspeito por alguns arqueólogos amadores (embora igualmente aclamado por outros). Alguns compatriotas consideravam-no uma fraude; outros alimentavam amargos ciúmes de sua posição entre os profissionais. Talvez um dos seus colegas tivesse imaginado essa forma complexa e peculiar de vingança. A segunda hipótese, a meu ver a mais provável, é a de que Dawson agiu sozinho, talvez para ganhar fama, talvez para desvelar o mundo dos profissionais.

A terceira hipótese é muito mais interessante. Segundo ela, Piltdown teria sido uma brincadeira levada longe demais, e não uma fraude maliciosa. É a brincadeira favorita de muitos paleontólogos de renome que conheceram bem o nosso homem. Examinei minuciosamente todas as provas, tentando tudo para deitá-la abaixo. Em vez disso, reconheci sua consistência e plausibilidade, embora ela não se refira ao contendor principal. A. S. Romer, último chefe do museu em que resido em Harvard, e também o melhor paleontólogo americano de vertebrados, muitas vezes me declarou suas suspeitas. Louis Leakey também acreditava nisso. Sua autobiografia refere-se, sem o nomear, a um "segundo homem", mas as evidências internas, para quem está a par da questão, apontam com clareza determinado indivíduo.

É muitas vezes difícil recordar um homem na sua juventude, após a idade madura lhe ter imposto uma personalidade diferente. Teilhard de Chardin, nos seus últimos anos, tornou-se para muitos uma figura austera e quase divina. Foi amplamente aclamado como o profeta principal da nossa época, mas foi também um jovem estudante amante dos divertimentos. Conheceu Dawson três anos antes de Smith Woodward ter entrado na história e poderá ter tido acesso, durante um encargo anterior no Egito, aos ossos de mamífero (provavelmente da Tunísia e de Malta) que constituíram parte da fauna "importada" de Piltdown. Posso facilmente imaginar Dawson e Teilhard, após longas horas no campo e no bar, delineando um plano comum, embora por razões diferentes: Dawson para revelar a credulidade dos pomposos profissionais; Teilhard para esfregar mais uma vez os narizes ingleses com o escárnio de que a nação deles não tinha nenhum fóssil humano legítimo, enquanto a França exibia uma superabundância que fazia dela a rainha da antropologia. Talvez tenham trabalhado juntos, jamais esperando que os luminares da ciência inglesa se fixassem sobre Piltdown com tanto gosto; talvez eles esperassem sair limpos, mas não conseguiram.

Teilhard deixou a Inglaterra para servir como carregador de maca durante a Primeira Guerra Mundial. Dawson perseverou e completou o plano com uma segunda descoberta de Piltdown em 1915. Mas então a brincadeira fugiu-lhes das mãos e tornou-se um pesadelo. Dawson adoeceu inesperadamente e faleceu em 1916. Teilhard não pôde regressar antes do fim da guerra. Por essa altura, os três principais expoentes da antropologia e da paleontologia britânicas —

Arthur Smith Woodward, Grafton Elliot Smith e Arthur Keith — tinham baseado suas carreiras na realidade de Piltdown. (De fato, acabaram como dois Sir Arthur e um Sir Grafton, em grande parte pelo seu papel na introdução da Inglaterra no mapa antropológico.) Tivesse Teilhard confessado em 1918, sua promissora carreira (que incluiu mais tarde um papel importante na descrição do legítimo homem de Pequim) teria sido encerrada abruptamente. Assim, seguiu o salmista e o mote da Universidade de Sussex, mais tarde sediada a poucas milhas de Piltdown — "Fica calado e sabe..." — até o dia da sua morte. Possível. Razoavelmente possível.

Toda essa especulação dá margem a divertimentos e controvérsias inesgotáveis, mas voltemos à questão prioritária e mais interessante: por que é que alguém, pela primeira vez, acreditou em Piltdown? Desde o início era uma criatura improvável. Por que haveria alguém de admitir para nossa linhagem um antepassado com um crânio totalmente moderno e uma mandíbula de macaco não-modificada?

De fato, nunca faltaram detratores a Piltdown. Seu reinado temporário nasceu em conflito e sempre se alimentou da controvérsia. Muitos cientistas continuaram a acreditar que o homem de Piltdown era um artefato composto de dois animais acidentalmente reunidos no mesmo depósito. No início da década de 40, por exemplo, Franz Weidenreich, talvez o maior especialista em anatomia humana do mundo, escreveu (com certeza devastadora): "O *Eoanthropous* (*homem de dawn*, a designação oficial do homem de Piltdown) deveria ser apagado da lista dos fósseis humanos. Trata-se da combinação artificial de fragmentos de uma caixa craniana moderna com mandíbula e dentes semelhantes aos de um orangotango." A essa apostasia respondeu Sir Arthur Keith com ironia amarga: "Essa é uma maneira de nos livrarmos de fatos que não se encaixam numa teoria preconcebida; mas o caminho normalmente percorrido pelos homens da ciência é construir uma teoria que encaixe os fatos, e não se livrar deles."

Mais ainda, desde o início as publicações sobre Piltdown apresentavam material suficiente para se suspeitar de fraude, caso alguém se tivesse inclinado a pesquisar o assunto. C. W. Lyne, um anatomista de dentes, afirmou que o canino encontrado por Teilhard era um dente novo, nascido pouco antes da morte do homem de Piltdown, e que sua intensidade de uso não correspondia à idade. Outros levantaram fortes dúvidas acerca da manufatura antiga das ferramentas de Piltdown. Nos círculos amadores de Sussex, alguns colegas de Dawson concluíram que o homem de Piltdown só podia ser uma fraude, mas não publicaram suas convicções.

Se quisermos aprender alguma coisa sobre a natureza da investigação científica a partir do caso de Piltdown — em vez de apenas nos entregarmos aos prazeres da maledicência —, teremos de resolver o paradoxo da sua fácil aceitação. Penso poder identificar no mínimo quatro categorias de razões para as prontas boas-vindas concedidas a uma tal mistificação por todos os maiores paleontólogos ingleses. Todas as quatro contradizem a mitologia habitual acerca da prática científica — de que os fatos são "duros" e primários e de que a compreensão científica aumenta à medida que se reúnem pacientemente esses pedaços objetivos de informação pura, submetendo-os a um exame minucioso. Em vez disso, essas razões mostram a ciência como uma atividade humana, motivada pela esperança, pelos preconceitos culturais e pela busca da glória, cambaleando na sua trajetória errática em direção a um melhor entendimento da natureza.

A imposição de fortes esperanças sobre evidências duvidosas. Antes de Piltdown, a paleantropologia inglesa encontrava-se num limbo agora ocupado pelos estudiosos da vida extraterrestre: campos inesgotáveis de especulação e nenhuma evidência direta. Além de alguns instrumentos de pedra de fabricação humana duvidosa e de alguns ossos fortemente suspeitos de serem produto de inumações recentes em túmulos antigos, a Inglaterra não conhecia nada acerca dos seus antepassados mais remotos. A França, por outro lado, fora abençoada com uma superabundância de Neanderthals e Cro-Magnons associados a suas respectivas artes e ferramentas. Os antropólogos franceses deliciavam-se em provocar os ingleses com esse acentuado desequilíbrio. Piltdown não poderia ter sido melhor planejado para virar a mesa. Parecia antecipar-se ao homem de Neanderthal numa considerável fatia de tempo. Se os fósseis humanos já apresentavam um crânio totalmente moderno centenas de milhares de anos antes de o Neanderthal aparecer, então o homem de Piltdown deveria ser o nosso antepassado, e os Neanderthals franceses constituiriam um ramo lateral. Smith Woodward chegou a proclamar: "A raça de Neanderthal foi uma degenerescência do homem primitivo, enquanto o homem moderno pode ter surgido diretamente da fonte primitiva, da qual o crânio de Piltdown nos forneceu a primeira evidência descoberta." Essa rivalidade internacional tem sido muitas vezes mencionada pelos comentadores de Piltdown, mas diversos fatores igualmente importantes não foram notados.

A EVOLUÇÃO HUMANA

Redução de anomalias pela adaptação às tendência culturais.
Um crânio humano com mandíbula de macaco aparece-nos hoje como suficientemente incongruente para merecer forte suspeita. Não o mesmo em 1913. Nessa altura, muitos paleontólogos renomados priorizavam a "supremacia do cérebro" na evolução humana, em grande parte por motivos culturais. O argumento apoiava-se numa inferência falsa, a partir da importância que então se atribuía à prioridade histórica: governamos hoje em virtude da nossa inteligência. Como conseqüência, na nossa evolução, um cérebro ampliado deve ter precedido e inspirado todas as outras alterações do nosso corpo. Assim, seria de esperar que encontrássemos ancestrais humanos com cérebros ampliados — semelhantes talvez aos do homem moderno — e corpo distintamente simiesco. (Ironicamente, a natureza seguiu um caminho oposto. Nossos antepassados mais antigos, os australopitecos, eram totalmente eretos, mas ainda com cérebros pequenos.) Assim, Piltdown estava nitidamente de acordo com o resultado largamente antecipado. Grafton Elliot Smith escreveu em 1924:

> O extraordinário interesse pelo crânio de Piltdown encontra-se na confirmação à idéia de que o cérebro liderou o caminho percorrido pela evolução humana. Constitui o mais verdadeiro truísmo de que o homem emergiu do estado simiesco em virtude do aprimoramento da estrutura da sua mente ... o cérebro atingiu aquilo que pode ser denominado escalão humano numa altura em que as mandíbulas, a face e, sem dúvida, também o corpo ainda retinham muito da rudeza dos antecessores símios do homem. Em outras palavras, no início ... era apenas um Macaco com um cérebro superdesenvolvido. A importância do crânio de Piltdown, portanto, reside no fato de que ele dá confirmação tangível a essas inferências.

Piltdown também apoiou algumas idéias raciais muito familiares entre os europeus brancos. Nos anos 30 e 40, após a descoberta do homem de Pequim em estratos de idade aproximadamente igual às das sepulturas de Piltdown, começaram a aparecer na literatura árvores filéticas baseadas no homem de Piltdown e afirmando a antigüidade da supremacia branca (embora nunca tenham sido adotadas pelos principais defensores de Piltdown, Smith Woodward, Smith e Keith). O homem de Pequim (originalmente denominado *Sinantropo*, mas agora classificado como *Homo erectus*) viveu na China com um cérebro de dois terços do tamanho moderno, enquanto o homem de Piltdown, com o seu cérebro totalmente desenvolvido, habitou a Inglaterra. Se o Piltdown, como primeiro homem inglês, foi o progenitor das raças brancas, enquanto os outros remontam sua ancestralidade ao *Homo erectus*, então os brancos atravessaram o limiar para a humanidade plena muito antes dos outros povos. Como residentes há mais tempo neste estado elevado, os brancos devem exceder nas artes da civilização.

Redução das anomalias combinando os fatos com a expectativa. Recordando, o homem de Piltdown tinha um crânio humano e uma mandíbula de macaco. Sendo assim, ele constituía a oportunidade ideal para testar o que os cientistas fazem quando confrontados com anomalias desconfortáveis. G. E. Smith e outros podem ter advogado ao cérebro a posição principal no caminho evolutivo, mas nenhum foi ao ponto de sonhar que os cérebros se teriam tornado completamente humanos antes que as mandíbulas mudassem, fosse como fosse! Piltdown era bom demais para ser verdade.

Se Keith tinha razão na sua ofensiva a Weidenreich, então os defensores de Piltdown deveriam ter modelado suas teorias de acordo com o fato desconfortável de um crânio humano associado a uma mandíbula de macaco. Em vez disso, modelaram os "fatos" — outro exemplo de que a informação sempre chega até nós através dos poderosos filtros da cultura, da esperança e da expectativa. Como um tema persistente na descrição "pura" de Piltdown, aprendemos, com todos os seus principais defensores, que o crânio, embora notavelmente moderno, apresenta um conjunto de características definitivamente simiescas! De fato, Smith Woodward estimou a princípio a capacidade craniana em 1.070 cm^3 (em comparação com a média moderna de 1.400 cm^3 a 1.500 cm^3), embora Keith mais tarde o tenha convencido a aproximar o número do limite inferior do nosso espectro moderno. Grafton Elliot Smith, ao descrever o molde do cérebro no relatório original de 1913, descobriu sinais inequívocos de expansão incipiente em áreas que assinalam as mais elevadas capacidades mentais nos cérebros modernos, concluindo: "Devemos considerar este o mais primitivo e o mais simiesco cérebro humano até agora registrado; mais ainda, o cérebro que, por dedução, esperaríamos encontrar, num mesmo indivíduo, associado à mandíbula que definitivamente indica o nível zoológico do seu possuidor original." Um ano antes da revelação de Oakley, Sir Arthur Keith escreveu no seu último trabalho de fôlego (1948): "A testa era semelhante à do orangotango, desprovida da saliência supra-orbitária; o osso frontal apresentava, na sua configuração, muitos pontos de semelhança com o do orangotango de Bornéu e Sumatra." O *Homo sapiens* moderno, apresso-me a acrescentar, também não tem essa saliência supraorbitária, ou crista da testa.

O exame cauteloso da mandíbula revelou igualmente um conjunto de características notavelmente humanas para uma mandíbula de macaco (além do desgaste forjado dos dentes). Sir Arthur Keith enfatizou repetidas vezes, por exemplo, que os dentes se distribuíam na mandíbula de uma maneira peculiarmente humana, não simiesca.

Prevenção da descoberta pela prática. No passado, o Museu Britânico não ocupava a vanguarda na manutenção de coleções abertas e acessíveis — um feliz desenvolvimento de anos recentes, que ajudou a dispersar o odor de poeira (literal e figurativamente) dos principais museus de pesquisa. Tal como o estereótipo do bibliotecário, que protege os livros evitando que sejam usados, os curadores de Piltdown restringiram severamente o acesso aos ossos originais. Aos pesquisadores era freqüentemente permitido olhar, mas não tocar; só o conjunto dos moldes de plástico podia ser manipulado. Todos exaltavam os moldes pela exatidão de proporções e pormenores, mas a detecção de fraude requeria acesso aos originais — as manchas artificiais e o desgaste dos dentes não podiam ser descobertos nos moldes. Louis Leakey escreve na sua autobiografia:

> À medida que escrevo este livro, em 1972, pergunto a mim mesmo de que maneira a fraude permaneceu dissimulada durante tantos anos. Numa retrospectiva a 1933, quando fui pela primeira vez visitar o Dr. Bather, sucessor de Smith Woodward ... disse-lhe que desejava proceder a um exame cauteloso dos fósseis de Piltdown, já que estava preparando um livro sobre o homem primitivo. Fui levado para ver os espécimes, que foram retirados de um cofre e colocados numa mesa. Junto a cada fóssil encontrava-se um excelente molde. Não fui autorizado a manipular os originais fosse de que maneira fosse, mas simplesmente olhá-los e contentar-me com o fato de que os moldes eram réplicas realmente boas. Então, abruptamente, os originais foram removidos e fechados de novo à chave, e passei o resto da manhã apenas com os moldes para estudar.
>
> Acredito agora que todos os cientistas visitantes tiveram de examinar os espécimes de Piltdown nessas condições. Essa situação só mudou quando os fósseis ficaram a cargo do meu amigo e contemporâneo Kenneth Oakley, que não via necessidade de tratar os fragmentos como se fossem as jóias da coroa; considerava-os simplesmente fósseis importantes — para serem tratados cuidadosamente, mas a partir dos quais se deveria obter a máxima evidência científica.

Henry Fairfield Osborn, embora não sendo conhecido como homem generoso, prestou homenagens quase obsequiosas a Smith Woodward no seu tratado sobre o trajeto histórico do progresso humano, *Man Rises to Parnassus* (1927). Antes de sua visita ao Museu Britânico, Osborn era um cético. Até que numa manhã de domingo, no dia 24 de julho, "depois de tomar parte num trabalho memorável na Abadia de Westminster ... dirigiu-se ao Museu Britânico para ver os fósseis do então aclamado Dawn Man da Grã-Bretanha". (Ele pelo menos, como chefe do Museu Americano de História Natural, conseguiu ver os originais.) Osborn converteu-se rapidamente, proclamando Piltdown como "uma descoberta de importância transcendente para a pré-história do homem", e acrescentou: "Devemos nos lembrar, sempre e cada vez mais, que a Natureza é cheia de paradoxos e que a ordem do universo não é a ordem humana." No entanto, Osborn vira pouco mais do que a ordem humana, em dois níveis — a comédia da fraude e a mais sutil, embora inelutável, imposição da teoria à natureza. Seja como for, não me aflige que a ordem humana esconda todas as nossas interações com o universo, porque o véu, por mais forte que seja sua textura, é translúcido.

Pós-escrito

Nosso fascínio com relação a Piltdown parece nunca abater-se. Este artigo, publicado originalmente em março de 1979, desencadeou um fluxo de correspondência, algumas acerbas, outras congratulatórias. Centrou-se, claro, em Teilhard. Não tentei ser esperto ao escrever muito acerca de Teilhard, enquanto afirmava brevemente que a ação solitária de Dawson está mais de acordo com os fatos. O processo contra Dawson fora admiravelmente elaborado por Weiner e não havia mais nada a acrescentar. Continuei a encarar a hipótese de Weiner como a mais provável. Mas acreditava também que a única alternativa razoável (já que o segundo sítio de Piltdown, a meu ver, estabeleceu a cumplicidade de Dawson) era uma co-conspiração — uma cúmplice para Dawson. As outras propostas correntes, envolvendo Sollas e até G. E. Smith, pareciam-me tão improváveis ou fora de questão, que me perguntei por que se prestara tão pouca atenção ao único cientista reconhecido que estivera com Dawson desde o princípio — especialmente porque vários dos mais destacados colegas de Teilhard em paleontologia dos vertebrados acalentaram pensamentos privados (ou fizeram declarações públicas criptográficas) acerca do seu possível papel.

Ashley Montagu escreveu-me, em 3 de dezembro de 1979, para me dizer que transmitira as notícias a Teilhard após a revelação da fraude por Oakley — e que o aturdimento de Teilhard lhe parecera genuíno demais para ser fingido: "Tenho a certeza de que você está errado quanto a Teilhard. Conhecia-o bem e de fato fui o primeiro a comunicar-lhe o escândalo, no dia seguinte à sua publicação no *The New York Times*. Sua reação só muito dificilmente poderia ter sido forjada. Não tenho a mínima dúvida de que o falsário foi Dawson." Em Paris, em setembro último, conversei com vários contemporâneos e colegas cientistas de Teilhard, incluindo Pierre P. Grassé e Jean Piveteau; todos encararam qualquer idéia da sua cumplicidade como monstruosa. O P.e François Russo, S. J., enviou-me mais tarde uma cópia da carta que Teilhard escreveu a Kenneth P. Oakley após este ter denunciado a fraude, na esperança de que esse documento apagasse minhas dúvidas acerca do seu correligionário. Em vez disso, minhas dúvidas intensificaram-se, porque, nessa carta, Teilhard cometeu um deslize fatal. Envolvido com o meu novo papel de detetive, em 16 de abril de 1980 visitei Kenneth Oakley na Inglaterra, que me mostrou documentos adicionais de Teilhard e partilhou outras dúvidas comigo. Acredito agora que o exame das provas implica claramente Teilhard como cúmplice de Dawson no conluio de Piltdown. Apresentarei o caso todo na *Natural History Magazine*, no verão ou outono de 1980; aqui apenas mencionarei a evidência interna, obtida a partir da primeira carta de Teilhard a Oakley.

Teilhard inicia a carta exprimindo satisfação. "Felicito-o sinceramente pela solução do problema de Piltdown ... fundamentalmente suas conclusões me agradam, embora, sentimentalmente falando, destruam uma das minhas mais brilhantes e recentes memórias paleontológicas." Teilhard prossegue com suas idéias sobre o "enigma psicológico" (ou quem-fez-isso). Concorda, como todos os outros, em descartar Smith Woodward, mas também recusa implicar Dawson, escudando-se no seu conhecimento do caráter e das capacidades deste último: "Era um sujeito metódico e entusiástico ... Além disso, sua profunda amizade para com Sir Arthur torna quase impensável que ele tenha sistematicamente enganado seu sócio durante vários anos. Quando estávamos no campo, nunca reparei nada de suspeito no seu comportamento." Teilhard termina sugerindo, indiferentemente à sua própria confissão, que o caso poderia não ter passado de um acidente, originado por um colecionador amador que teria lançado fora alguns ossos de macaco num fosso que também continha alguns fragmentos de crânio humano (embora Teilhard não nos diga de que maneira uma hipótese dessas poderia explicar a mesma associação, a duas milhas de distância, no segundo sítio de Piltdown).

É precisamente em relação a esse segundo sítio que ocorre o deslize de Teilhard: "Ele me levou ao segundo sítio e explicou-me (*sic*) que havia encontrado o molar isolado e os pequenos pedaços de crânio nos montes de cascalhos e seixos espalhados pela superfície do campo." Mas sabemos agora (ver Weiner, p. 142) que Dawson levou Teilhard à segunda jazida para uma viagem de prospecção, em 1913, e também Smith Woodward, em 1914. Nenhuma das visitas, porém, conduziu a qualquer descoberta; até 1915 nenhum fóssil foi encontrado naquele local. Dawson escreveu a Smith Woodward a 20 de janeiro de 1915 para anunciar a descoberta de dois fragmentos cranianos. Em julho do mesmo ano escreveu-lhe de novo, dessa vez com boas notícias acerca da descoberta de um dente molar. Para Smith Woodward (conforme afirmou em publicação), Dawson tinha exumado os espécies em 1915 (ver Weiner, p. 144). Dawson adoeceu seriamente no final de 1915, falecendo no ano seguinte, sem que Smith Woodward tivesse obtido dele informações mais precisas sobre o segundo achado. Agora, o ponto diabólico: Teilhard afirma explicitamente, na carta citada, que Dawson lhe falara tanto do dente como dos fragmentos de crânio do segundo sítio. Mas Claude Cuenot, o biógrafo de Teilhard, afirma que este foi chamado para o serviço militar em dezembro de 1914, e sabemos que em 22 de janeiro de 1915, ele se encontrava no *front* (pp. 22 e 23). Mas se Dawson só descobriu (oficialmente) o molar em julho de 1915, como Teilhard poderia ter sabido disso, *a menos que estivesse envolvido na fraude*? Considero pouco provável que Dawson tenha mostrado o material a um inocente Teilhard em 1913, ocultando-o de Smith Woodward durante dois anos (especialmente depois de, em 1914, tê-lo levado ao local para dois dias de prospecção). Teilhard e Smith Woodward eram amigos e poderiam ter trocado informações a qualquer momento; uma tal inconsistência da parte de Dawson teria destruído inteiramente o seu segredo.

Em segundo lugar, Teilhard afirma na sua carta a Oakley que só conheceu Dawson em 1911: "Conheci Dawson muito bem, já que trabalhei com ele e Sir Arthur três ou quatro vezes em Piltdown (após um encontro casual numa pedreira perto de Hastings em 1911)." Apesar disso, é certo que Teilhard conheceu Dawson durante a primavera ou o verão de 1909 (ver Weiner, p. 90). Dawson apresentou Teilhard a Smith Woodward no final desse ano. Teilhard mostrou a Smith alguns fósseis por ele encontrados, incluindo um dente raro de um mamífero primitivo. Quando Smith Woodward descreveu esse material perante a Sociedade Geológica de Londres, em 1911, Dawson, na discussão subseqüente à fala de Woodward, prestou tributo à "paciente e habilidosa assistência" que recebera de Teilhard e de um outro padre desde 1909. No entanto, não encaro este ponto como relevante. Um primeiro encontro em 1911 seria ainda suficientemente cedo para haver cumplicidade (Dawson "encontrou" a primeira peça do crânio de Piltdown no outono de 1911, embora tenha afirmado que um trabalhador lhe dera um fragmento "alguns anos" antes), e eu nunca atribuiria importância a um engano de dois anos nas recordações de um homem sobre um evento ocorrido quarenta anos antes. Contudo, uma data mais tardia (e incorreta), imediatamente após a descoberta de Dawson, certamente levanta suspeitas.

Embora atraente, deixemos de lado a tentativa de conhecer o autor da fraude e voltemos ao ponto inicial deste ensaio (por que é que alguém acreditou, pela primeira vez, nos achados de Piltdown). Um outro colega enviou-me um interessante artigo da *Nature* (o principal periódico científico da Inglaterra) de 13 de novembro de 1913, quando se encaminhavam as discussões iniciais. Nesse artigo, David Waterston, do King's College da Universidade de Londres, corretamente (e definitivamente) declarou que o crânio era humano e a mandíbula de macaco, concluindo: "Parece-me tão inconseqüente referir a mandíbula e o crânio ao mesmo indivíduo, quanto seria articular o pé de um chimpanzé com os ossos de uma coxa e de uma perna essencialmente humanas." A explicação correta esteve disponível desde o princípio, mas a esperança, o desejo e o preconceito evitaram sua aceitação.

11 O nosso maior passo evolutivo

No meu livro anterior, *Ever Since Darwin*, principiei com estas palavras um ensaio sobre a evolução humana:

> Nos últimos anos, os pesquisadores têm descoberto com uma freqüência inexorável tantos fósseis pré-humanos novos e significativos que o destino de quaisquer anotações didáticas só pode ser descrito com o lema de uma economia fundamentalmente irracional — obsolescência planejada. Todo ano, quando chega a hora de ensinar o assunto, simplesmente abro meu fichário e despejo seu conteúdo no armário mais próximo. E lá vamos nós outra vez.

Sinto-me muito contente por essas palavras, porque desejo agora invocar essa passagem para me retratar de um raciocínio incluído mais adiante, no mesmo artigo.

Nesse ensaio, relatei a descoberta por Mary Leakey (em Laetoli, trinta milhas ao sul da garganta de Olduvai, na Tanzânia) dos mais antigos fósseis hominídeos de que se tem notícia — dentes e mandíbulas com 3,35 a 3,75 milhões de anos de idade. Mary Leakey sugeriu (e, tanto quanto sei, ainda acredita nisso) que esses restos deveriam ser classificados no nosso gênero, *Homo*. Conseqüentemente, argumentei eu, a linha evolutiva convencional que conduziu do *Australopithecus* de cérebro pequeno — mas completamente ereto — ao *Homo* de cérebro ampliado deveria talvez ser reavaliada, e os australopitecíneos passariam a representar um ramo lateral da árvore evolutiva humana.

Logo no início de 1979, os jornais se inflamaram com relatos sobre uma nova espécie — mais antiga no tempo e mais primitiva na aparência do que qualquer outro fóssil hominídeo — o *Australopithecus afarensis*, nome atribuído por Don Johanson e Tim White. Não podiam estas duas reivindicações ser mais diferentes — o argumento de Mary Leakey de que os hominídeos mais remotos pertencem ao gênero *Homo* e a decisão de Johanson e White de criarem uma nova espécie porque os hominídeos mais antigos apresentavam um conjunto de características simiescas não partilhadas por qualquer outro fóssil hominídeo. Teriam Johanson e White descoberto ossos novos e fundamentalmente diferentes? De maneira nenhuma! Leakey, Johanson e White referem-se aos mesmos ossos. Na verdade, testemunhamos um debate acerca da interpretação dos espécimes, e não uma nova descoberta.

Johanson trabalhou na região de Afar, na Etiópia, de 1972 a 1977, onde exumou uma série notável de restos de hominídeos. Os espécimes de Afar têm de 2,9 a 3,3 milhões de anos de idade. O mais importante deles é o esqueleto de uma australopitecínea chamada *Lucy*. Ela é quase 40% completa — muito mais do que qualquer indivíduo oriundo desses primeiros dias da nossa história. (Muitos fósseis de hominídeos, embora sirvam de base a especulações intermináveis, são apenas fragmentos de mandíbulas e pedaços de crânios.)

Johanson e White argumentam que os espécimes de Afar e os fósseis de Laetoli, de Mary Leakey, são idênticos na forma e pertencem à mesma espécie, salientando também que os ossos e os dentes de Afar e Laetoli representam tudo o que conhecemos sobre os hominídeos cuja idade exceda 2,5 milhões de anos — todos os outros espécimes africanos são mais novos. Finalmente, sugerem que os pedaços de dentes e de crânios desses velhos restos apresentam um conjunto de traços ausentes nos fósseis mais tardios e reminiscentes dos macacos. Por isso, atribuem os restos de Laetoli e Afar a uma nova espécie, o *A. afarensis*.

O debate apenas começa a aquecer, mas três opiniões foram já ventiladas. Alguns antropólogos, apontando para características diferentes, consideram os espécimes de Afar e Laetoli como membros do nosso próprio gênero, *Homo*. Outros aceitam a conclusão de Johan-

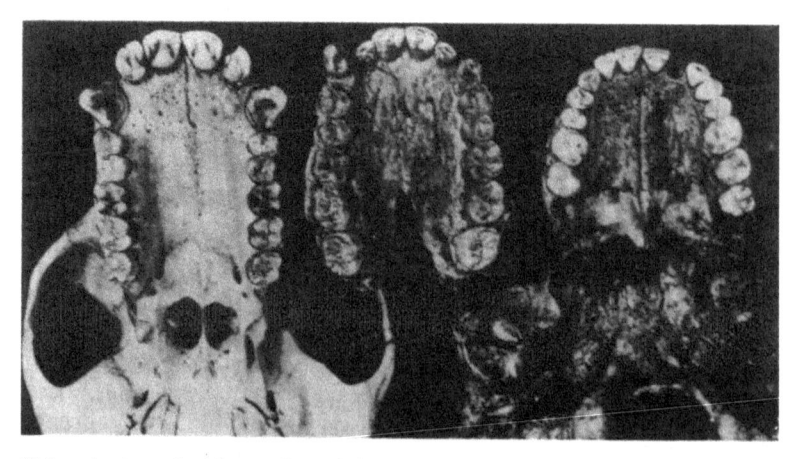

Palato do *Australopithecus afarensis* (ao centro), comparado com o de um chimpanzé moderno (à esquerda) e o de um ser humano (à direita). (Por cortesia de Tim White e do Museu de História Natural de Cleveland)

son e White de que esses fósseis estão mais próximos do *Australopithecus* tardio do sul e do leste da África do que do *Homo*. Contudo, negam que haja diferenças suficientes para se criar uma nova espécie e preferem incluir os fósseis de Afar e Laetoli na espécie *A. africanus*, assim denominada a partir de espécimes descobertos na África do Sul nos anos 20. Outros ainda concordam com Johanson e White no sentido de que os fósseis de Afar e Laetoli merecem um novo nome.

Como anatomista amador, minha opinião vale muito pouco. No entanto, devo dizer que, se uma imagem vale por todas as palavras deste ensaio (ou só por metade delas, se seguirmos a equação tradicional de 1 para 1.000), o palato do hominídeo de Afar certamente me diz "macaco". (Devo também confessar que a designação *A. afarensis* apóia alguns dos meus preconceitos favoritos. Johanson e White acentuam que os espécimes de Afar e Laetoli distam um do outro 1 milhão de anos, embora sejam virtualmente idênticos. Ora, acredito que a maioria das espécies não sofrem muitas alterações durante o longo período do seu êxito, e que a maior parte das mudanças evolutivas se acumulam durante eventos muito rápidos de afastamento em relação aos ancestrais — ver os ensaios 17 e 18. Além do mais, já que imagino a evolução humana mais como um arbusto do que como uma escada, quanto mais espécies melhor. No entanto, para Johanson e White a evolução humana posterior processou-se de modo muito mais gradual do que eu próprio advogaria.)

Todavia, a todos esses argumentos acerca de crânios, dentes e classificação taxonômica escapou uma outra característica dos restos de Afar, muito mais interessante: os ossos da pélvis e das pernas de *Lucy* mostram claramente que o *A. afarensis* caminhava tão ereto como o leitor ou eu. Esse fato tem sido tratado com relevo pela imprensa, mas de maneira bastante errônea. Os jornais transmitiram, quase unanimemente, a idéia de que a ortodoxia estabelecida considerava a evolução de cérebros ampliados e posturas eretas como transição gradual em etapas talvez liderada pelos cérebros — ou seja, desde quadrúpedes com cérebro de ervilha a seres curvados com meios cérebros, até o *Homo*, totalmente ereto e com cérebro grande. Num exemplar do *New York Times* (janeiro de 1979), pode-se ler: "A evolução do bipedismo foi pensada como tendo constituído um processo gradual que envolveu precursores intermediários do homem moderno — 'homens-macacos' curvados de andar arrastado, criaturas mais inteligentes que os macacos, mas não tão inteligentes quanto os seres humanos modernos." Ora, isso é absolutamente falso, pelo menos em relação ao que descobrimos nos últimos cinqüenta anos.

Sabemos, desde que os australopitecíneos foram descobertos, nos anos 20, que esses hominídeos tinham cérebros relativamente pequenos e postura completamente ereta. (O *A. africanus* tem um cérebro com cerca de um terço do volume do nosso e um andar totalmente ereto. Uma correção no tamanho do seu pequeno corpo não eliminaria a grande discrepância entre o seu cérebro e o nosso.) Essa "anomalia" de cérebro pequeno e postura vertical constitui uma questão maior na literatura há décadas, conquistando um lugar proeminente em todos os textos importantes.

Assim, a designação de *A. afarensis* não estabelece a primazia histórica da postura vertical sobre os cérebros grandes, mas sugere, em conjunção com duas outras idéias, algo muito novo e excitante, algo que curiosamente falta nos relatos da imprensa ou que se encontra enterrado em meio às informações inexatas acerca da primazia da postura vertical. O *A. afarensis* é importante porque nos revela que a postura vertical aperfeiçoada foi atingida por volta de 4 milhões de anos atrás. A estrutura pélvica de *Lucy* indica uma postura bípede para os restos de Afar, enquanto as notáveis pegadas recentemente descobertas em Laetoli fornecem provas ainda mais diretas. Os australopitecíneos tardios do sul e do leste da África remontam a pouco mais de 2 milhões e meio de anos, de modo que pudemos adicionar quase 1 milhão e meio de anos à história da postura totalmente ereta.

Para explicar por que é tão importante essa adição tenho de interromper a narrativa e me deslocar para o extremo oposto da biologia — dos fósseis de animais inteiros até as moléculas.

Durante os últimos quinze anos, os investigadores da evolução molecular acumularam um armazém de dados sobre as seqüências de aminoácidos das enzimas e proteínas semelhantes, numa grande variedade de organismos. Essas informações levaram a resultados surpreendentes. Se tomamos pares de espécies cujo tempo de afastamento em relação a um antepassado comum se encontra rigorosamente datado nos registros fósseis, descobriremos que existe uma correlação notável entre as diferenças dos aminoácidos *e* o tempo decorrido desde a separação do tronco comum — quanto mais velhas as duas linhagens, maior a diferença molecular. Essa regularidade permitiu que se estabelecesse um relógio molecular para prever o tempo de afastamentos de pares de espécies que não apresentassem boas evidências fósseis de ancestralidade. É claro que esse relógio não bate com a regularidade de um bom relógio de pulso — um dos cientistas que o sugeriram chamou-lhe de "relógio mandrião" —, mas raramente deixa de funcionar.

A EVOLUÇÃO HUMANA

Os darwinistas, em geral, se surpreenderam com a regularidade do relógio molecular, porque a seleção natural deveria trabalhar com velocidades nitidamente variáveis, nas diferentes linhagens e em tempos diferentes: muito depressa nas formas complexas em fase de adaptação a ambientes em mudança rápida, muito lentamente em populações estáveis e bem adaptadas. Se a seleção natural é a causa primária da evolução nas populações então não deveríamos esperar uma boa correlação entre a mudança genética e o tempo, a não ser que as taxas de seleção permanecessem razoalmente constantes — o que não corresponde ao argumento anterior. Os darwinistas têm fugido a essa anomalia argumentando que as irregularidades na taxa de seleção diminuem no decorrer de longos períodos de tempo. A seleção pode ser intensa durante algumas gerações e estar virtualmente ausente por um período de tempo seguinte, mas a mudança média para longos períodos poderia ainda ser regular. Todavia, os darwinistas também têm sido forçados a enfrentar a possibilidade de que a regularidade do relógio molecular reflete um processo evolutivo não mediado pela seleção natural, a fixação aleatória de mutações neutras. (Tenho de adiar este tópico "quente" para outra ocasião e mais espaço.)

Em qualquer caso, a medição das diferenças de aminoácidos entre os seres humanos e os grandes macacos africanos vivos (gorilas e chimpanzés) conduziu ao resultado mais surpreendente. Apesar da pronunciada divergência morfológica, somos virtualmente idênticos quanto aos genes já estudados. A diferença média nas seqüências de aminoácidos entre nós e os macacos africanos é menor do que 1% (0,8% para ser exato) — o que corresponde a uns meros 5 milhões de anos desde a ramificação a partir de um antepassado comum, segundo o relógio molecular. Allan Wilson e Vincent Sarich, os cientistas de Berkeley que revelaram essa anomalia, chegam a admitir 6 milhões de anos, mas não muito mais. Em suma, se o relógio for válido, o *A. afarensis* constitui um forte impulso ao limite teórico dos antepassados hominídeos.

Até há pouco tempo, os antropólogos tendiam a rejeitar o relógio com o argumento de que os hominídeos eram a exceção genuína a uma regra admitida. Baseavam seu ceticismo acerca do relógio molecular num animal chamado *Ramapithecus*, um fóssil africano e asiático conhecido sobretudo a partir de fragmentos de mandíbula e cuja antigüidade remonta a 14 milhões de anos. Muitos antropólogos defendiam que o *Ramapithecus* poderia ser colocado do nosso lado na divisão macaco-homem — ou seja, em outras palavras, que a divergência entre os hominídeos e os macacos ocorreu há mais de 14 milhões de anos. Mas esse ponto de vista, baseado numa série de argumentos técnicos relacionados aos dentes e suas proporções, começou a enfraquecer ultimamente. Alguns dos mais enérgicos defensores do *Ramapithecus* como hominídeo encontram-se já dispostos a reclassificarem-no como um macaco, ou como uma criatura mais próxima do antepassado comum do macaco e do homem, mas ainda anterior à cisão atual. O relógio molecular acertou um número suficiente de vezes, para que o rejeitemos com base em raciocínios especulativos sofre fragmentos de mandíbulas. (Espero agora perder uma aposta de 10 dólares que fiz há alguns anos com Allan Wilson, o qual me concedeu generosamente o tempo de 7 milhões de anos como sendo o máximo para o mais remoto ancestral comum ao homem e ao macaco. Eu sustentava que esse tempo era maior, e hoje, embora não me dê ainda por vencido, já não espero realmente ganhar.)[1]

Podemos agora reunir três pontos para sugerir uma reorientação de fundo às idéias sobre a evolução humana: a idade e a postura ereta do *A. afarensis*, a cisão macaco-homem segundo o relógio molecular e o destronamento do *Ramapithecus* como hominídeo.

Nunca conseguimos afastar-nos de uma visão da evolução humana centrada no cérebro, embora isso apenas representasse um poderoso preconceito cultural imposto à natureza. Os primeiros evolucionistas argumentavam que o aumento do cérebro deve ter precedido qualquer alteração maior em nossa estrutura corporal. (Ver no ensaio 10 as idéias de G. E. Smith, que baseou sua convicção pró-Piltdown numa crença quase fanática na primazia cerebral.) Mas o *A. africanus*, de postura vertical e cérebro pequeno, acabou com esse conceito nos anos 20, como fora previsto por alguns evolucionistas e filósofos perspicazes, desde Ernst Haeckel a Friedrich Engels. Apesar disso, a "primazia cerebral", como ainda gosto de chamá-la, persiste sob uma forma alterada. Os evolucionistas admitiram a primazia histórica da postura ereta, mas conjecturaram que ela surgiu vagarosamente e que o desvio real — o salto que nos fez totalmente humanos — ocorreu muito mais tarde, quando, numa explosão sem precedentes da velocidade evolutiva, nossos cérebros triplicaram de tamanho em cerca de 1 milhão de anos.

Consideremos o seguinte trecho, escrito há dez anos por um perito de vanguarda: "O grande salto na cefalização do gênero *Homo* teve lugar nos últimos 2 milhões de anos, após cerca de 10 milhões

---

[1]. Janeiro de 1980. Acabo de pagar. Espero poder começar a nova década com o pé direito.

de anos de evolução preparatória em direção ao bipedismo, à capacidade de manipular ferramentas etc." Arthur Koestler, no seu último livro, *Janus*, levou a idéia de um salto cerebral em direção à humanidade a um extremo nunca atingido de especulação inútil. Nosso cérebro cresceu tão depressa, afirma ele, que o córtex cerebral externo, sede da inteligência e da racionalidade, perdeu o controle sobre os centros animais emotivos, situados mais profundamente. Esta bestialidade primitiva se manifesta na guerra, no assassínio e em outras formas de mutilação.

Acredito que devemos reavaliar profundamente a importância relativa que atribuímos à postura vertical e ao aumento do tamanho do cérebro como determinantes da evolução humana. Encaramos a postura ereta como uma tendência gradual e facilmente atingida, e o aumento do cérebro como um desvio surpreendentemente rápido — algo de especial tanto no seu modo evolutivo como na magnitude do seu efeito. Desejo agora sugerir uma visão diametralmente oposta.

A postura ereta constitui a surpresa, o acontecimento difícil, a reconstrução fundamental e rápida da nossa anatomia. O aumento subseqüente do nosso cérebro constitui, em termos anatômicos, um epifenômeno secundário, uma transformação fácil embutida num padrão geral na evolução humana.

Há 6 milhões de anos no máximo, se o relógio molecular funciona bem (e Wilson e Sarich prefeririam 5), partilhamos nosso último ancestral com os gorilas e os chimpanzés. Presumivelmente, essa criatura caminhava sobre quatro patas, embora possivelmente também se deslocasse sobre duas, tal como muitos macacos ainda hoje. Pouco mais de 1 milhão de anos depois, nossos antepassados eram tão bípedes como qualquer um de nós. Isto, e não o posterior aumento do cérebro, é que constituiu o grande trunfo da evolução humana.

O bipedismo não é uma realização fácil, pois requer a reconstrução fundamental da nossa anatomia, particularmente do pé e da pelve. Além disso, representa uma reconstrução anatômica fora do padrão geral da evolução humana. Conforme argumentei no ensaio 9, os seres humanos são neotênicos — evoluímos pela retenção das características juvenis dos nossos antepassados. Os cérebros grandes, as mandíbulas pequenas e um monte de outras características, que vão desde a distribuição dos pêlos à direção ventral do canal vaginal, são conseqüência da juventude eterna. Mas a postura ereta é um fenômeno diferente. Não pode ser atingida pela via "fácil" da retenção de uma característica já presente nos estágios juvenis. As pernas de um bebê são relativamente pequenas e fracas, enquanto a postura bípede exige o alongamento e fortalecimento das pernas.

Quando nos tornamos eretos como o *A. afarensis*, o jogo praticamente terminou — a principal mudança na arquitetura fora realizada e o gatilho para a futura mudança já estava armado. O posterior aumento do cérebro foi anatomicamente fácil. O desenvolvimento do cérebro está inscrito no programa do nosso próprio crescimento, através da ampliação das taxas rápidas de crescimento fetal até épocas mais tardias e da preservação, na fase adulta, das proporções características de um crânio primata juvenil. E desenvolvemos esse cérebro juntamente com uma porção de outras características neotênicas, todas fazendo parte de um padrão geral.

No entanto, devo finalizar com um recuo para evitar uma falácia de raciocínio — a falsa equação entre a magnitude do efeito e a intensidade da causa. Enquanto um mero problema de reconstrução arquitetônica, a postura ereta é fundamental e de maior alcance, ao passo que o aumento do cérebro é superficial e secundário. Mas o efeito do nosso cérebro aumentado ultrapassou largamente a relativa facilidade da sua construção. Talvez a coisa mais impressionante de todas seja uma propriedade geral dos sistemas complexos, com destaque para o nosso cérebro — sua capacidade de traduzir mudanças meramente quantitativas da estrutura em qualidades funcionais espantosamente diferentes.

São agora 2 da manhã e acabei. Acho que vou apanhar uma cerveja na geladeira; depois irei dormir. Como criatura ligada à cultura que sou, o sonho que terei daqui a mais ou menos uma hora, quando estiver deitado, de barriga para cima, vai decerto espantar-me muito mais do que a pequena caminhada que farei agora, perpendicularmente ao chão.

12 No meio da vida...

Os grandes contadores de histórias freqüentemente intercalam trechos de humor para aliviar a tensão do drama. Assim, os coveiros de Hamlet ou os cortesãos Ping, Pong e Pang do *Turandot*, de Puccini, preparam-nos para a tortura e a morte que se seguem. No entanto, alguns episódios que hoje inspiram sorrisos e gargalhadas não foram de fato concebidos para isso; o decorrer do tempo obliterou seu contexto e investiu as palavras de um humor não-intencional no nosso mundo modificado. Uma dessas passagens ocorre no meio do mais sério e aclamado documento geológico — *Princípios de Geologia*, de Charles Lyell, publicados em três volumes entre 1830 e 1833. Nele, Lyell afirma que as grandes feras de antigamente voltarão de novo a adornar nossa Terra:

> Então poderão retornar aqueles gêneros de animais cujos memoriais estão preservados nas velhas rochas dos nossos continentes. O grande iguanodonte poderá reaparecer nas florestas e o ictiossauro no mar, enquanto o pterodáctilo voará outra vez através dos sombrios bosques de samambaiaçus do tamanho de árvores.

A imagem escolhida por Lyell é surpreendente, mas essencial para o tema principal do seu grande trabalho. Lyell escreveu os *Princípios* para apresentar seu conceito de uniformidade, a sua crença de que a Terra, depois de "assentar" dos efeitos da sua formação, se mantivera praticamente na mesma — nada de catástrofes globais, nenhum progresso firme em direção a um estado superior. A extinção dos dinossauros parecia lançar um desafio à uniformidade de Lyell. Afinal de contas, não foram substituídos pelos mamíferos superiores? E isso não indicava que a história da vida tinha uma direção? Lyell replicou que a substituição dos dinossauros pelos mamíferos era parte de um grande ciclo recorrente — "o grande ano" — e não um degrau acima na escada da perfeição. Os climas são cíclicos e a vida os acompanha. Assim, quando o verão do "grande ano" retornasse, os répteis de sangue frio reapareceriam para dominar novamente.

E contudo, apesar de todo o fervor da sua convicção uniformitarista, Lyell admitiu uma exceção muito importante à sua visão de uma Terra marchando resolutamente no mesmo lugar — a origem

Num desenho feito por um dos colegas de Lyell, em resposta à passagem citada referente ao regresso dos ictiossauros e pterodáctilos, o futuro Prof. Ictiossauro fala aos estudantes da caveira de uma estranha criatura da última criação.

do *Homo sapiens* no último instante do tempo geológico. Segundo ele, nossa chegada deve ser encarada como um desvio na história do planeta: "Pretender que um tal passo, ou melhor, salto, pode fazer parte de uma série regular de mudanças no mundo animal é estender a analogia para além dos limites razoáveis." Naturalmente, Lyell tentou suavizar o golpe que desferira ao seu próprio sistema, argumentando que o desvio refletia um acontecimento que dizia respeito apenas à esfera moral — uma adição a outro domínio, e não uma ruptura do estado estacionário do mundo puramente material. Afinal, o corpo humano não podia ser visto como um *Rolls Royce* entre os mamíferos:

> Quando se diz que a raça humana possui uma dignidade muito mais elevada do que qualquer um dos seres preexistentes na Terra, apenas os atributos morais e intelectuais da nossa raça, e não os animais, estão sendo considerados; e não é óbvio, de maneira nenhuma, que a organização do homem lhe conferisse uma decidida preeminência se, em lugar da sua capacidade de raciocínio, ele simplesmente tivesse os mesmos instintos que os animais inferiores.

A EVOLUÇÃO HUMANA

Não obstante, o argumento de Lyell constitui um exemplo de primeira de uma tendência muito comum entre os historiadores naturais — a construção de uma paliçada ao redor da sua própria espécie. Essa cerca exibe um aviso: "Até aqui, mas não adiante." Repetidas vezes encontramos visões arrebatadoras que englobam tudo, desde a nuvem de poeira primordial até o chimpanzé. Então, no próprio limiar de um sistema abrangente, o orgulho e o preconceito tradicionais intervêm para garantir uma condição excepcional a um primata peculiar. Discuto outro exemplo da mesma falha no ensaio 4 — o argumento de Alfred Russel Wallace a favor da criação especial da inteligência humana, a única imposição do poder divino sobre um mundo orgânico inteiramente construído pela seleção natural. A forma específica do argumento varia, mas sua intenção é sempre a mesma — separar o homem da natureza. Por baixo do seu aviso principal, a cerca de Lyell proclama ainda: "A ordem moral começa aqui"; ou, na interpretação de Wallace: "A seleção natural não funciona mais."

Darwin, por outro lado, estendeu a todo o reino animal, de forma consistente, sua revolução no pensamento. Mais do que isso, ele explicitamente estendeu-a às áreas mais sensíveis da vida humana. A evolução do corpo humano era suficientemente perturbadora, mas pelo menos deixava a mente potencialmente inviolada. Darwin entretanto prosseguiu. Escreveu um livro inteiro para afirmar que as expressões mais refinadas da emoção humana tinham uma origem animal. E, se os sentimentos tinham evoluído, poderiam os pensamentos estar muito atrás?

A paliçada ao redor do *Homo sapiens* assenta sobre vários apoios: os mais importantes incorporam pretensões de *preparação* e *transcendência*. Não só os seres humanos transcenderam as forças comuns da natureza, como também tudo aquilo que os precedeu constituiu, em algum sentido importante, uma preparação para sua aparição final. Desses dois argumentos, considero a preparação como sendo de longe o mais dúbio e o mais expressivo dos resistentes preconceitos que nos deveríamos esforçar por perder.

A transcendência, no seu aspecto atual, sustenta que a história da nossa espécie peculiar vem sendo dirigida por processos que não tinham operado antes na Terra. Conforme argumento no ensaio 7, a evolução cultural é a nossa inovação primária. Opera pela transmissão de habilidades, conhecimentos e comportamentos, por meio da aprendizagem — uma herança cultural de caracteres adquiridos. Esse processo não-biológico opera segundo a rápida maneira "lamarckiana", enquanto a mudança biológica percorre etapas darwinianas — glacialmente lentas, em comparação. Não considero esse "soltar" dos processos lamarckianos como uma transcendência no sentido usual de superação. A evolução biológica não é nem cancelada, nem ultrapassada: continua como antes e força os padrões de cultura; mas é lenta demais para produzir impacto na frenética marcha das nossas civilizações em mudança.

A preparação, por outro lado, representa um *hubris* de natureza muito mais profunda. A transcendência não nos compele a ver os 4 bilhões de anos da história antecedente como qualquer prefiguração dos nossos talentos especiais. Podemos estar aqui devido a uma boa sorte imprevisível e, ainda assim, incorporar algo de novo e poderoso. Mas a preparação leva-nos a remontar o germe da nossa chegada tardia a todas as épocas anteriores de uma história imensamente longa e complicada. Para uma espécie que vive na Terra cerca de 1/100.000 da existência desta (50.000 de quase 5 bilhões de anos), isso representa uma presunção injustificada da mais alta ordem.

Lyell e Wallace pregaram ambos uma forma de preparação; virtualmente todos os construtores de paliçadas o fizeram. Lyell descreveu uma Terra em estado estacionário, esperando, de fato quase ansiando pela chegada de um ser consciente que pudesse compreender e apreciar seu sublime e uniforme projeto. Wallace, que mais tarde se converteu ao espiritualismo, sustentou a afirmação mais comum de que a evolução física ocorreu, fundamentalmente, para ligar a mente preexistente a um corpo capaz de utilizá-la:

> Nós, os que aceitamos a existência de um mundo espiritual, podemos ver o universo como um grande todo coerente, adaptado em todas as suas partes ao desenvolvimento de seres espirituais capazes de vida ilimitada e aperfeiçoamento. Para nós, o propósito total, a única razão de ser do mundo — com todas as suas complexidades de estrutura física, com o seu enorme progresso geológico, com a lenta evolução dos reinos vegetal e animal e o aparecimento último do homem — foi o desenvolvimento do espírito humano em associação com o corpo humano.

Penso que todos os evolucionistas rejeitariam agora a versão de Wallace do argumento a favor da preparação — a predestinação do homem em sentido literal. Mas pode existir uma forma legítima e moderna de tal pretensão? Acredito ser possível construir um argumento desses e também que ele constitui a maneira errada de encarar a história da vida.

A versão moderna afasta a predestinação em favor da previsibilidade; abandona a idéia de que o germe do *Homo sapiens* já residia nas bactérias primordiais, ou que alguma força espiritual presidiu a evolução orgânica, à espera de infundir uma mente no primeiro corpo digno de recebê-la. Em vez disso, sustenta que o processo plenamente natural da evolução orgânica segue certos caminhos porque a seleção natural, seu agente primário, constrói modelos cada vez mais bem-sucedidos, que prevalecem na competição contra os modelos mais antigos. Os caminhos do aperfeiçoamento são rigidamente limitados pela natureza dos materiais de construção e pelo ambiente da Terra. Existem poucos caminhos — talvez apenas um — para construir um bom voador, nadador ou corredor. Se pudéssemos voltar atrás, àquela bactéria primordial, e começar o processo de novo, a evolução seguiria quase o mesmo caminho. A evolução assemelha-se mais ao movimento de uma engrenagem do que à água correndo num declive amplo e uniforme. Caminha, por assim dizer, no mesmo passo; cada etapa eleva o processo um degrau acima e cada degrau constitui um prelúdio necessário ao seguinte.

Desde a origem da vida, no nível da química microscópica, até a consciência, a engrenagem consiste numa longa seqüência de passos, os quais podem não ser "preparações", no velho sentido da predestinação, mas etapas simultaneamente previsíveis e necessárias, numa seqüência sem surpresas. Num sentido importante, preparam o caminho para a evolução humana. No fim de contas, estamos aqui por uma razão, embora essa razão resida mais na mecânica da engenharia, que na volição de uma divindade.

Mas, se a evolução prossegue no mesmo passo, então o registro fóssil deveria exibir um padrão de avanço gradual e seqüencial na organização. Isso não acontece, e para mim esse fracasso constitui o argumento mais expressivo contra uma engrenagem evolutiva. Conforme apresento no ensaio 21, a vida surgiu pouco depois da formação da Terra, arrastando-se durante 3 bilhões de anos — talvez 5/6 da sua história total. Ao longo desse período, a vida manteve-se no nível procariótico — bactérias e células de cianofíceas sem as estruturas internas (núcleos, mitocôndrias e outras) que tornam possível o sexo e o metabolismo complexo. Durante cerca de 3 bilhões de anos, a mais elevada forma de vida tenha sido uma esteira de algas — finas camadas de algas procarióticas que se entrelaçaram e sedimentaram. Então, há cerca de 600 milhões de anos, virtualmente todos os modelos principais da vida animal surgiram no registro fóssil em poucos milhões de anos. Não sabemos por que a "explosão cambriana" ocorreu quando ocorreu, mas não temos qualquer razão para pensar que ela tinha de acontecer então ou mesmo que tinha de acontecer.

Alguns cientistas argumentam que baixos níveis de oxigênio impediram uma evolução prévia de vida animal complexa. Se isso fosse verdade, a engrenagem poderia ainda funcionar. O palco permaneceu pronto durante 3 bilhões de anos. O parafuso devia rodar numa certa direção, mas precisava de oxigênio e teve de esperar até que os fotossintetizadores procarióticos gradualmente fornecessem o precioso gás que faltava na atmosfera original da Terra. De fato, o oxigênio provavelmente era raro ou não existia na atmosfera original da Terra, mas agora parece que grandes quantidades foram geradas por fotossíntese, mais de 1 bilhão de anos antes da explosão cambriana.

Assim, não temos razões para considerar a explosão cambriana como algo mais que um feliz acontecimento que poderia ter ocorrido de outra maneira ou mesmo não ter ocorrido. Pode ter sido uma conseqüência da evolução da célula eucariótica (nucleada) a partir de uma associação simbiótica de organismos procarióticos dentro de uma única membrana. Pode ter ocorrido porque a célula eucariótica conseguiu desenvolver uma reprodução sexual eficiente, e o sexo distribui e rearranja a variabilidade genética exigida pelos processos darwinianos. Mas o ponto crucial é este: se a explosão cambriana podia ter ocorrido em qualquer altura durante mais de 1 bilhão de anos antes do acontecimento real — isto é, cerca de duas vezes a quantidade de tempo que a vida levou para evoluir desde então —, uma engrenagem não parece ser metáfora apropriada para a história da vida.

Se temos de lidar com metáforas, prefiro um declive muito amplo, baixo e uniforme. A água cai ao acaso no topo e, em geral, seca antes de fluir para qualquer lado. Ocasionalmente, corre para baixo (no declive) e rasga um vale para canalizar futuros fluxos. Essas miríades de vales poderiam ter surgido em qualquer ponto da paisagem. Suas posições atuais são bastante acidentais. Se pudéssemos repetir a experiência, talvez não houvesse quaisquer vales ou tivéssemos um sistema completamente diferente. Contudo, encontramo-nos agora na linha da costa contemplando o delicado espaçamento dos vales e o seu contato uniforme com o mar. Quão facilmente se é enganado e se admite que nenhuma outra paisagem poderia ter surgido!

Confesso que a metáfora da paisagem contém um pouquinho da sua rival, a da engrenagem. O declive inicial imprime de fato uma direção preferencial à água que cai do topo — embora quase todas as gotas sequem antes de fluir ou possam fluir, quando o fazem, ao longo de milhões de trajetórias. Não implica o declive inicial uma previsibilidade, embora fraca? Talvez o domínio da consciência ocupe uma faixa tão longa da linha da costa que algum vale finalmente acabaria por alcançá-la.

A EVOLUÇÃO HUMANA

Mas aqui encontramos outra restrição, aquela que inspirou este ensaio (embora, confesso, eu tenha levado muito tempo até alcançá-la). Quase todas as gotas secam. Foram necessários 3 bilhões de anos para que algum vale substancial se formasse no declive inicial da Terra. Poderiam ter sido 6 bilhões, ou 12 ou 20, tanto quanto sabemos. Se a Terra fosse eterna, poderíamos falar de inevitabilidade. Mas não é. O astrofísico William A. Fowler argumenta que o Sol esgotará seu combustível central de hidrogênio após 10 a 12 bilhões de anos de existência. Então explodirá, transformando-se num gigante vermelho tão grande, que se estenderá para além da órbita de Júpiter, engolindo assim a Terra. É um pensamento paralisador — desses que nos fazem parar e contemplar ou que nos provocam arrepios na espinha — reconhecer que os seres humanos apareceram na Terra quase no ponto médio da existência do nosso planeta. Se a metáfora da paisagem é válida, com toda sua aleatoriedade e imprevisibilidade, então é de concluir que a Terra nunca precisou desenvolver sua vida complexa. Levou 3 bilhões de anos para ir além da esteira de algas, como poderia também ter levado um tempo cinco vezes maior. Em outras palavras, se pudéssemos realizar novamente a experiência, o mais espetacular acontecimento na história do nosso sistema solar, a exaustão explosiva do seu pai, poderia ter como sua mais alta e muda testemunha apenas uma esteira de algas.

Alfred Russel Wallace também refletiu acerca da destruição final da vida na Terra (embora, no seu tempo, os físicos argumentassem que o Sol simplesmente se queimaria até o fim e a Terra gelaria), hipótese que repudiou, ao escrever sobre "... o esmagador fardo mental imposto aos que ... são compelidos a supor que todos os crescimentos lentos da nossa raça na luta por uma vida mais elevada, toda a agonia dos mártires, todos os lamentos das vítimas, todo o mal, a miséria e o imerecido sofrimento ao longo das eras, todas as lutas pela liberdade, todos os esforços em direção à justiça, todas as aspirações à virtude e ao bem-estar da humanidade hão de desaparecer por completo." No final, Wallace optou por uma solução cristã convencional, a eternidade da vida espiritual: "Os seres ... que possuem faculdades latentes capazes de tão nobre desenvolvimento estão certamente destinados a uma existência mais elevada e permanente."

Eu ousaria um argumento diferente. As espécies médias de fósseis invertebrados datam de 5 a 10 milhões de anos atrás, como se encontra documentado no registro fóssil (o mais antigo pode remontar a mais de 200 milhões de anos, embora eu próprio duvide disso). As espécies vertebradas tendem a viver durante períodos mais curtos.

Se ainda estivermos aqui para testemunhar a destruição do nosso planeta dentro de 5 bilhões de anos ou mais, então teremos atingido algo tão sem precedentes na história da vida, que teremos vontade de cantar com alegria o nosso canto do cisne — *sic transit gloria mundi*. Evidentemente, poderemos também voar para longe naquelas legiões de naves espaciais, apenas para sermos condensados, um pouco mais tarde, no próximo *big bang*. Mas a verdade é que nunca fui um estudioso brilhante da ficção científica.

SEÇÃO IV

A ciência e a política das diferenças humanas

13 Chapéus largos e mentes estreitas

Em 1861, de fevereiro a junho, o fantasma do barão Georges Cuvier assombrou a Sociedade Antropológica de Paris. O grande Cuvier, o Aristóteles da biologia francesa (uma imodesta designação que ele não recusou), morreu em 1832, mas o sepulcro físico do seu espírito vivia ainda quando Paul Broca e Louis Pierre Gratiolet se puseram a debater se o tamanho do cérebro tinha ou não algo a ver com a inteligência do seu portador.

No primeiro assalto, Gratiolet atreveu-se a argumentar que os melhores e mais brilhantes não podiam ser reconhecidos pelas suas grandes cabeças. (Gratiolet, monarquista confesso, não era um igualitário; ele apenas procurava outros meios para afirmar a superioridade dos machos brancos europeus.) Broca, fundador da Sociedade Antropológica e o maior craniômetro, ou seja, medidor de cabeças, do mundo, respondeu que "o estudo dos cérebros das raças humanas perderia muito do seu interesse e utilidade" se a variação do tamanho não contasse para nada. Por que, perguntou ele, tinham os antropólogos despendido tanto tempo medindo cabeças se os resultados não interessavam àquela que ele considerava a questão mais importante de todas — o valor relativo dos diferentes povos?

> Entre as questões até aqui discutidas na Sociedade Antropológica, nenhuma iguala em interesse e importância a que se encontra agora perante nós ... A grande importância da craniologia atingiu os antropólogos com tanta força, que muitos de nós negligenciaram outras partes da nossa ciência a fim de se devotarem quase exclusivamente ao estudo dos crânios ... Nesses dados esperamos encontrar alguma informação relevante para o valor intelectual das várias raças humanas.

Broca e Gratiolet lutaram durante cinco meses, ao longo de quase 200 páginas do boletim publicado. Os ânimos inflamaram. No calor da batalha, um dos lugar-tenentes de Broca desferiu o golpe mais baixo de todos: "Tenho reparado desde há muito tempo que, em geral, aqueles que negam a importância intelectual do volume do cérebro têm cabeças pequenas." Afinal, Broca ganhou sem dificuldade. Durante o debate, nenhuma questão lhe fora mais favorável, nem mais amplamente discutida ou mais vigorosamente disputada do que a do cérebro de Georges Cuvier.

Cuvier, o maior anatomista do seu tempo, o homem que reviu nosso conhecimento dos animais, classificando-os de acordo com sua função — o modo como eles funcionam —, em vez de colocá-los numa escala antropocêntrica, do mais inferior ao mais superior; Cuvier, o fundador da paleontologia, o primeiro homem a estabelecer a extinção das espécies como um fato e que realçou a importância das catástrofes na compreensão da história da vida e da Terra; Cuvier, o grande estadista que, tal como Talleyrand, serviu todos os governos franceses, da Revolução à monarquia, e morreu na cama. (De fato, Cuvier passou os anos mais tumultuados da Revolução como professor particular na Normandia, embora dissimulasse simpatias revolucionárias em suas cartas. Chegou a Paris em 1795 e nunca mais a deixou.) F. Bourdier, um biógrafo moderno, descreve a ontogenia corporal de Cuvier, mas suas palavras servem também de boa metáfora para o poder e as influências de Cuvier: "Cuvier era baixo e, durante a Revolução, muito magro; tornou-se corpulento durante o Império; e engordou incrivelmente após a Restauração."

Os contemporâneos de Cuvier maravilharam-se com sua "cabeça maciça". Um admirador afirmou que ela "dava à sua pessoa um inegável aspecto de majestade e ao seu rosto uma expressão de meditação profunda". Assim, quando Cuvier faleceu, seus colegas, no interesse da ciência e da curiosidade, decidiram abrir o grande crânio. Na terça-feira, 15 de maio de 1832, às 7 horas da manhã, um grupo dos maiores médicos e biólogos de França reuniu-se para dissecar o corpo de Georges Cuvier. Começaram pelos órgãos internos e, não encontrando "nada de muito notável", dirigiram sua atenção para o crânio. "Assim", escreveu o médico-chefe, "pudemos contemplar o instrumento dessa inteligência poderosa." E as expectativas deles foram recompensadas. O cérebro de Georges Cuvier pesava 1.830 gramas, mais de 400 gramas acima da média e 200 gramas a mais do que qualquer cérebro sadio anteriormente pesado. Relatos não confirmados e inferências imprecisas colocavam os cérebros de Oliver Cromwell, Jonathan Swift e Lorde Byron na mesma classe, mas Cuvier fornecera a primeira prova direta de que o brilhantismo e o tamanho do cérebro caminham lado a lado.

Broca aumentou sua vantagem, apoiando grande parte da sua causa no cérebro de Cuvier, mas Gratiolet fez algumas pesquisas e encontrou um ponto fraco. Na sua reverência e no seu entusiasmo, os médicos esqueceram-se de preservar tanto o cérebro como o crânio de Cuvier. Mais ainda, não registraram quaisquer medidas do crânio, e assim não se pôde confirmar o peso de 1.830 gramas atribuído ao cérebro; talvez estivesse simplesmente errado. Gratiolet procurou um substituto possível e teve um clarão de inspiração: "Nem todos os cérebros são pesados pelos médicos", afirmou ele, "mas todas as cabeças são medidas pelos chapeleiros e eu consegui obter, dessa nova fonte, informações que me atrevo a esperar não vos parecerão desprovidas de interesse." Em suma, Gratiolet apresentou algo quase patético em comparação com o cérebro do grande homem: encontrara o chapéu de Cuvier! E assim, durante duas reuniões, algumas das maiores mentes da França ponderaram seriamente acerca do significado de um pedaço de feltro usado.

O chapéu de Cuvier media 21,8 centímetros de altura e 18 centímetros de largura, segundo comunicou Gratiolet, depois de consultar um certo M. Puriau, "um dos mais conhecidos e inteligentes chapeleiros de Paris", o qual lhe afirmou que a maior medida padrão para chapéus era de 21,5 por 18,5. Embora muito poucos homens usassem um chapéu tão grande, Cuvier não estava fora da escala. Mais ainda, Gratiolet relatou, com evidente prazer, que o chapéu se encontrava extremamente flexível e "amaciado pelo uso prolongado". Provavelmente, não era tão grande quando Cuvier o comprara. Além disso, Cuvier tinha cabelos excepcionalmente espessos e desgrenhados. "Isso parece provar bastante claramente", proclamou Gratiolet, "que a cabeça de Cuvier, embora muito grande, não era absolutamente excepcional ou única."

Os oponentes de Gratiolet preferiram acreditar nos médicos e recusaram-se a atribuir muito peso a uma peça de vestuário. Mais de vinte anos após, em 1883, G. Hervé retomou o assunto do cérebro de Cuvier e descobriu um item que faltava: a cabeça de Cuvier, afinal, havia sido medida, mas os números não constavam do relatório da autópsia. O crânio era de fato grande. Depois de rapados os famosos cabelos, como deve ser para a autópsia, a circunferência maior do crânio só pôde ser igualada por 6% dos "cientistas e homens de letras" (medidos em vida, com cabelo) e por 0% dos criados domésticos. Acerca do infame chapéu, Hervé alegou ignorância, mas citou a seguinte anedota: "Cuvier tinha o hábito de deixar o chapéu na mesa da sua sala de espera. Acontecia freqüentemente de um professor ou estadista experimentá-lo. O chapéu caía-lhes sempre abaixo dos olhos."

No entanto, quando a doutrina do quanto-maior-melhor se manteve na senda do triunfo, Hervé captou o malogro potencial no bojo da vitória de Broca. O excesso de uma coisa boa pode ser tão perturbador como uma deficiência, e Hervé começou a preocupar-se. Por que motivo o cérebro de Cuvier excedia, por uma margem tão grande, os dos outros "homens de gênio"? Hervé reexaminou as notas da autópsia e os registros da frágil saúde infantil de Cuvier, e elaborou um caso circunstancial de "hidrocefalia juvenil transitória", ou seja, água no cérebro. Se o crânio de Cuvier tivesse sido artificialmente alargado pela pressão de fluidos durante o seu crescimento, então um cérebro de tamanho normal poderia simplesmente ter-se expandido — em virtude de um decréscimo da densidade, e não de um desenvolvimento maior — no espaço disponível. Ou teria sido o espaço alargado que permitira que o cérebro atingisse dimensões incomuns? Hervé não conseguiu resolver essa questão fulcral, porque o cérebro de Cuvier fora jogado fora depois de medido. Tudo o que restava era o número magistral de 1.830 gramas. "Com o cérebro de Cuvier", escreveu Hervé, "a ciência perdeu um dos mais preciosos documentos que já possuiu."

À superfície, essa história parece grotesca. Pensar nos melhores antropólogos da França discutindo apaixonadamente acerca do significado do chapéu de um colega morto poderia facilmente provocar a mais enganosa e perigosa inferência — uma visão do passado como um domínio de patetas ingênuos, a trajetória da história como uma narrativa de progresso e o presente como sofisticado e esclarecido.

Mas, se rirmos zombeteiramente, nunca compreenderemos. Tanto quanto sabemos, a capacidade intelectual humana não se alterou durante milhares de anos. Se pessoas inteligentes investiram tanta energia em questões que agora nos parecem tolas, então a falha reside na nossa compreensão do seu mundo, e não nas suas percepções distorcidas. Mesmo o estereótipo do velho absurdo — o debate sobre os anjos nas cabeças de alfinete — faz sentido quando compreendemos que os teólogos não discutiam se caberiam cinco ou dezoito, mas sim se o alfinete poderia alojar um número finito ou infinito. Em alguns sistemas teológicos, a corporalidade ou a incorporalidade dos anjos constitui de fato um assunto importante.

Nesse caso, uma pista da importância vital do cérebro de Cuvier para a antropologia do século XIX reside na última linha da declaração de Broca, já citada: "Nesses dados esperamos encontrar alguma informação relevante para o valor intelectual das várias raças humanas." Broca e sua escola queriam mostrar que o tamanho do cérebro, através do seu elo com a inteligência, poderia resolver o que eles consideravam a questão primária para a "ciência do homem" — explicar por que alguns indivíduos e grupos são melhor sucedidos do que outros. Para isso, dividiram as pessoas de acordo com convicções apriorísticas acerca do seu valor — homem *versus* mulheres, brancos *versus* negros, "homens de gênio" *versus* pessoas comuns — e tentaram demonstrar diferenças no tamanho do cérebro. Os cérebros de homens eminentes (literalmente homens) formaram um elo essencial da sua tese — e Cuvier era o *crème de la crème*[1]. Como conclusão, escreveu Broca:

> Em geral, o cérebro é maior nos homens que nas mulheres, nos homens eminentes do que nos de talento medíocre, nas raças superiores do que nas inferiores. Como em outras coisas, existe uma relação notável entre o desenvolvimento da inteligência e o volume do cérebro.

Broca morreu em 1880, mas seus discípulos continuaram a catalogar cérebros eminentes (de fato, acrescentaram o do próprio Broca à lista, embora seu cérebro pesasse uns meros 1.484 gramas). A dissecação de colegas famosos tornou-se uma espécie de indústria caseira entre anatomistas e antropólogos. E. A. Spitzka, o mais proeminente profissional americano do ramo, adulou seus eminentes amigos: "Para mim, pensar numa autópsia é certamente menos repugnante do que aquilo que imagino ser o processo de decomposição cadavérica na sepultura." Os dois maiores etnólogos americanos, John Wesley Powell e W. J. McGee, fizeram uma aposta sobre quem tinha o cérebro maior — e Spitzka firmou contrato para resolver a questão por eles, postumamente. (Foi uma decepção. Os cérebros de Powell e McGee diferiam muito pouco, não mais do que o correspondente à diferença de tamanho dos corpos.)

Por volta de 1907, Spitzka conseguiu apresentar um quadro sinóptico de 115 homens eminentes. À medida que a lista se alongava, a ambigüidade dos resultados aumentava rapidamente. No limite superior da escala, Cuvier foi finalmente ultrapassado quando Turguenev quebrou a barreira dos 2.000 gramas, em 1883. Mas o embaraço e o insulto espreitavam o outro extremo. Walt Whitman conseguiu ouvir os vários cânticos da América apenas com 1.282 gramas. Franz Josef Gall, um fundador da frenologia — a "ciência" original que pretendia determinar o valor mental pelo tamanho de áreas localizadas do cérebro —, exibiu apenas 1.198 gramas. Mais tarde, em 1924, Anatole France quase dividiu em duas partes os 2.012 gramas de Turgenev, pesando uns meros 1.017 gramas.

Spitzka, apesar disso, manteve-se impávido. Numa ultrajante amostra de dados colhidos para se adaptarem a um preconceito *a*

---

[1] "Nata da nata". Em francês no original. (N. T.)

priori, dispôs, nesta ordem, um grande cérebro de um eminente homem branco, uma bosquímane africana e um gorila. (Poderia facilmente ter invertido os dois primeiros, escolhendo um negro maior e um branco menor.) Spitzka concluiu, evocando novamente a sombra de Georges Cuvier: "O salto de um Cuvier ou de um Thackeray para um zulu ou um bosquímane não é maior do que o do último para um gorila ou um orangotango."

Um racismo tão declarado já não é comum entre os cientistas, e acredito que ninguém, hoje em dia, tentaria classificar raças ou sexos a partir do tamanho médio dos cérebros. No entanto, o nosso fascínio pelas bases físicas da inteligência permanece (como devia), e em alguns quadrantes mantém-se a ingênua esperança de que o tamanho ou qualquer outra característica externa não ambígua possa espelhar a sutileza interna. De fato, ainda permanece entre nós a forma mais grosseira do quanto-mais-melhor — usar uma quantidade facilmente mensurável para estabelecer inadequadamente uma qualidade muito mais sutil e elusiva. E o método que alguns homens utilizam para estimar o valor dos seus pênis ou dos seus automóveis continua a ser aplicado aos cérebros. Este ensaio foi inspirado por relatos recentes sobre o cérebro de Einstein. Sim, o cérebro de Einstein foi removido para estudo, mas, um quarto de século após sua morte, os resultados ainda não foram publicados. As partes remanescentes — outras foram deixadas a cargo de vários especialistas — repousam agora num vaso de alvenaria embalado numa caixa de papelão com a inscrição "Costa Cider", num escritório em Wichita, Kansas. Nada foi publicado porque não se encontrou nada de incomum. "Até aqui encontra-se nos limites normais para um homem da sua idade", observou o dono do vaso.

Será que ouvi agora mesmo Cuvier e Anatole France rindo juntos lá em cima? Estarão repetindo o famoso provérbio da sua terra natal: *Plus ça change, plus c'est la même chose* (Quanto mais as coisas mudam, mais continuam as mesmas)? A estrutura física do cérebro deve registrar a inteligência de alguma maneira, mas o tamanho e a forma externa parecem não corresponder a nada de especial. De qualquer maneira, estou menos interessado no peso e nas circunvoluções do cérebro de Einstein do que na quase certeza de que pessoas de igual talento viveram e morreram em campos de algodão e em lojas de patrões exploradores.

14 Os cérebros das mulheres

No prelúdio a *Middlemarch*, George Eliot lamentou as vidas não cumpridas das mulheres de talento:

> Alguns sentiram que essas vidas disparatadas são devidas à inconveniente indefinição com a qual o Supremo Poder talhou a natureza das mulheres: se existisse um nível de incompetência feminina tão estrito como a capacidade de contar até três, e não mais, o lote social das mulheres poderia ser tratado com precisão científica.

Eliot prossegue combatendo a idéia da limitação inata, mas enquanto ela escrevia, em 1872, os chefes da antropometria européia tentavam medir "com precisão científica" a inferioridade das mulheres. A antropometria, ou medição do corpo humano, já não é um campo tão na moda hoje em dia, mas dominou as ciências humanas durante a maior parte do século XIX e manteve-se popular até que os testes de inteligência substituíssem as medições do crânio como método favorito para se fazerem comparações detestáveis entre raças, classes e sexos. A craniometria, ou medição do crânio, recebia então a maior atenção e respeito. O seu chefe incontestado, Paul Broca (1824-80), professor de Clínica Cirúrgica na Faculdade de Medicina em Paris, reuniu à sua volta uma escola de discípulos e imitadores. Seu trabalho, tão meticuloso e aparentemente irrefutável, exerceu grande influência e conquistou elevada estima como uma jóia da ciência do século XIX.

O trabalho de Broca parecia particularmente invulnerável a refutações. Não fizera medições com o mais escrupuloso cuidado e exatidão? (De fato. Tenho o maior respeito pela meticulosa conduta de Broca. Seus números são seguros. Mas a ciência é um exercício inferencial, e não um catálogo de fatos. Os números, por si sós, não especificam nada. Tudo depende do que fazemos com eles.) Broca decreveu a si mesmo como um apóstolo da objetividade, um homem que se inclinava perante os fatos e ignorava a superstição e o sentimentalismo. Como declarou certa vez, "não há fé, por mais respeitável que seja, nem interesse, por mais legítimo que seja, que não tenha de se adaptar ao progresso do conhecimento humano e de se curvar diante da verdade". Gostassem as mulheres ou não, tinham cérebros menores que os dos homens e, portanto, não podiam igualá-los em inteligência. Esse fato, argumentou Broca, pode reforçar um preconceito comum da sociedade masculina, mas é também uma verdade científica. L. Manouvrier, uma ovelha negra no redil de Broca, rejeitou a inferioridade das mulheres e escreveu com sentimento acerca do fardo que lhes era imposto pelos números de Broca:

> As mulheres exibiram seus talentos e seus diplomas e também invocaram autoridades filosóficas. Mas se opunham, por causa de *números* desconhecidos, a Condorcet ou a John Stuart Mill. Esses números caíram sobre as pobres mulheres como um martelo de forja e foram acompanhados por comentários e sarcasmos mais ferozes do que muitas das imprecações misóginas de certos patriarcas da Igreja. Os teólogos perguntaram se a mulher tinha alma. Alguns séculos mais tarde, alguns cientistas estavam prontos a recusar-lhes uma inteligência humana.

Os argumentos de Broca baseavam-se em dois conjuntos de dados: os cérebros maiores dos homens nas sociedades modernas e um suposto aumento na superioridade masculina ao longo do tempo. Seus dados mais extensos provinham de autópsias feitas pessoalmente em quatro hospitais de Paris. Para 292 cérebros masculinos, calculou um peso médio de 1.325 gramas; 140 cérebros femininos tinham, em média, 1.144 gramas, uma diferença de 181 gramas, ou seja, 14% do peso do cérebro masculino. Claro que Broca percebeu que parte dessa diferença podia ser atribuída à estatura mais elevada dos homens. No entanto, não fez qualquer tentativa para medir o efeito do tamanho por si só, e chegou a afirmar que isso não poderia ser levado em conta para a diferença total, porque sabemos, *a priori*, que as mulheres não são tão inteligentes quanto os homens:

> Poderíamos perguntar se o tamanho pequeno do cérebro da mulher depende exclusivamente do tamanho pequeno do seu corpo. Tiedemann propôs essa explicação. Mas não devemos esquecer que as mulheres são, em média, um pouco menos inteligentes que os homens, diferença que não deveríamos exagerar, mas que, nem por isso, deixa de ser real. É portanto lícito supor que o tamanho relativamente menor do cérebro das mulheres depende, em parte, da sua inferioridade física e, em parte, da sua inferioridade intelectual.

Em 1873, o ano seguinte à publicação de *Middlemarch* por Eliot, Broca mediu a capacidade craniana dos crânios pré-históricos da caverna de L'Homme Mort. Aí encontrou uma diferença de apenas

99,5 centímetros cúbicos entre homens e mulheres, enquanto nas populações modernas essa diferença se situa entre 129,5 e 220,7. Topinard, o principal discípulo de Broca, explicou essa discrepância progressiva através dos tempos como o resultado de pressões evolutivas divergentes sobre os homens dominantes e as mulheres passivas:

> O homem que luta por dois ou mais na batalha pela existência, que tem toda a responsabilidade e os cuidados de amanhã, que está constantemente ativo no combate ao ambiente e aos rivais humanos, necessita de mais cérebro do que a mulher, a quem ele deve proteger e alimentar, a mulher sedentária, a quem faltam ocupações interiores e cujo papel é criar as crianças, amar e ser passiva.

Em 1879, Gustave Le Bon, o principal misógino da escola de Broca, usou esses dados para publicar aquele que deve ser o mais pérfido ataque às mulheres na moderna literatura científica (ninguém consegue igualar Aristóteles). Não afirmo que suas idéias fossem representativas da escola de Broca, mas foram publicadas no mais respeitado periódico antropológico da França. Le Bon concluiu:

> Nas raças mais inteligentes, como entre os parisienses, existem numerosas mulheres cujos cérebros aproximam-se mais, em tamanho, do cérebro dos gorilas do que dos cérebros masculinos, mais desenvolvidos. Essa inferioridade é tão óbvia que ninguém pode contestá-la por um momento que seja; só o seu grau merece ser discutido. Todos os psicólogos que estudaram a inteligência da mulheres, bem como os poetas e os romancistas, reconhecem hoje que elas representam as formas mais inferiores da evolução humana e que estão mais perto das crianças e dos selvagens do que de um homem adulto e civilizado. Elas primam pela volubilidade, inconstância, ausência de pensamento e lógica e incapacidade de raciocínio. Existem sem dúvida algumas mulheres notáveis, muito superiores ao homem mediano, mas são tão excepcionais quanto o nascimento de qualquer monstruosidade, como, por exemplo, de um gorila com duas cabeças; conseqüentemente, podemos ignorá-las por completo.

Le Bon não retrocedeu nem perante as implicações sociais das suas idéias. Ficou horrorizado com a proposta de alguns reformadores americanos no sentido de se conceder às mulheres uma educação superior, na mesma base que a dos homens:

> O desejo de lhes dar a mesma educação e, em conseqüência, de lhes propor os mesmos objetivos é uma quimera perigosa ... No dia em que,

não compreendendo as ocupações inferiores que a natureza lhes deu, as mulheres deixarem o lar e tomarem parte em nossas batalhas, nesse dia uma revolução social começará e tudo aquilo que mantém os sagrados laços da família desaparecerá.

Parece familiar?[1]

Reexaminei os dados de Broca, a base de todas essas declarações, e considero seus números corretos, embora sua interpretação seja, no mínimo, mal fundamentada. Os dados que apóiam sua pretensão de uma diferença crescente através dos tempos podem ser facilmente desmantelados. Broca baseou-se apenas nos exemplares de L'Homme Mort — só sete crânios masculinos e seis femininos no total. Nunca tão poucos dados sustentaram conclusões de tão grande alcance.

Em 1888, Topinard publicou os mais extensos dados de Broca obtidos nos hospitais parisienses. Já que Broca registrava a altura e a idade, assim como o tamanho do cérebro, podemos usar a estatística moderna para anular os efeitos daquelas sobre este. O peso do cérebro diminui de acordo com a idade, e a mulher média de Broca era consideravelmente mais velha que o homem. O peso do cérebro aumenta conforme a estatura do corpo, e o homem médio de Broca era quase 15 cm mais alto que a mulher média. Usei a regressão múltipla, uma técnica que me permitiu avaliar simultaneamente a influência da altura e da idade sobre o tamanho do cérebro. Numa análise dos dados referentes às mulheres descobri que, com a altura e a idade médias de um homem, uma mulher teria um cérebro de 1.212 gramas. A correção do peso e da idade reduz em mais de um terço a diferença medida por Broca, isto é, de 181 para 113 gramas.

Não sei o que fazer da diferença restante, porque não posso avaliar outros fatores que se sabe influenciarem de maneira decisiva o tamanho do cérebro. A causa da morte tem um efeito importante: as doenças degenerativas ocasionam freqüentemente uma diminuição substancial do tamanho do cérebro. (Esse efeito independe do decréscimo atribuído à idade unicamente.) Eugene Schreider, trabalhando também com os dados de Broca, descobriu que os homens mortos em acidentes têm cérebros cujo peso médio ultrapassa em 60 gramas o dos cérebros de homens mortos por doenças infecciosas. Os melho-

---

1. Quando escrevi este ensaio, supus que Le Bon tivesse sido uma figura marginal, embora vistosa. Vim a saber depois que, na verdade, foi um cientista proeminente, um dos fundadores da psicologia social e notabilizado sobretudo por um estudo fundamental do comportamento das massas, ainda hoje citado (*La psychologie des foules*, 1895), e pelo seu trabalho sobre motivação inconsciente.

res dados recentes que pude encontrar (provenientes dos hospitais americanos) registram uma diferença de 100 gramas entre a morte por arteriosclerose degenerativa e a morte por acidente ou violência. Já que tantos dos sujeitos de Broca eram mulheres muito idosas, podemos admitir que as doenças degenerativas prolongadas eram mais comuns entre elas do que entre os homens.

Mais importante ainda, os estudiosos modernos do tamanho do cérebro ainda não chegaram a um acordo quanto à medida apropriada para eliminar o poderoso efeito do tamanho do corpo. A altura é parcialmente adequada, mas homens e mulheres com a mesma altura não apresentam mesma estrutura corporal. O peso é ainda pior do que a altura, porque muitas das suas variações refletem apenas o estado de nutrição, e não o tamanho intrínseco — a oposição gordo *versus* magro exerce pouca influência sobre o cérebro. Manouvrier retomou esse assunto na década de 1880, argumentando a favor da utilização da massa muscular e da força. Tentou medir essa propriedade elusiva de várias maneiras e descobriu uma diferença acentuada a favor dos homens, mesmo considerando homens e mulheres da mesma altura. Quando fez as correções do que denominava "massa sexual", as mulheres se colocaram ligeiramente à frente no que diz respeito ao tamanho do cérebro.

Assim, a diferença corrigida de 113 gramas é certamente muito grande; o número real está provavelmente perto de 0 e pode favorecer tanto as mulheres como os homens. E, a propósito, 113 gramas é exatamente a diferença entre um homem de 1,60 m e um de 1,90 m nos registros de Broca. Não gostaríamos (especialmente nós, pessoas baixas) de atribuir maior inteligência aos homens mais altos. Em resumo, quem sabe o que fazer com os dados de Broca? Eles certamente não permitem afirmar com segurança que os homens têm cérebros maiores que os das mulheres.

Para avaliarmos o papel social de Broca e sua escola, devemos reconhecer que suas afirmações acerca dos cérebros das mulheres não refletem um preconceito isolado em relação a um único grupo em desvantagem. Devem ser consideradas no contexto de uma teoria geral que apoiava as distinções sociais contemporâneas como sendo biologicamente determinadas. As mulheres, os negros e as pessoas pobres foram vítimas da mesma depreciação, mas as mulheres carregaram o peso do argumento de Broca, porque ele teve acesso mais fácil aos dados acerca de seus cérebros. As mulheres foram singularmente denegridas, mas assumiram também a condição de outros grupos privados de direitos civis. Como um dos discípulos de Broca escreveu em 1881: "Os homens das raças negras têm o cérebro um pouco mais pesado do que o das mulheres brancas." Essa justaposição estendeu-se a muitas outras áreas dos argumentos antropológicos, particularmente às pretensões de que, do ponto de vista anatômico e emocional, as mulheres e os negros seriam semelhantes a crianças brancas — e que as crianças brancas, em função da teoria da recapitulação, representavam uma fase adulta ancestral (primitiva) da evolução humana. Não encaro como retórica vazia a afirmação de que a luta das mulheres é por todos nós.

Maria Montessori não limitou suas atividades às reformas educacionais para crianças mais novas. Ensinou Antropologia durante vários anos na Universidade de Roma e escreveu um livro influente intitulado *Antropologia Pedagógica* (edição inglesa em 1913). Montessori não era uma igualitarista; na verdade, apoiou muito do trabalho de Broca e também a teoria da criminalidade inata, proposta por seu compatriota Cesare Lombroso. Mediu a circunferência das cabeças das crianças nas suas escolas e inferiu que as de melhor expectativa tinham cérebros maiores. Mas não aplicou as conclusões de Broca sobre as mulheres. Discutiu amplamente os trabalhos de Manouvrier e fez muito com a sua teoria de que as mulheres, após a correção adequada dos dados, tinham cérebros ligeiramente maiores que os dos homens. As mulheres, concluiu ela, eram intelectualmente superiores, mas os homens prevaleceram até então por causa de sua força física. Já que a tecnologia aboliu a força como instrumento de poder, a era das mulheres logo poderá se instalar sobre nós: "Nessa época existirão realmente seres humanos superiores, existirão realmente homens fortes em moralidade e sentimentos. Talvez o reino das mulheres esteja próximo, quando for decifrado o enigma da sua superioridade antropológica. A mulher sempre foi a guardiã dos sentimentos da moralidade e da honra humanas."

Isso representa um possível antídoto para as pretensões "científicas" a favor da inferioridade constitucional de certos grupos. Qualquer pessoa pode afirmar a validade das distinções biológicas, mas não argumentar que os dados foram mal interpretados por homens preconceituosos que distorceram os resultados e que os grupos em desvantagem são os verdadeiramente superiores. Em anos recentes, Elaine Morgan seguiu essa estratégia no seu livro *Descent of Woman*, que é uma reconstrução especulativa da pré-história humana do ponto de vista de uma mulher — e tão cômica quanto as mais famosas e extravagantes histórias criadas pelos homens e para eles.

Eu prefiro outra estratégia. Montessori e Morgan seguiram a filosofia de Broca para alcançarem uma conclusão mais conveniente. Eu preferiria, em vez disso, rotular toda a tentativa de estabelecer uma valoração biológica dos grupos como aquilo que é: irrelevante e altamente injuriosa. George Eliot avaliou bem a tragédia especial que a rotulação biológica impôs aos membros dos grupos em desvantagem. Exprimiu-a para pessoas como ela — as mulheres de talento extraordinário. Eu estenderia isso não só àqueles cujos sonhos são escarnecidos, como também aos que nunca se apercebem de que podem sonhar, mas não consigo igualar sua prosa. Concluindo, eis então o resto do prelúdio de Eliot em *Middlemarch*:

> Os limites da variação são realmente muito mais vastos do que alguém poderia imaginar a partir da mesmice entre os penteados das mulheres e dos seus romances favoritos em prosa e verso. Aqui e ali, um filhote de cisne ergue-se inquieto entre os patinhos no lago marrom, e nunca encontra o fluxo vivo na associação com sua própria espécie palmípede. Aqui e ali, nasce uma Santa Teresa, fundadora de nada e cujos suspiros e palpitações amorosas por uma bondade inatingível vacilam e se dispersam por entre obstáculos, em vez de se centrarem em qualquer feito que possa ser reconhecido à distância.

15 A síndrome do dr. Down

A meiose, a separação dos pares de cromossomos na formação das células sexuais, constitui um dos grandes triunfos da boa engenharia no campo da biologia. A reprodução sexual só é bem-sucedida quando cada um dos óvulos e espermatozóides contém precisamente metade da informação genética das células normais do corpo. A união de duas metades pela fertilização restaura a quantidade total de informação genética, enquanto a mistura de genes de dois progenitores em cada prole produz também a variabilidade que os processos darwinianos requerem. Essa divisão em duas partes, ou "divisão reducional", ocorre durante a meiose quando os cromossomos se alinham em pares e se afastam, um membro de cada par para cada uma das células sexuais. Nossa admiração pela precisão da meiose aumenta ainda mais quando aprendemos que as células de alguns fetos contêm mais de 600 pares de cromossomos e que, em muitos casos, a meiose separa cada par sem erros.

No entanto, as máquinas orgânicas não são mais infalíveis do que suas correspondentes industriais: freqüentemente ocorrem erros na separação. Em raras ocasiões, esses erros prenunciam novas direções evolutivas. Na maior parte das vezes, conduzem simplesmente à desgraça qualquer prole gerada a partir de um óvulo ou espermatozóide defeituoso. No mais comum dos erros meióticos, denominado "não-disjunção", os cromossomos falham na separação. Ambos os membros do par vão para uma única célula sexual, enquanto a outra fica com um cromossomo a menos. Uma criança formada a partir da união de uma célula sexual normal com outra que contenha um cromossomo extra devido à não-disjunção será portadora de três cópias desse cromossomo em cada célula, em vez das duas normais. Essa anomalia denomina-se "trissomia".

Nos seres humanos, com freqüência notavelmente elevada, o vigésimo primeiro cromossomo sofre de não-disjunção, infelizmente bastante trágica nos seus efeitos. Cerca de 1 em 600 a 1 em 1000 dos recém-nascidos são portadores de um vigésimo primeiro cromossomo extra, condição tecnicamente conhecida como "trissomia 21". Essas infelizes crianças sofrem de retardamento mental médio a severo e têm uma expectativa de vida reduzida. Além disso, apresentam um conjunto de traços distintivos que incluem mãos curtas e chatas, um palato estreito e alto, face arredondada, cabeça larga, nariz pequeno de base achatada e língua espessa e cheia de sulcos. A incidência da trissomia 21 aumenta claramente com a idade da mãe, mas sabemos muito pouco sobre suas causas; na verdade, sua base cromossômica só foi descoberta em 1959. Não temos qualquer idéia da razão por que ocorre tão freqüentemente e por que os outros cromossomos são tão pouco sujeitos à não-disjunção. Não temos qualquer pista para o fato de um vigésimo primeiro cromossomo extra produzir o conjunto altamente específico de anomalias associado à trissomia 21. Mas, pelo menos, ela pode ser identificada *in utero* por meio da contagem dos cromossomos das células fetais, fornecendo-nos assim uma opção de aborto precoce.

Se essa discussão parece familiar, mas falha em algum aspecto, é porque deixei de fato algo de fora. A designação comum para a trissomia 21 é "idiotia mongolóide", "mongolismo" ou "síndrome de Down". Todos nós já vimos crianças com essa anomalia e estou certo de não ser o único a indagar o porquê da designação "idiotia mongolóide". Muitas crianças com síndrome de Down podem ser reconhecidas imediatamente, mas (como a minha lista prévia demonstra) os traços que as definem não sugerem nada de oriental. Algumas, na verdade, apresentam uma pequena, mas perceptível, prega epicântica, característica dos olhos orientais, enquanto outras têm a pele levemente amarelada. Esses traços menores e inconstantes levaram o dr. John Langdon Haydon Down a compará-las com os orientais, quando descreveu a síndrome em 1866. Mas há muito mais na história da designação de Down do que algumas poucas semelhanças ocasionais, falsas e superficiais; pois ela incorpora um interessante episódio na história do racismo científico.

Poucas pessoas que empregam o termo têm consciência de que ambas as palavras, "mongolóide" e "idiota", se revestiam de significado técnico para o dr. Down, o qual estava arraigado no preconceito cultural, ainda não extinto, de classificar as pessoas em escalas não lineares, com o grupo do classificador no topo. O termo "idiota" já designou o mais baixo grau numa classificação tripartida da deficiência mental. Os idiotas nunca poderiam dominar a linguagem falada; os imbecis, um grau acima, poderiam aprender a falar, mas não a escrever. O terceiro nível, o ligeiramente "débil mental", engendrou uma considerável controvérsia terminológica. Na América, muitos clínicos adotaram o termo *moron*, de H. H. Godard, derivado de uma palavra grega cujo significado é "tonto". *Moron* cons-

A CIÊNCIA E A POLÍTICA DAS DIFERENÇAS HUMANAS

titui um termo técnico deste século, e não uma antiga designação, apesar do tamanho das barbas metafóricas dessas velhas e terríveis anedotas de *morons*. Godard, um dos três principais arquitetos da interpretação rigidamente hereditária dos testes de QI, acreditava que sua classificação não linear do valor mental podia simplesmente estender-se acima do nível dos *morons* a uma classificação natural das raças e nacionalidades humanas, com os emigrantes europeus do Sul e Leste na base (ainda em média num escalão de *moron*) e os velhos *WASPs* americanos no topo. (Depois de haver instituído os testes de QI para os emigrantes, assim que desembarcavam na Ellis Island, Godard proclamou mais de 80% de débeis mentais entre eles e apressou-lhes o regresso à Europa.)

Dr. Down era o médico superintendente do Asilo Earlswood para Idiotas, no Surrey, quando publicou suas "Observations on a Ethnic Classification of Idiots" no *London Hospital Reports* de 1866. Em apenas três páginas conseguiu descrever "idiotas" caucasianos que lhe lembravam africanos, malaios, índios americanos e orientais. Dessas extravagantes comparações, só os "idiotas que se agrupam à volta do tipo mongolóide" sobreviveram na literatura como designação técnica.

Qualquer pessoa que leia o artigo de Down sem um conhecimento do seu contexto teórico subestimará bastante seu propósito sério e penetrante. Na nossa perspectiva, constitui um conjunto de analogias dispersas e superficiais, quase fantásticas, apresentadas por um homem preconceituoso. No seu tempo significou uma tentativa extremamente sincera de construir uma classificação genérica e causal da deficiência mental, com base na melhor teoria biológica (e no racismo penetrante) da época. Dr. Down visava objetivos mais elevados do que a identificação de algumas curiosas analogias acausais. Acerca das tentativas anteriores para classificar a deficiência mental, Down queixou-se:

> Aqueles que dedicaram alguma atenção às lesões mentais congênitas freqüentemente devem ter tido dificuldade em organizar, de maneira satisfatória, as diferentes classes desse defeito que se apresentaram à sua observação. E a dificuldade não será diminuída por se recorrer ao que foi escrito sobre o assunto. Os sistemas de classificação geralmente são tão vagos e artificiais, que não só têm pouca serventia para qualquer organização mental dos fenômenos que nos são apresentados, como também falham completamente quanto a exercer qualquer influência prática sobre o assunto.

Na época de Down, a teoria da recapitulação constituía o melhor guia para o biólogo na organização da vida em seqüências de formas superiores e inferiores. (Tanto a teoria como a "abordagem graduada" para a classificação a que ela incitava estão ou deveriam estar mortas hoje em dia. Vejam o meu livro *Ontogeny and Phylogeny*, Harvard University Press, 1977.) Essa teoria, muitas vezes proclamada como "a ontogenia recapitula a filogenia", sustentava que os animais superiores, no seu desenvolvimento embriológico, percorrem uma série de estágios representativos, em seqüência adequada, das formas adultas de criaturas ancestrais inferiores. Assim, o embrião humano desenvolve primeiro fendas branquiais, como um peixe, mais tarde um coração de três câmaras, como o de um réptil, e ainda mais tarde uma cauda de mamífero. A recapitulação forneceu um foco conveniente para o racismo difundido dos cientistas brancos, que viam nas atividades das suas próprias crianças uma fonte de comparação com o comportamento adulto normal nas raças inferiores.

Como método de trabalho, os recapitulacionistas tentaram identificar aquilo que Louis Agassiz denominara "paralelismo triplo" da paleontologia, anatomia comparada e embriologia — isto é, antepassados reais no registro fóssil, representantes vivos de formas primitivas e estágios embrionários ou juvenis do desenvolvimento de animais superiores.

Na tradição racista do estudo dos seres humanos, o paralelismo triplo significava antepassados fósseis (ainda não descobertos), "selvagens" ou membros adultos de raças inferiores e crianças brancas.

Mas muitos recapitulacionistas advogaram a inclusão de um quarto paralelo — certos tipos de adultos anormais entre as raças superiores — e atribuíram várias anomalias de forma e comportamento à "reversão" ou à "suspensão do desenvolvimento". A reversão, ou atavismo, constitui o reaparecimento espontâneo nos adultos de características ancestrais que desapareceram nas linhagens recentes. Por exemplo, Cesare Lombroso, o fundador da "antropologia criminal", acreditava que muitos dos transgressores da lei agiam por compulsão biológica, por causa de um passado bestial que revivia neles. Procurou identificar os "criminosos natos" pelos "estigmas" de morfologia simiesca — testa retraída, queixo proeminente, braços compridos.

A suspensão do desenvolvimento significa a transposição anômala, para a fase adulta, de características que aparecem normalmente na vida fetal, e que deveriam ter sido modificadas ou substituídas por algo mais complicado ou avançado. À luz da teoria da recapitulação, essas características normais da vida fetal são os estágios adultos de formas mais primitivas. Se um caucasiano sofre uma suspensão do desenvolvimento, pode nascer num estágio inferior da vida humana — isto é, pode reverter para formas características das raças inferiores. Temos agora um paralelismo quádruplo, de fósseis humanos, adultos normais de raças inferiores, crianças brancas e adultos brancos desafortunados, vitimados por atavismo ou suspensão do desenvolvimento. Foi nesse contexto que dr. Down teve o seu *insight* enganoso: alguns idiotas caucasianos provavelmente representam suspensões do desenvolvimento e devem sua deficiência mental à retenção de traços e capacidades que seriam consideradas normais nos adultos de raças inferiores.

Daí em diante, dr. Down dirigiu suas investigações para as características das raças inferiores, da mesma forma que, vinte anos mais tarde, Lombroso examinaria corpos de criminosos à procura de sinais de morfologia simiesca. Procurem com suficiente e apriorística convicção e certamente encontrarão. Down descreveu sua pesquisa com excitação óbvia: tinha ou pensava ter estabelecido uma classificação natural e causal da deficiência mental. "Mantive a minha atenção dirigida por algum tempo para a possibilidade de criar uma classificação dos débeis mentais, organizando-os em torno de vários padrões étnicos — em outras palavras, construindo um sistema natural." Quanto mais séria a deficiência, mais profunda a suspensão do desenvolvimento e mais inferior a raça representada.

Down encontrou "vários exemplos nítidos da variedade etíope" e descreveu seus "olhos proeminentes", "lábios grossos" e "cabelo encarapinhado ... embora nem sempre preto". São, escreveu ele, "espécimes de negros brancos, apesar de sua ascendência européia". A seguir descreveu outros idiotas "que se organizam em torno da variedade malaia" e ainda outros que, "com testas curtas, bochechas proeminentes, olhos profundos e nariz ligeiramente simiesco", representam os povos que "originalmente habitaram o continente americano".

Por fim, montando a escala das raças, chegou à fileira abaixo dos caucasianos, "a grande família mongol". "Um grande número de idiotas congênitos", continuou ele, "são mongóis típicos. Isso é tão acentuado que, quando colocados lado a lado, é difícil acreditar que os espécimes comparados não sejam filhos dos mesmos pais." Down procedeu então à descrição de um garoto que sofria do que hoje reconhecemos como trissomia 21 ou síndrome de Down — descrição feita com bastante rigor e poucos indícios de características orientais (além do "matiz ligeiramente amarelado" da pele).

Down não limitou sua descrição às supostas semelhanças anatômicas entre os povos orientais e os "idiotas mongolóides"; apontou também para o comportamento das suas crianças anormais: "Elas têm um considerável poder de imitação, chegando quase a serem mímicos." É necessária alguma familiaridade com a literatura do racismo do século XIX para se lerem essas entrelinhas. A sofisticação e a complexidade da cultura oriental foram embaraçosas para os racistas caucasianos, especialmente porque os mais altos refinamentos da sociedade chinesa surgiram quando a cultura européia ainda chafurdava no barbarismo. (Como disse Benjamin Disraeli em resposta a um anti-semita zombeteiro: "Sim, sou judeu, mas quando os antepassados dos honrados e corretos cavalheiros eram selvagens ... os meus eram sacerdotes no templo de Salomão.") Os caucasianos resolveram esse dilema admitindo o poder intelectual dos orientais, mas atribuindo-o mais à facilidade para a cópia imitativa do que ao gênio inovador.

Down concluiu a sua descrição de uma criança com trissomia 21 atribuindo a condição a uma suspensão do desenvolvimento (devida, pensou ele, à condição tuberculosa dos seus pais): "Pelo aspecto do garoto, é difícil conceber que seja filho de europeus, mas esses traços apresentam-se tão freqüentemente, que não pode haver dúvida de que tais características étnicas são o produto da degeneração."

Pelos padrões do seu tempo, Down era uma espécie de "liberal" racista. Argumentava que todos os povos tinham descendido do mesmo tronco e que poderiam ser reunidos numa única família, com graduação segundo o seu *status*. Usou sua classificação étnica dos idiotas para combater as pretensões de alguns cientistas de que as raças inferiores constituíam atos separados da criação e não poderiam "aperfeiçoar-se" a ponto de tornarem-se brancos:

> Se essas grandes divisões raciais são fixas e definidas, como é que a doença pode quebrar a barreira e simular tão de perto as características dos membros de outra divisão? Só posso pensar que as minhas observações indicam que as diferenças entre as raças não são específicas, mas sim variáveis. Esses exemplos do resultado da degeneração entre os humanos parecem-me fornecer alguns argumentos a favor da unidade das espécies humanas.

A teoria geral da deficiência mental de Down gozou de alguma popularidade, mas nunca predominou. No entanto, sua denominação para uma anomalia específica, idiotia mongolóide (às vezes abrandada para mongolismo), manteve-se muito tempo depois de grande parte dos médicos terem esquecido o motivo por que Down adotara o termo. Seu próprio filho rejeitou a comparação entre orientais e crianças com trissomia 21, embora defendesse tanto a condição inferior dos orientais quanto a teoria geral que relacionava a deficiência mental com a reversão evolutiva:

> Parecia que as características que à primeira vista sugeriram traços e configuração mongóis são acidentais e superficiais, estando constantemente associadas, como estão a outras características que não são, de maneira alguma, típicas dessa raça, e, se este é um caso de reversão, deve ser reversão para um tipo ainda mais remoto que o tronco mongol, a partir do qual alguns etnólogos acreditam que se difundiram as várias raças humanas.

A teoria de Down para a trissomia 21 deixou de ter fundamento — mesmo dentro do seu sistema racista inválido — quando os médicos a detectaram entre os próprios orientais e entre as raças inferiores aos orientais, segundo a classificação de Down. (Um médico referiu-se a "mongolóides mongóis", mas essa perseverança desajeitada nunca vingou.) A condição dificilmente poderia ser devida à degeneração se representasse o estado normal de uma raça superior. Sabemos agora que um conjunto semelhante de características ocorre em alguns chimpanzés portadores de um cromossomo extra provavelmente homólogo ao vigésimo primeiro dos seres humanos.

Com a refutação da teoria de Down, o que deveria suceder à sua terminologia? Há alguns anos, Sir Peter Medawar e um grupo de cientistas orientais persuadiram várias publicações britânicas a substituir "idiotia mongolóide" e "mongolismo" por "síndrome de Down". Nota-se uma tendência semelhante nos Estados Unidos, embora o termo "mongolismo" ainda seja comumente usado. Algumas pessoas podem queixar-se de que os esforços para mudar o nome representam mais uma tentativa equivocada de liberais implicantes para confundirem o uso aceito, introduzindo preocupações sociais em domínios que não lhes pertencem. De fato, não acredito em alterações caprichosas de nomes estabelecidos. Sinto um desconforto extremo cada vez que canto a *Paixão Segundo São Mateus*, de Bach, e, como um irritado membro da população judaica, tenho de gritar a passagem que serviu durante séculos como justificação "oficial" para o anti-semitismo: *Sein Blut komme über uns und unsre Kinder* (Seu sangue caia sobre nós e sobre nossos filhos). No entanto, como afirmou aquele a quem se refere essa passagem em outro contexto, eu não mudaria "uma palavra ou um título" do texto de Bach.

Mas os nomes científicos não são monumentos literários. O termo idiotia mongolóide não é só difamatório; é errado em todos os sentidos. Já não classificamos a deficiência mental com uma seqüência não linear. As crianças com síndrome de Down não se parecem quase nada ou mesmo nada com os orientais. E, mais importante ainda, o nome só tem significado no contexto da desacreditada teoria da reversão racial de Down como causa da deficiência mental. Se devemos honrar o bom médico, deixemos seu nome ficar como uma designação para a trissomia 21 — síndrome de Down.

16 Máculas num véu vitoriano

Os vitorianos deixaram-nos alguns romances magníficos, se bem que muito longos, mas também impingiram a um mundo aparentemente propenso um gênero literário talvez inigualado no que respeita a tédio e a retratos inexatos: "vida e cartas" de homens eminentes, em vários volumes. Extensos encômios, geralmente escritos por viúvas lamentosas ou filhos e filhas dedicados, disfarçados de relatos humildes e objetivos, simples documentação de palavras e atividades. Se aceitássemos esses trabalhos pelo seu valor aparente, teríamos de acreditar que os vitorianos eminentes viveram de fato de acordo com os valores éticos que desposaram — proposição fantasiosa que o livro *Eminent Victorians*, de Lytton Strachey, sustentou há mais de cinqüenta anos.

Elizabeth Cary Agassiz — bostoniana eminente, fundadora e primeira presidente do Radcliffe College e devotada esposa do principal naturalista americano — tinha todas as credenciais certas para se tornar autora (inclusive um falecido e pranteado marido). Sua *Vida e Correspondência de Louis Agassiz* transformou um homem fascinante, conflituoso e não demasiadamente fiel, num protótipo de sobriedade, capacidade política, sabedoria e retidão.

Escrevo este ensaio no interior da estrutura que Louis Agassiz construiu em 1859 — a ala original do Museu de Zoologia Comparada de Harvard. Agassiz, o principal estudioso mundial de peixes fósseis, protegido do grande Cuvier (ensaio 13), deixou sua nativa Suíça por uma carreira americana nos últimos anos da década de 1840. Europeu célebre e homem encantador, Agassiz foi tratado como uma celebridade nos círculos sociais e intelectuais de Boston a Charleston e conduziu o estudo da história natural na América até sua morte, em 1873.

As elocuções públicas de Agassiz constituíram sempre modelos de propriedade, mas eu esperava que suas cartas íntimas correspondessem à sua personalidade efervescente. No entanto, o livro de Elizabeth, um relato ostensivamente literal das cartas do marido, consegue converter esse foco de controvérsia e fonte de inquietação num equilibrado e dignificado cavalheiro.

Recentemente, ao estudar as idéias de Louis Agassiz sobre raça, e instigado por algumas colocações na biografia escrita por E. Lurier

(*Louis Agassiz: A Life in Science*), encontrei algumas discrepâncias interessantes entre a versão de Elizabeth e as cartas originais de Louis. Descobri então que ela simplesmente expurgara o texto sem sequer inserir elipses (as aborrecidas reticências) para indicar os cortes. Harvard possui as cartas originais, e um pouco de trabalho detetivesco da minha parte levantou algum material picante.

Durante a década anterior à Guerra Civil, Agassiz expressou fortes opiniões sobre a condição dos negros e dos índios. Como filho adotivo do Norte, rejeitava a escravatura, mas, como caucasiano pertencente ao escol da sociedade, decerto não relacionava essa rejeição com qualquer noção de igualdade racial.

Agassiz apresentou suas atitudes raciais como deduções sóbrias e inelutáveis a partir de princípios primeiros. Sustentava que as espécies constituem entidades estáticas e criadas (quando morreu, em 1873, Agassiz encontrava-se virtualmente só entre os biólogos, como um molhe contra a maré darwiniana). As espécies não foram colocadas sobre a Terra num único local, mas criadas simultaneamente em todas as latitudes. As espécies relacionadas foram muitas vezes criadas em regiões geográficas separadas, cada uma adaptada ao ambiente predominante em sua área. Já que as raças humanas obedeciam a esses critérios antes de o comércio e as migrações nos terem misturado, cada raça constitui uma espécie biológica distinta.

Assim, o maior biólogo da América colocou-se firmemente do lado errado num debate que causara furor na América durante a década anterior à da sua chegada: Adão teria sido o progenitor de toda a gente ou apenas dos brancos? Os negros e os índios seriam nossos irmãos ou apenas nossos semelhantes? Os *poligenistas*, entre eles Agassiz, afirmavam que cada raça principal fora criada como uma espécie verdadeiramente distinta; os *monogenistas* advogavam uma única origem e agrupavam as raças segundo sua degenerescência desigual, a partir da perfeição primordial do Éden — o debate não incluiu nenhum igualitário. Logicamente, "distinto" não significava necessariamente "desigual", como os vencedores de Plessy *versus* Ferguson argumentaram em 1896. Mas, como sustentavam os vencedores de Brown *versus* Topeka Board of Education em 1954, um grupo no poder sempre combina distinção com superioridade. Não sei de nenhum poligenista americano que não tenha assumido que os brancos eram distintos *e* superiores.

Agassiz insistiu que sua defesa da poligenia nada tinha a ver com opiniões políticas ou preconceito social; ele era, argumentou, apenas um desinteressado e humilde cientista, tentando explicar um fato intrigante da história natural:

> Sobre as idéias aqui apresentadas tem recaído a acusação de que tendem a defender a escravatura ... será isto uma objeção justa a uma investigação filosófica? Aqui devemos tratar apenas da questão da origem do homem; deixemos os políticos, deixemos aqueles que se sentem chamados a regular a sociedade humana e vejamos o que eles podem fazer com os resultados ... declinamos qualquer ligação com questões que envolvem assuntos políticos ... os naturalistas têm o direito de considerar as questões originadas pelas relações físicas dos homens como sendo meramente científicas, e de investigá-las sem qualquer referência à política ou à religião.

Apesar dessas corajosas palavras, Agassiz termina sua maior declaração sobre a raça (publicada no *Christian Examiner*, em 1850) com algumas recomendações sociais definidas. Ele começa por afirmar a doutrina do distinto e desigual: "Há sobre a Terra diferentes raças de homens, habitando diferentes áreas da sua superfície ... e esse ato nos obriga a estabelecer a posição relativa entre essas raças." A hierarquia resultante é evidente por si: "O indomável, corajoso, orgulhoso índio, em que plano tão diferente ele se encontra em relação ao submisso, obsequioso e imitativo negro ou ao manhoso, astuto e covarde mongol! Não constituem esses fatos indícios de que as diferentes raças não se alinham em um nível único na natureza?" Finalmente, mesmo que não tivesse tornado clara a sua mensagem política através da generalização, Agassiz termina advogando uma política social específica — contradizendo assim sua pretensão original de abjurar da política a favor da vida pura da mente. A educação, argumenta ele, deve ser ajustada à capacidade inata: treinem os negros no trabalho manual e os brancos no trabalho mental.

> Qual seria a melhor educação para as diferentes raças em conseqüência da sua diferença primitiva ... não temos a menor dúvida de que os assuntos humanos, no que diz respeito às raças de cor, seriam muito mais judiciosamente conduzidos se, em nossa relação com eles, fôssemos guiados por uma consciência total das diferenças reais entre nós e eles e por um desejo de nutrir essas disposições que são eminentemente acentuadas neles, em vez de tratá-los em termos de igualdade.

Já que essas disposições "eminentemente acentuadas" são a submissão, a obsequiosidade e a imitação, podemos muito bem imaginar o que Agassiz tinha em mente.

Agassiz tinha peso político, sobretudo porque falava como cientista, supostamente motivado apenas pelos fatos da sua causa e pela teoria abstrata que eles encerravam. Nesse contexto, a fonte real das idéias de Agassiz sobre a raça ganha relevante importância. Não teria ele, de fato, interesses pessoais a defender, nenhuma predisposição, nenhum ímpeto além do seu amor pela história natural? As passagens suprimidas de *Life and Correspondence* lançam considerável luz sobre esse assunto. Mostram um homem com fortes preconceitos baseados primariamente em reações viscerais imediatas e profundos medos sexuais.

A primeira passagem, quase chocante na sua força, mesmo passados cento e trinta anos, relata a primeira experiência de Agassiz com os negros (que ele nunca tinha encontrado na Europa). Na sua primeira visita à América, em 1846, enviou a sua mãe uma longa carta em que relatava minuciosamente suas experiências. Na seção acerca da Filadélfia, Elizabeth Agassiz registra apenas as visitas dele a museus e a casas de cientistas, suprimindo sem elipses a primeira impressão de Agassiz acerca dos negros — uma reação visceral aos garçons num restaurante de hotel. Em 1846, Agassiz ainda acreditava na unidade humana, mas essa passagem expõe uma base explícita e surpreendentemente não-científica para sua conversão à poligenia. Pela primeira vez, então, sem omissões:

> Foi na Filadélfia que, pela primeira vez, tive um contato prolongado com negros; todos os criados do hotel em que estava eram homens de cor. Dificilmente posso exprimir-lhe a dolorosa impressão que recebi, especialmente porque o sentimento que eles me inspiraram é contrário a todas as nossas idéias acerca da confraternidade do tipo humano e da origem única da nossa espécie. Mas a verdade antes de tudo. Apesar disso, senti piedade por essa raça degradada e degenerada, e todos me inspiraram compaixão ao pensar que eles são realmente homens. Mesmo assim, é impossível para mim reprimir o sentimento de que não são do mesmo sangue que nós. Ao ver seus semblantes negros com os lábios grossos e os dentes caricatos, o cabelo lanoso, os joelhos dobrados, as mãos alongadas, as unhas largas e curvas, e especialmente a cor lívida da palma das mãos, não pude desviar os olhos dos seus rostos, de maneira a dizer-lhes que se mantivessem afastados. E, quando avançavam aquela mão medonha na direção do meu prato para me servirem, eu desejava poder sair e ir comer um pedaço de pão em outro lugar qualquer, em vez de jantar com um serviço desses. Que infelicidade para a raça branca ter ligado sua existência tão estreitamente à dos negros em certos países! Deus nos preserve de um tal contato!

O segundo conjunto de documentos vem da época da Guerra Civil. Samuel Howe, marido de Julia Howe (autora de *The Battle Hymn of the Republic*) e membro da Comissão de Inquérito do Presidente Lincoln, escreveu a Agassiz para perguntar sua opinião sobre o papel dos negros numa nação unificada. Durante agosto de 1863, Agassiz respondeu em quatro longas e apaixonadas cartas, que Elizabeth Agassiz expurgou para transformar o relato de Louis num ponto de vista moderado (apesar do conteúdo peculiar), derivado de princípios primários e motivado apenas pelo amor à verdade.

Louis argumentou, em suma, que as raças deviam ser mantidas separadas, a fim de que a superioridade branca não se diluísse. Essa separação deveria ocorrer naturalmente, já que os mulatos, como elo fraco, acabariam desaparecendo. Os negros deixariam os climas do Norte, tão inadequados a eles (já que foram criados como espécie separada, para viverem na África), e se deslocariam em vagas para o Sul, onde prevaleceriam em uns poucos estados de terras baixas, enquanto os brancos manteriam o seu domínio sobre as áreas costeiras e os terrenos elevados. Esses estados teriam de ser reconhecidos e até incorporados à União como a melhor solução para uma situação ruim; afinal de contas, a América já havia reconhecido "o Haiti e a Libéria".

Os cortes substanciais de Elizabeth dão às motivações de Louis um aspecto muito diferente, de medo grosseiro e preconceito cego. Ela sistematicamente elimina três tipos de afirmações. Primeiro, omite as referências mais difamadoras aos negros: "Em tudo diferentes das outras raças", escreve Louis, "eles podem apenas ser comparados a crianças que atingiram a estatura de adultos, embora mantendo uma mente infantil." Segundo, ela remove todas as afirmações elitistas acerca da correlação da sabedoria, da riqueza e da posição social entre as raças. Nestas passagens começamos a sentir os medos reais de Louis ante a miscigenação:

> Arrepiam-me as conseqüências. Já temos de lutar, para nosso progresso, contra a influência da igualdade universal, por causa da dificuldade de preservar as aquisições de sumidades individuais, a riqueza de refinamento e de cultura que se desenvolve a partir de associações seletas. Qual seria nossa condição se a essas dificuldades se juntassem as influências muito mais tenazes da incapacidade física? Aperfeiçoamentos no nosso sistema de educação ... poderão cedo ou tarde contrabalançar os efeitos da apatia dos incultos e da rudeza das classes inferiores e elevá-los a um nível mais alto. Mas como poderemos erradicar o estigma de uma raça inferior quando ao seu sangue já foi uma vez permitido fluir livremente no das nossas crianças?

Terceiro, mais significativo, Elizabeth ignora várias passagens longas sobre o acasalamento entre espécies que colocam toda a correspondência num cenário diferente daquele que delineou. Nessas passagens, detectamos a repulsa visceral e intensa de Louis pela idéia do contato sexual entre as raças. Esse medo profundo e irracional era tão forte no seu íntimo como qualquer noção abstrata acerca da criação separada: "A produção de mestiços", escreve ele, "é um pecado contra a natureza, tanto quanto o incesto, numa comunidade civilizada, é um pecado contra a pureza do caráter ... afirmo que é uma perversão de todo sentimento natural."

Essa aversão natural é tão forte que o sentimento abolicionista não pode refletir qualquer simpatia inata pelos negros. No entanto, tem de surgir porque muitos "negros" possuem quantidades substanciais de sangue branco, e os brancos sentem-no instintivamente: "Não tenho qualquer dúvida de que a oposição à escravatura, de que resultou a agitação que agora culmina na nossa guerra civil, foi predominantemente, embora inconscientemente, nutrida pelo reconhecimento do nosso próprio tipo na progenitura de cavalheiros sulistas, movendo-se entre nós como negros, o que eles não são."

Mas, se as raças naturalmente se repelem, como conseguirão os "cavalheiros sulistas" obter tal vantagem de suas escravas apenas por vontade própria? Agassiz condena os escravos domésticos mulatos. Sua brancura torna-os atraentes; sua negrura lascivos. Os pobres e inocentes jovens estão seduzidos, encurralados.

> Assim que os desejos sexuais são despertados nos rapazes do Sul, é fácil para eles satisfazerem-se, pela prontidão com que são correspondidos pelas criadas mulatas. [Esse contato] embota seus melhores instintos e leva-os a procurar gradualmente parceiras mais picantes, como tenho ouvido jovens atrevidos referirem-se às totalmente negras. Uma coisa é certa: não se pode conceber nada de enaltecedor na ligação de dois indivíduos de raça diferente; não há amor, nem qualquer espécie de desejo de aprimoramento. É, no conjunto, uma ligação física.

Como é que uma geração anterior de cavalheiros superou sua aversão para produzir os primeiros mulatos, não sabemos.

Não é possível saber, em detalhes, por que Elizabeth efetuou esses cortes. Duvido que suas ações tenham sido impulsionadas por um desejo consciente de converter os motivos de Louis de preconceito em implicação lógica. Mais provavelmente, foi a simples prudência vitoriana que a levou a rejeitar a publicação de qualquer afirmação em relação ao sexo. De qualquer modo, seus cortes distorceram o pensamento de Louis Agassiz e transformaram suas intenções segundo o modelo falacioso e auto-indulgente favorecido pelos cientistas — que as opiniões surgem a partir de pesquisas desapaixonadas sobre a informação bruta.

Essas reconstituições mostram que Louis Agassiz foi levado a considerar as raças como espécies distintas pela sua reação inicial e visceral ao contato com os negros. E que a sua opinião extremista sobre a mistura de raças foi motivada mais por intensa repulsa sexual do que por qualquer teoria abstrata da hibridação.

O racismo tem sido freqüentemente apoiado por cientistas que apresentam uma fachada pública de objetividade para mascararem os preconceitos que os guiam. O caso de Agassiz pode ser do passado, mas sua mensagem ainda tem eco no nosso tempo.

SEÇÃO V

O ritmo da mudança

17 A natureza episódica da mudança evolutiva

Em 23 de novembro de 1859, dia anterior ao da publicação do seu livro revolucionário, Charles Darwin recebeu uma carta extraordinária do seu amigo Thomas Henry Huxley, oferecendo-lhe caloroso apoio no conflito que se aguardava e até mesmo o sacrifício supremo: "Estou preparado para me expor, se necessário ... estou afiando minhas garras em prontidão." Mas a carta continha também um aviso: "Você arcou com uma dificuldade desnecessária ao adotar tão sem reservas o princípio de que *Natura non facit saltum.*"

A frase latina, usualmente atribuída a Lineu, afirma que "a natureza não dá saltos". Darwin era um adepto estrito a esse velho mote. Como discípulo de Charles Lyell, o apóstolo do gradualismo na geologia, Darwin concebia a evolução como um processo solene e ordeiro, trabalhando a uma velocidade tão lenta que ninguém poderia ter esperança de observá-lo no espaço de uma vida. Antepassados e descendentes, argumentava Darwin, devem ser ligados por "elos de transição infinitamente numerosos" formando "os mais refinados passos graduados". Só um imenso intervalo de tempo permitira a um processo tão moroso realizar tanto.

Huxley sentia que Darwin estava cavando uma sepultura para sua própria teoria. A seleção natural não requeria qualquer postulado quanto às taxas: podia operar igualmente bem se a evolução prosseguisse com rapidez. O caminho à frente já era suficientemente pedregoso; por que ligar a teoria da seleção natural a uma suposição desnecessária e, ao mesmo tempo, provavelmente falsa? O registro fóssil não oferecia qualquer apoio à mudança gradual: faunas inteiras tinham sido erradicadas durante intervalos de tempo extremamente curtos. As novas espécies apareceram no registro fóssil quase sempre de maneira abrupta, sem elos intermediários aos antepassados nas rochas mais velhas da mesma região. A evolução, acreditava Huxley, podia operar tão rapidamente, que o lento e irregular processo da sedimentação raramente a apanharia em ação.

O conflito entre os partidários da mudança rápida e os adeptos da mudança gradual fora particularmente intenso nos círculos geológicos durante os anos do aprendizado científico de Darwin. Não sei por que Darwin escolheu seguir Lyell e o gradualismo tão estritamente, mas estou certo de uma coisa: a preferência por um ponto de vista ou outro não tinha nada a ver com uma percepção superior das informações empíricas. Sobre essa questão, a natureza fala (e continua a falar) através de vozes múltiplas e abafadas. As preferências culturais e metodológicas tinham tanta influência sobre qualquer decisão como as restrições impostas pelos dados.

Em questões tão fundamentais como a filosofia geral da mudança, a ciência e a sociedade geralmente trabalham de mãos dadas. Os sistemas estáticos das monarquias européias ganharam o apoio de legiões de acadêmicos como personificação da lei natural. Por exemplo, Alexander Pope escreveu:

> Order is Heaven's first law; and this confessed,
> Some are, and must be, greater than the rest[1].

À medida que as monarquias caíram e o século XVII acabou numa era de revoluções, os cientistas começaram a ver a mudança como um componente normal da ordem universal, não tão aberrante e excepcional quanto se julgava. Os acadêmicos transferiram então para a natureza o programa liberal de mudança lenta e ordenada que advogaram para a transformação social da sociedade humana. Para muitos cientistas, os cataclismos naturais pareciam tão ameaçadores como o reinado do terror que levara seu grande colega Lavoisier.

No entanto, o registro geológico parecia evidenciar tanto a mudança cataclísmica como a gradual. Por esse motivo, ao defender o gradualismo como um andamento quase universal, Darwin teve de usar o método de argumentação mais característico de Lyell — teve de rejeitar a aparência literal e o senso comum em favor de uma "realidade" subjacente. (Ao contrário dos mitos populares, Darwin e Lyell não eram heróis da ciência verdadeira, defendendo a objetividade contra as fantasias teológicas de "catastrofistas" como Cuvier e Buckland. Os catastrofistas estavam tão comprometidos com a ciência como qualquer gradualista; de fato, adotaram a visão, mais "objetiva", de que deveríamos acreditar no que vemos e não intercalar pedaços desaparecidos de um registro gradual num relato literal de mudança rápida.) Em suma, Darwin argumentava que o registro geológico era excessivamente imperfeito — um livro a que restavam poucas páginas, poucas linhas em cada página e poucas palavras em ca-

---

1. A ordem é a primeira lei do firmamento; e isto implica
   Que alguns são, e têm de ser, maiores que os restantes.

da linha. Não vemos mudança evolutiva lenta no registro fóssil porque estudamos apenas um passo em milhares. A mudança parece ser abrupta porque faltam os passos intermédios.

A extrema raridade das formas de transição no registro fóssil persiste como "segredo do negócio" da paleontologia. As árvores evolutivas que adornam nossos manuais têm dados apenas nas pontas e nos nodos dos seus ramos; o resto, por mais razoável que seja, é inferência, e não evidência de fósseis. No entanto, Darwin aferrou-se tanto ao gradualismo, que comprometeu toda a sua teoria numa negação desse registro literal:

> O registro geológico é extremamente imperfeito e esse fato explica em larga medida por que não encontramos variedades intermináveis ligando entre si todas as formas de vida, extintas ou existentes, pelos mais refinados passos graduados. Aquele que rejeitar essas idéias sobre a natureza do registro geológico rejeitará certamente toda a minha teoria.

O argumento de Darwin ainda persiste como a escapatória favorita de muitos paleontólogos ao embaraço de um registro que parece mostrar, diretamente, tão pouco da evolução. Ao expor as raízes culturais e metodológicas do gradualismo, não desejo de maneira alguma impugnar sua validade potencial (porque todas as idéias gerais têm raízes semelhantes); desejo apenas apontar que ele nunca foi "visto" nas rochas.

Os paleontólogos têm pago um preço exorbitante pelo argumento de Darwin. Julgamo-nos os únicos verdadeiros estudiosos da história da vida; no entanto, para preservar nosso relato favorito da evolução pela seleção natural, consideramos os nossos dados tão maus que quase nunca enxergamos o próprio processo que alegamos estudar.

Há vários anos que Niles Eldredge, do Museu Americano de História Natural, e eu advogamos uma solução para esse desconfortável paradoxo. Acreditamos que Huxley tinha razão no seu aviso: a moderna teoria da evolução não exige mudança gradual. De fato, a operação dos processos darwinianos deverá ser tida exatamente como aquilo que vemos no registro fóssil; é portanto o gradualismo, e não o darwinismo, que devemos rejeitar.

A história de muitas espécies fósseis inclui duas características particularmente incoerentes com o gradualismo:

1. *Estase*. Muitas espécies não exibem qualquer mudança direcional durante sua estada na Terra; aparecem no registro fóssil com um aspecto muito semelhante ao que tinham quando se extinguiram; a mudança morfológica é geralmente limitada e sem direção.

2. *Aparecimento súbito*. Em qualquer área restrita, uma espécie não surge gradualmente pela transformação contínua dos seus antepassados, mas sim de uma vez só e "completamente formada". A evolução opera de dois modos principais. No primeiro, o da transformação filética, uma população inteira muda de um estado para outro. Se todas as mudanças evolutivas tivessem ocorrido dessa forma, a vida não teria persistido por tanto tempo. A evolução filética não produz nenhum aumento em termos de diversidade, apenas a transformação de uma coisa em outra. Já que a extinção (por extirpação, e não por evolução para outra coisa) é tão comum, um biota sem mecanismos para aumentar a diversidade logo seria aniquilado. O segundo modo, a especiação, repovoa a Terra. Novas espécies despontam a partir de um tronco paterno persistente.

Darwin certamente conheceu e discutiu o processo da especiação, mas ele coloca sua discussão da mudança evolutiva quase totalmente no molde da transformação filética. Nesse contexto, os fenômenos de estase e de aparecimento súbito dificilmente poderiam ser atribuídos a outra coisa que não fosse uma imperfeição do registro; porque, se as novas espécies surgem pela transformação de populações ancestrais inteiras, e se nós quase nunca vemos a transformação (porque as espécies são essencialmente estáticas ao longo de sua expansão), então nosso registro deve ser irremediavelmente incompleto.

Eldredge e eu acreditamos que a especiação é responsável por quase toda a mudança evolutiva. Mais ainda, o modo como ocorre garante virtualmente que o aparecimento súbito e a estase deverão dominar o registro fóssil.

Todas as principais teorias da especiação sustentam que o desdobramento se processa rapidamente em populações muito pequenas. A teoria da especiação geográfica ou alopátrica é a preferida por numerosos evolucionistas para muitas situações ("alopátrico" significa "em outro local")[2]. Uma nova espécie pode surgir quando se isola um

---

[2]. Este ensaio foi escrito em 1977 e desde então as opiniões mudaram um pouco na biologia evolucionária. A ortodoxia alopátrica perdeu terreno a favor de diversos mecanismos de especiação simpátrica, isto é, especiação em que novas formas surgem na área geográfica dos seus antepassados. Esses mecanismos simpátricos cumprem as duas condições que Eldredge e eu impomos ao nosso modelo do registro fóssil — origem *rápida* numa população *pequena*. De fato, tais mecanismos geralmente admitem grupos menores e mudanças mais rápidas do que advoga a alopatria convencional (sobretudo porque os grupos em contato potencial com seus antepassados devem mover-se rapidamente em direção ao isolamento reprodutivo, para evitar que suas variantes favoráveis se diluam nos cruzamentos com as formas paternas, mais numerosas). Ver White (1978) para uma discussão exaustiva dos modelos simpátricos.

pequeno segmento de uma população ancestral na periferia do território ancestral. As grandes populações centrais estáveis exercem uma forte influência homogeneizante. Mutações novas e favoráveis são diluídas pela amplitude da população onde vem se espalhar. Podem desenvolver-se com lentidão, mas os ambientes em mudança cancelam geralmente seu valor seletivo muito antes de atingirem a fixação. Assim, as transformações filéticas em grandes populações seriam muito raras, tal como revela o registro fóssil.

Mas os pequenos grupos perifericamente isolados são separados do seu tronco paterno. Vivem como pequenas populações em recantos geográficos do território ancestral. Aí as pressões seletivas são geralmente intensas, porque as periferias marcam o limiar da tolerância ecológica para as formas ancestrais. Assim, as variações favoráveis espalham-se com rapidez. Os isolados pequenos e periféricos são laboratórios da mudança evolutiva.

Que deveria o registro fóssil incluir se grande parte da evolução ocorre por especiação em isolados periféricos? As espécies deveriam ser estáticas ao longo de sua expansão, porque nossos fósseis são os remanescentes de grandes populações centrais. Em qualquer área habitada por antepassados, uma espécie descendente deveria aparecer subitamente, por migração a partir da região periférica na qual se desenvolveu. Na própria região periférica poderíamos encontrar provas diretas da especiação, mas essa boa sorte seria rara, porque o evento ocorre muito rapidamente numa população muito pequena. Assim, o registro fóssil é uma tradução fiel daquilo que a teoria evolucionista prediz, e não um lamentável vestígio de uma história que já foi pródiga.

Eldredge e eu referimo-nos a esse esquema como o modelo dos *equilíbrios pontuados*. As linhagens mudam pouco durante a maior parte da sua história, mas eventos de especiação rápida ocasionalmente pontuam essa tranquilidade. A evolução é a sobrevivência diferencial e o desdobramento dessas pontuações. (Ao descrever como muito rápido a especiação de isolados periféricos, falo como geólogo. O processo pode demorar centenas e até milhares de anos; poderíamos não ver nada se passássemos a vida inteira vigiando a especiação de abelhas numa árvore. Mas mil anos constituem uma fração ínfima da duração média de muitas espécies fósseis invertebradas — 5 a 10 milhões de anos. Os geólogos só raramente conseguem decompor um intervalo tão curto; tendemos a tratá-lo como um momento.)

Se o gradualismo é mais um produto do pensamento ocidental do que um fato da natureza, então deveríamos considerar filosofias alternativas de mudança para ampliar o nosso universo de preconceitos constrangedores. Na União Soviética, por exemplo, os cientistas são treinados numa filosofia de mudança muito diferente — as denominadas "leis dialéticas", reformuladas por Engels a partir da filosofia de Hegel. As leis dialéticas são explicitamente pontuativas; falam, por exemplo, da "transformação da quantidade em qualidade". Isso pode parecer um pouco sem sentido, mas sugere que a mudança ocorre em saltos largos, que se seguem a uma lenta acumulação de tensões a que um sistema resiste até alcançar o ponto de ruptura. Aqueçam a água e ela acabará fervendo. Oprimam os operários cada vez mais e provocarão a revolução. Eldredge e eu ficamos fascinados ao saber que muitos paleontólogos russos defendem um modelo semelhante ao nosso equilíbrio pontuado.

Não afirmo enfaticamente a "verdade" geral dessa filosofia da mudança pontuativa. Qualquer tentativa para apoiar a validade exclusiva de uma noção tão grandiosa correria o risco de perder o sentido. O gradualismo às vezes trabalha bem. (Freqüentmente sobrevôo os enrugados Apalaches e fico maravilhado com os cumes impressionantemente paralelos produzidos pela erosão gradual das rochas menos duras que os rodeiam.) Faço um simples apelo a favor do pluralismo nas filosofias que nos conduzem e do reconhecimento de que essas filosofias, por mais escondidas e desarticuladas que sejam, constrangem todo o nosso pensamento. As leis dialéticas exprimem muito abertamente uma ideologia; a preferência ocidental pelo gradualismo faz o mesmo, de maneira mais sutil.

Apesar disso, confessarei minha crença pessoal de que uma visão pontuativa poderá provar ser mais acurada e eficaz na marcação do ritmo da mudança biológica e geológica que suas rivais — e apenas porque os sistemas complexos em estado estacionário são ao mesmo tempo comuns e altamente resistentes à mudança. Como escreve meu colega Derek V. Ager, geólogo britânico, em apoio à visão pontuativa da mudança geológica: "A história de qualquer parte da Terra, como a vida de um soldado, consiste em longos períodos de aborrecimento e curtos períodos de terror."

18 O regresso do monstro promissor

O Grande Irmão, o tirano de *1984*, de George Orwell, dirigia os seus diários "Dois minutos de ódio contra Emmanuel Goldstein, inimigo do povo". Quando estudava biologia evolutiva na faculdade, em meados da década de 60, a censura e o escárnio oficiais centravam-se sobre Richard Goldschmidt, um famoso geneticista que, segundo nos ensinavam, se desviara do caminho. Embora 1984 se aproxime de nós[1], acredito que o mundo não estará nas garras do Grande Irmão, nessa época. Predigo no entanto que, durante esta década, Goldschmidt será amplamente vingado no mundo da biologia evolutiva.

Goldschmidt, um judeu foragido da dizimação da ciência alemã praticada por Hitler, passou o resto de sua carreira em Berkeley, onde faleceu em 1958. Suas idéias sobre a evolução afastam-se da grande síntese neodarwinista construída durante as décadas de 30 e 40 e que permanece ainda hoje como ortodoxia reinante, apesar de insegura. O neodarwinismo contemporâneo é muitas vezes denominado "teoria sintética da evolução", porque uniu as teorias da genética de populações com as observações clássicas da morfologia, sistemática, embriologia, biogeografia e paleontologia.

O núcleo dessa teoria sintética reafirma as duas asserções mais características do próprio Darwin: primeira, que a evolução é um processo de duas fases (a variação aleatória como matéria bruta, a seleção natural como força diretriz); segunda, que a mudança evolutiva é geralmente lenta, firme, gradual e contínua.

Os geneticistas podem estudar o aumento gradual de genes favorecidos em populações de moscas-das-frutas em garrafas de laboratório. Os naturalistas podem registrar a firme substituição de mariposas claras por mariposas escuras à medida que a fuligem industrial escurece as árvores da Grã-Bretanha. Os neodarwinistas ortodoxos extrapolam essas mudanças constantes e regulares até as mais profundas transições estruturais da história da vida: por meio de uma longa série de etapas intermediárias imperceptivelmente gradativas, os pássaros são ligados aos répteis e os peixes com mandíbulas aos seus antepassados sem mandíbulas. A macroevolução (a principal tran-

---

1. Stephen Gould escreveu este ensaio em data anterior a 1984. (N. T.)

sição estrutural) não passa de uma extensão da microevolução (moscas em garrafas). Se as mariposas pretas podem desalojar as brancas num século, então os répteis podem tornar-se pássaros nuns poucos milhões de anos, pela soma seqüencial e regular de incontáveis mudanças. A alteração das freqüências dos genes em populações locais constitui um modelo adequado para todo o processo evolutivo — pelo menos é o que afirma a ortodoxia corrente.

O mais sofisticado manual americano moderno de introdução à biològia exprime desta maneira sua fidelidade ao ponto de vista convencional:

> [Pode] a mais extensa mudança evolutiva, a macroevolução, ser explicada como o resultado dessas alterações microevolutivas? Teriam os pássaros realmente surgido a partir dos répteis, por meio de um acúmulo de substituições de genes do tipo ilustrado pelo gene que define a cor framboesa do olho?
> A resposta é que isso é inteiramente plausível, e ninguém apareceu ainda com uma explicação melhor ... O registro fóssil sugere que a macroevolução é de fato gradual, processando-se a uma taxa que nos permite concluir basear-se ela em centenas ou milhares de substituições de genes não diferentes, na sua natureza, das observadas nos relatos de casos.

Muitos evolucionistas encaram a continuidade estrita entre a micro e a macroevolução como um ingrediente essencial do darwinismo e um corolário necessário da seleção natural. No entanto, como relato no ensaio 17, Thomas Henry Huxley separou os dois tópicos da seleção natural e do gradualismo e advertiu Darwin de que sua adesão estrita e injustificável ao gradualismo poderia minar todo o seu sistema. O registro fóssil, com suas transições abruptas, não ofereceu nenhum suporte à mudança gradual, nem o princípio da seleção natural a requer — a seleção pode atuar rapidamente. No entanto, a ligação desnecessária forjada por Darwin tornou-se um dogma central da teoria sintética.

Goldschmidt não levantou qualquer objeção aos relatos padrões da microevolução e devotou a primeira metade do seu principal trabalho, *The Material Basis of Evolution* (Yale University Press, 1940), à mudança gradual e contínua dentro das espécies. Todavia, rompeu nitidamente com a teoria sintética ao argumentar que as novas espécies surgem abruptamente pela variação descontínua, ou macromutação. Admitiu que a grande maioria das macromutações podiam apenas ser consideradas desastrosas — e por isso chamou-lhes "monstros". Contudo, continua Goldschmidt, vez por outra, uma macromutação pode conseguir, por pura sorte, adaptar um organismo a um novo modo de vida — um "monstro promissor", na terminologia dele. A macroevolução prossegue pelo raro sucesso desses monstros promissores, e não pela acumulação de pequenas mudanças dentro das populações.

Quero argumentar que os defensores da teoria sintética fizeram uma caricatura das idéias de Goldschmidt ao elegerem-no seu bode expiatório. Não defendo tudo o que Goldschmidt disse, pois discordo fundamentalmente da sua afirmação de que a macroevolução abrupta desacredita o darwinismo. Goldschmidt também não prestou atenção ao aviso de Huxley de que a essência do darwinismo — o controle da evolução pela seleção natural — não exige uma crença na mudança gradual.

Em contrapartida, e como darwinista, desejo defender o postulado de Goldschmidt de que a macroevolução não é simplesmente uma extrapolação da microevolução, podendo ocorrer transições estruturais maiores e rápidas, sem uma série regular de estágios intermediários. Discutirei aqui três questões:

1) Será possível construir uma história razoável de mudança contínua para todos os acontecimentos macroevolutivos? (Desde já declaro que minha resposta será negativa.)
2) São inerentemente antidarwinistas as teorias da mudança abrupta? (Argumentarei que algumas são e outras não.)
3) Representam os monstros promissores de Goldschmidt o arquétipo de apostasia do darwinismo, como seus críticos têm sustentado há tanto tempo? (Minha resposta será novamente não.)

Todos os paleontólogos sabem que no registro fóssil muito pouco se encontra das formas intermediárias; as transições entre os grupos principais são caracteristicamente abruptas. Os gradualistas em geral fogem a esse dilema invocando a extrema imperfeição do registro fóssil — se apenas um passo num milhar sobrevive como fóssil, a geologia não pode registrar mudança contínua. Embora eu rejeite esse argumento (por razões já discutidas no ensaio 17), vamos aceitá-lo e colocar uma questão diferente. Embora não tenhamos nenhuma prova direta das transições regulares, podemos inventar uma seqüência razoável de formas intermediárias — isto é, organismos viáveis e operantes — entre antepassados e descendentes nas principais transições estruturais? Que possível utilidade têm os imperfeitos estágios incipientes de estruturas úteis? Que valor tem a metade de uma mandíbula ou a metade de uma asa? O conceito de *preadaptação* fornece a resposta convencional, sustentando que os estágios incipientes desempenham funções diferentes. As meias mandíbulas trabalharam perfeitamente bem como uma série de ossos de suporte das guelras; a meia asa pode ter encurralado a presa ou controlado a temperatura do corpo. Para mim, a preadaptação é um conceito importante e até indispensável. Mas uma história plausível não é necessariamente verdadeira. Sem duvidar que a preadaptação pode, em alguns casos, salvar o gradualismo, pergunto se ela nos permite inventar uma história de continuidade para a maioria dos casos, ou para todos eles. Afirmo, embora isso possa apenas refletir minha falta de imaginação, que a resposta é não, e invoco em minha defesa dois casos recentemente fundamentados de mudança descontínua.

Na isolada ilha Maurício, o antigo lar do dodô[2], dois gêneros de cobras boídeos (um grande grupo que inclui as sucuris e as jibóias) partilham uma característica que nenhum outro vertebrado terrestre apresenta: o osso maxilar da mandíbula superior está separado em duas partes, a frontral e a posterior, ligadas por uma articulação móvel. Em 1970, meu amigo Tom Frazzetta publicou um artigo intitulado "From Hopeful Monsters to Bolyerine Snakes?", em que considerou cada uma das possibilidades preadaptativas que pôde imaginar, rejeitando-as todas em favor da transição descontínua. Como pode um osso de mandíbula estar partido ao meio?

Muitos roedores têm bolsas nas bochechas para armazenar comida. Essas bolsas internas ligam-se à faringe e podem ter evoluído gradualmente sob pressão seletiva para segurar mais comida na boca. Os *Geomyidae* (roedores com bolsa) e os *Heteromyidae* (ratos-cangurus e ratos com bolsa) invaginaram as bochecas para formar bolsas externas revestidas por pele sem ligação com a boca ou a faringe. Mas para que servirá uma dobra incipiente no exterior? Teriam esses hipotéticos antepassados corrido sobre três pernas enquanto, com a quarta perna, metiam alguns pedaços de comida numa prega imperfeita? Charles A. Long considerou recentemente uma seqüência de possibilidades preadaptativas (fendas externas em animais que escavam tocas para transportar terra, por exemplo) e rejeitou-as todas em favor da transição descontínua. Esses relatos, na tradição da história natural evolutiva, não provam nada. Mas o peso deste, e de muitos outros casos semelhantes, há muito tempo derrubou minha fé no gradualismo. Mentes mais inventivas podem ainda salvá-lo, mas os conceitos mantidos apenas pela especulação fácil não têm para mim grande atrativo.

---

2. O dodô, atualmente extinto, era uma ave grande, com bico arqueado, pernas e pescoço curtos, encontrada originalmente na ilha Maurício. (N. T.)

Se temos de aceitar muitos casos de transição descontínua na macroevolução, será que o darwinismo é derrubado para sobreviver apenas como uma teoria de mudança adaptativa menor dentro das espécies? A essência do darwinismo reside numa única frase: a seleção natural é a força criativa principal da mudança evolutiva. Ninguém nega que a seleção natural desempenha um papel negativo ao eliminar os inaptos, mas as teorias darwinistas requerem que ela também crie os aptos, mediante adaptações seqüenciais e preservando em cada estágio a parte vantajosa de um espectro aleatório de variabilidade genética. A seleção deve presidir o processo de criação, e não apenas descartar os mal adaptados, após alguma outra força produzir subitamente uma nova espécie, totalmente formada em perfeição primordial.

Podemos facilmente imaginar essa teoria não-darwinista da mudança descontínua — alterações genéticas profundas e abruptas fabricando por sorte (agora e então), e repentinamente, uma nova espécie. Hugo de Vries, famoso botânico holandês, apoiou uma teoria desse tipo nos primeiros anos deste século. Mas essas noções parecem apresentar dificuldades insuperáveis. Com quem poderá acasalar Atena, nascida da testa de Zeus? Todos os seus parentes são membros de outras espécies. Qual a probabilidade de produzir Atena, em vez de um monstro deformado? As maiores rupturas de sistemas genéticos inteiros não produzem criaturas favorecidas ou mesmo viáveis.

Mas não são antidarwinistas todas as teorias da mudança descontínua, como Huxley apontou há quase cento e vinte anos. Suponhamos que uma mudança descontínua na forma adulta ocorra a partir de uma pequena alteração genética. Não surgem problemas de discordância com outros membros da espécie, e a grande e favorável variante pode espalhar-se pela população segundo os moldes darwinistas. Suponhamos também que essa grande mudança não produza uma forma perfeita logo de início, servindo antes como uma adaptação-"chave" para levar seu possuidor na direção de um novo modo de vida. O êxito contínuo nesse novo modo pode exigir um amplo conjunto de alterações colaterais, morfológicas e comportamentais, as quais, por sua vez, podem surgir por meio de um caminho gradual e mais tradicional, uma vez que a adaptação-chave força uma mudança profunda nas pressões seletivas.

Os defensores da síntese moderna aproximaram Goldschmidt de Goldstein, ligando sua frase atraente — monstro promissor — a noções não-darwinistas de perfeição imediata através de mudança genética profunda. Mas não era isso que Goldschmidt defendia. De fato, um dos seus mecanismos para a descontinuidade nas formas adultas baseava-se numa noção de pequena mudança genética subjacente. Goldschmidt era um estudioso do desenvolvimento embrionário e passou grande parte do início de sua carreira estudando a variação geográfica na mariposa-cigarra *Lymantria dispar*. Descobriu que grandes diferenças de cores nas lagartas resultavam de pequenas alterações no ritmo de desenvolvimento: os efeitos de um pequeno atraso ou de um acréscimo da pigmentação nas primeiras fases do período de crescimento aumentavam ao longo da ontogenia e conduziam a profundas diferenças entre as lagartas completamente desenvolvidas.

Goldschmidt identificou os genes responsáveis por essas pequenas mudanças e demonstrou que as grandes diferenças finais refletiam a ação de um ou poucos "genes reguladores" nas fases iniciais do desenvolvimento. Codificou a noção de gene regulador em 1918 e escreveu vinte anos mais tarde:

> O gene mutante produz seu efeito ... alterando as taxas de processos parciais do desenvolvimento. Podem ser taxas de crescimento ou diferenciação, taxas de produção de elementos necessários para a diferenciação, taxas de reações conduzindo a situações físicas ou químicas definidas em períodos definidos do desenvolvimento, taxas dos processos responsáveis pela segregação das potências embrionárias em períodos definidos.

No seu livro de 1940, Goldschmidt evoca especificamente os genes reguladores como criadores potenciais de monstros promissores: "Essa base é fornecida pela existência de mutantes que produzem monstruosidades do tipo exigido e pelo conhecimento da determinação embrionária, que permite a uma pequena mudança de taxa nos processos embrionários precoces produzir um grande efeito sobre partes consideráveis do organismo."

Na minha opinião, fortemente tendenciosa, o problema de reconciliar a descontinuidade evidente da macroevolução com o darwinismo é amplamente resolvido pela observação de que pequenas mudanças iniciais na embriologia se acumulam ao longo do desenvolvimento para produzirem diferenças profundas entre os adultos. Prolonguem a elevada taxa pré-natal de crescimento do cérebro até o início da infância e um cérebro de macaco se aproximará, em tamanho, do cérebro humano. Retardem o início da metamorfose e o axolotle[3]

---

3. Animal cordado, anfíbio, Urodelo, da família dos Ambistomídeos, gênero *Ambystona*, cujas larvas, perenes ou neotônicas, se reproduzem mesmo conservando as brânquias e outras características larvais. Ocorrem nos Estados Unidos e no México, sendo conhecidas atualmente cerca de 15 espécies. (N. R. T.)

do lago Xochimilco se reproduzirá como uma pequena rã com guelras e nunca se transformará numa salamandra. (Ver meu livro *Ontogeny and Phylogeny* — Harvard University Press, 1977 — para um compêndio de exemplos e perdoem-me pela arremetida ousada.) Como argumenta Long acerca da bolsa externa da bochecha: "Uma inversão geneticamente controlada do desenvolvimento da bolsa da bochecha pode ter ocorrido, se repetido e persistido em algumas populações. Tal mudança morfológica teria tido um efeito drástico, virando as bolsas para o lado errado (isto é, o lado peludo para dentro), mas, apesar disso, seria uma mudança embriológica bastante simples."

De fato, se não invocarmos uma mudança descontínua por pequena alteração nas taxas de desenvolvimento, não vejo como seriam possíveis muitas das principais transições evolutivas. Poucos sistemas são mais resistentes à mudança básica do que os adultos complexos dos grupos animais "superiores", fortemente diferenciados e altamente especificados. Como poderíamos converter um rinoceronte adulto ou um mosquito em alguma coisa fundamentalmente diferente? E, no entanto, na história da vida têm ocorrido transições entre os grupos principais.

D'Arcy Wentworth Thompson, acadêmico clássico, estilista de prosa vitoriana e glorioso anacronismo da biologia do século XX, abordou esse dilema no seu clássico tratado *On Growth and Form*:

> Uma curva algébrica tem sua fórmula fundamental, que define a família a que pertence ... Nunca pensamos em "transformar" uma hélice num elipse, ou um círculo numa curva de freqüência. O mesmo se passa com as formas dos animais. Não podemos transformar um invertebrado num vertebrado, nem um celenterado num verme, através de uma deformação simples e legítima ... a natureza trabalha de tipo para tipo ... procurar degraus nos intervalos entre eles é procurar em vão e para sempre.

A solução de D'Arcy Thompson foi a mesma de Goldschmidt: a transição pode ocorrer em embriões mais simples e semelhantes desses adultos altamente divergentes. Ninguém pensaria em transformar um peixe num rato, mas os embriões de alguns equinodermos e protovertebrados são praticamente idênticos.

1984 assinalará o 125º aniversário da *Origem* de Darwin, a primeira razão de peso para uma celebração desde o seu centenário, em 1959. Espero que a nossa "novilíngua" destes poucos anos até lá não seja nem dogma, nem tolo absurdo. Se nossas preferências *a priori* pelo gradualismo começarem a desvanecer por essa época, poderemos finalmente ser capazes de dar as boas-vindas à pluralidade de resultados que a complexidade da natureza apresenta.

19 O grande debate das scablands

Os parágrafos introdutórios dos guias populares apresentam geralmente a ortodoxia prevalecente na sua forma mais pura — dogmas não adulterados pelos "entretantos" da escrita profissional. Considerem o texto seguinte do guia turístico do National Park Service para o Arches National Park:

> O mundo e tudo aquilo que ele contém encontra-se num processo contínuo de mudança. Muitas das mudanças no nosso mundo são tão pequenas que escapam à nossa atenção. Entretanto são reais, e seus efeitos combinados durante um imenso intervalo de tempo provocam grandes mudanças. Se estivermos na base da parede de um desfiladeiro e esfregarmos a mão na pedra arenosa, veremos soltarem-se centenas de grãos de areia. Parece uma mudança insignificante, mas foi assim que o desfiladeiro se formou. Várias forças desalojaram e transportaram para longe os grãos de areia. Às vezes o processo é "muito rápido" (tal como quando esfregamos a pedra arenosa), mas na maior parte do tempo é muito lento. Se nos derem tempo suficiente, poderemos deitar abaixo uma montanha ou criar um desfiladeiro — movendo alguns grãos de cada vez.

Tal como as primeiras lições de geologia, esse panfleto proclama que grandes resultados surgem como efeito acumulado de pequenas mudanças. Minha mão esfregando a parede do desfiladeiro constitui uma ilustração adequada (no mínimo, supereficaz) do processo que talhou o próprio desfiladeiro. O tempo, recurso inexaurível da geologia, opera todos os milagres.

No entanto, quando o panfleto se volta para os detalhes, encontramos um cenário diferente para a erosão em Arches. Podemos ler, por exemplo, que uma rocha equilibrada conhecida como "Chip Off the Old Block" caiu durante o inverno de 1975-76. As fotografias da magnífica Skyline Arch, antes e depois, receberam o seguinte comentário: "A área manteve-se assim desde que o homem a conheceu, até que, no fim de 1940, o bloco de pedra caiu e a Skyline adquiriu subitamente o dobro do seu tamanho original." Os arcos formam-se por desmoronamentos súbitos e intermitentes, e não pela remoção imperceptível de grãos de areia. Contudo, a ortodoxia gradualista encontra-se tão entrincheirada, que os autores desse panfleto não repararam na incoerência entre o seu próprio relato factual e a teoria afirmada na introdução. Em outros ensaios desta seção afirmo que o gradualis-

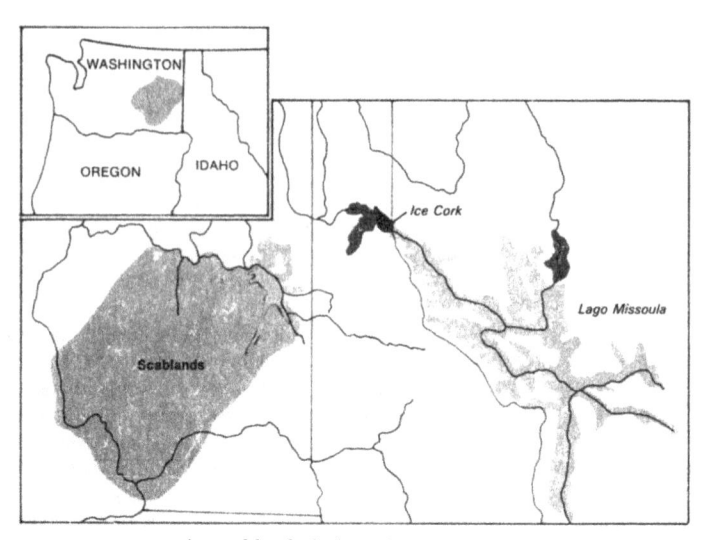

As *scablands* do leste de Washington.

mo é um preconceito culturalmente condicionado, e não um fato da natureza, e argumento a favor do pluralismo nos conceitos de taxa. A mudança pontuativa é, no mínimo, tão importante quanto a acumulação imperceptível. Neste ensaio conto uma história geológica local. Mas ele encerra a mesma mensagem — a de que os dogmas desempenham o seu pior papel quando levam os cientistas a rejeitarem de antemão uma afirmação contrária que poderia ser testada na natureza.

Basaltos de origem vulcânica atapetam grande parte do leste de Washington. Esses basaltos freqüentemente são cobertos por uma espessa camada de *loesse*, um sedimento solto e finamente granulado soprado pelos ventos durante as épocas glaciárias. Na área entre Spokane e os rios Snake e Colúmbia, ao sul e ao oeste, encontram-se muitos canais espetaculares, alongados e subparalelos, escavados através do *loesse* e do próprio basalto duro. Esses *coulees*, nome que lhes dão no local, devem ter sido condutos para as águas degeladas, já que descem desde uma área perto da extensão sul da última geleira, em direção aos dois rios principais do leste de Washington. As *scablands* canalizadas — como os geólogos designam toda essa área — são estranhas e intrigantes, por várias razões:

1. Os canais se ligam através de altos divisores de água, que em alguma época os separaram. Já que os canais têm centenas de pés de

profundidade, essa extensa anastomose indica que uma prodigiosa quantidade de água deve ter alguma vez fluído sobre o divisor.
2. Outro ponto a favor da idéia de canais cheios de água até a borda é o fato de que os lados dos *coulees* contêm muitos vales suspensos no local onde os tributários entram nos canais principais. (Um vale suspenso é um canal tributário que entra num canal principal muito acima do leito atual do canal principal.)
3. O basalto duro dos *coulees* está profundamente escavado e erodido. Esse padrão de erosão não parece ser o trabalho de rios mansos, à maneira gradualista.
4. Os *coulees* muitas vezes apresentam montes elevados, compostos de *loesse* que não foi arrancado e dispostos como se alguma vez tivessem sido ilhas numa gigantesca corrente entrelaçada.
5. Os *coulees* contêm depósitos descontínuos de cascalho basáltico, geralmente composto por rochas estranhas à área local.

Logo após a Primeira Guerra Mundial, o geólogo J H. Harlen Bretz apresentou uma hipótese não ortodoxa para explicar essa topografia incomum (sim, é J sem ponto, e nunca deixem escapar nenhum, pois a cólera dele pode ser terrível). Argumentou que as *scablands* canalizadas tinham sido formadas todas de uma vez por uma única cheia gigantesca de água degelada. Essa catástrofe local encheu os *coulees*, atravessou centenas de pés de *loesse* e basalto e então regrediu numa questão de dias. Bretz conclui seu trabalho principal, em 1923, com estas palavras:

> Três mil milhas quadradas completas do planalto de Colúmbia foram varridas pela cheia glaciária, e o *loesse* e a camada de sedimentos removidos. Mais de duas mil milhas quadradas dessa área restaram como canais vazios, erodidos através das rochas, agora denominados *scablands*, e quase mil milhas quadradas receberam depósitos de cascalhos derivados do basalto erodido. *Foi* uma enchente que varreu o planalto de Colúmbia.

A hipótese de Bretz tornou-se uma *cause célèbre* menor nos círculos geológicos. A defesa firme e solitária de sua hipótese catastrófica granjeou a princípio alguma admiração invejosa, mas virtualmente nenhum apoio. O *establishment*, representado pelo United States Geological Survey, cerrou fileiras em oposição. Na verdade não tinham nada melhor a propor e admitiam o caráter peculiar da topografia das *scablands*, mas mantiveram-se firmes ao dogma de que causas catastróficas nunca devem ser invocadas enquanto houver uma alternativa gradualista. Em vez de investigarem os méritos da cheia de Bretz, rejeitaram-na com base em princípios gerais.

Em 12 de janeiro de 1927, Bretz enfrentou o leão no seu covil, apresentando suas idéias no Cosmos Club, em Washington, DC, perante um grupo de cientistas reunidos, muitos dos quais pertenciam ao Geological Survey. A discussão publicada indica claramente que um gradualismo *a priori* constituiu a base da glacial recepção a Bretz. Incluo comentários típicos de todos os detratores.

W. C. Alden admitiu que "não é fácil para alguém como eu, que nunca examinou esse planalto, fornecer uma explicação alternativa paa o fenômeno". Mesmo assim continuou, sem se intimidar: "As principais dificuldades parecem ser: (1) a idéia de que todos os canais se terão desenvolvido simultaneamente, num intervalo de tempo muito curto; e (2) a tremenda quantidade de água que ele postula ... O problema seria mais fácil se o trabalho tivesse sido atribuído a menos água, mais tempo e várias cheias."

James Gilluly, o apóstolo-chefe do gradualismo geológico neste século, terminou um longo comentário observando que "nenhuma prova até agora apresentada parece excluir o fato de que as enchentes ocorridas em qualquer época foram da mesma ordem de grandeza que a do Colúmbia na atualidade ou, no máximo, algumas vezes maiores".

E. T. McKnight ofereceu uma alternativa gradualista para os cascalhos: "Este escritor acredita que eles constituem depósitos normais do Colúmbia no seu deslocamento para leste nos períodos pré-glaciários, glaciários e pós-glaciários."

G. R. Mansfield duvidou que "tanto trabalho pudesse ser feito no basalto num tempo tão curto" e propôs uma explicação mais moderada: "Na minha opinião, as *scablands* parecem ser melhor explicadas como os efeitos do represamento e extravasamento contínuos de águas glaciárias marginais que, de tempos em tempos, mudaram de posição ou de escoadouro no decorrer de um período prolongado.

Finalmente, O. E. Meinzer admitiu que "as características de erosão da região são tão acentuadas e bizarras que desafiam a descrição". Mas não desafiavam uma explicação gradualista: "Acredito que as características existentes podem ser explicadas por um trabalho de fluxo normal do antigo rio Colúmbia." Então, e mais diretamente do que a maior parte dos seus colegas, proclamou sua fé: "Antes que se aceite completamente uma teoria que requer uma quantidade de água aparentemente impossível, devemos fazer todos os esforços para explicar as características existentes sem empregar um pressuposto tão violento."

A história tem um final feliz, pelo menos do meu ponto de vista, já que Bretz se livrou do covil do leão por provas posteriores. Sua hipótese prevaleceu e praticamente todos os geólogos acreditam agora que torrentes catastróficas abriram as *scablands*. Bretz não encontrara uma fonte adequada para as águas da inundação; sabia que as geleiras tinham avançado até Spokane, mas nem ele nem mais ninguém conseguia imaginar uma forma razoável de derreter tanta água tão rapidamente. De fato, ainda hoje não dispomos de mecanismo para um degelo tão episódico.

A solução veio de outra direção. Os geólogos encontraram provas a favor de um enorme lago glaciário no oeste de Montana, represado pelo gelo, que esvaziou catastroficamente quando a geleira se retirou e o dique cedeu. O escoadouro para suas águas leva diretamente a *scablands* canalizadas.

Bretz não tinha apresentado nenhuma prova direta a favor de águas ondulantes profundas. Os sulcos poderiam ter-se formado seqüencialmente, em vez de a um só tempo; as anastomoses e os vales suspensos poderiam refletir *coulees* de fluxo suave em vez de tormentoso. Mas, quando foram tiradas as primeiras boas fotografias aéreas das *scablands*, os geólogos repararam que várias zonas do solo dos *coulees* estavam cobertas por gigantescas ondulações do leito de fluxo, com 7 metros de altura por 129 metros de largura. Bretz trabalhara numa escala errada, porque caminhara sobre as ondulações durante décadas, mas perto demais para conseguir enxergá-las. Essas ondulações são, como ele corretamente escreveu, "difíceis de identificar a nível do solo, sob uma camada de cascalho". As observações só podem ser feitas em escalas apropriadas.

Os engenheiros hidráulicos podem inferir o tipo de um fluxo a partir do tamanho e da forma das ondulações que jazem no seu leito. V. R. Baker estima uma descarga máxima de 27.900 metros cúbicos por segundo nos canais de fluxo das *scablands*. Uma tal torrente poderia ter movido pedras de 12 metros.

Poderia finalizar aqui com uma versão folhetinesca da história, mais a meu gosto: Herói perceptivo, refreado por dogmatistas cegos, permanece firme e fiel a despeito da opinião recebida e, finalmente, prevalece, por meio da persuasão paciente e da documentação exaustiva. O esboço desse conto certamente é válido: preconceitos gradualistas levaram *de fato* à rejeição da hipótese catastrófica de Bretz, e ele (aparentemente) tinha razão. Porém, à medida que lia os artigos originais, compreendia que por trás desse cenário havia algo mais complexo. Os oponentes de Bretz não eram dogmatistas ignorantes. Eles realmente tinham preferências *a priori*, mas tinham também boas razões para duvidar de um alagamento catastrófico baseando-se nos argumentos originais de

Bretz. Mais ainda, o estilo de investigação científica de Bretz garantia virtualmente que ele não triunfaria com seus dados iniciais.

Bretz manteve-se na tradição clássica do empirismo estrito. Sentia que as hipóteses aventurosas só poderiam ser estabelecidas através de uma longa e paciente coleta de informações no campo. Desse modo, rejeitou as discussões teóricas e deu pouca importância ao problema conceitual válido que tanto preocupou seus adversários: de onde poderia vir tanta água, tão subitamente?

Bretz tentou firmar sua hipótese juntando evidências da erosão no campo, ponto a ponto. Parecia singularmente desinteressado em encontrar o elemento que faltava para dar coerência a sua história — uma fonte para a água. Talvez porque essa tentativa poderia envolver especulação sem evidência direta, e Bretz baseava-se apenas nos fatos. Quando Gilluly o desafiou com a ausência de uma fonte para a água, Bretz replicou simplesmente: "Acredito que minha interpretação das *scablands* canalizadas deve manter-se ou ser abandonada com base no próprio fenômeno das *scablands*."

Mas por que um oponente seria convertido por uma teoria tão incompleta? Bretz acreditava que a extremidade sul da geleira havia derretido precipitadamente, mas nenhum cientista conseguia imaginar um método de degelo tão rápido. (Bretz chegou a sugerir atividade vulcânica debaixo do gelo, mas abandonou rapidamente essa hipótese quando Gilluly o atacou.) Bretz agarrou-se às *scablands*, enquanto a resposta estava no oeste de Montana. O lago glaciário Missoula era referido na literatura desde 1880, mas Bretz não percebeu a ligação — seu trabalho apontava para outra direção. Seus opositores tinham razão. Ainda hoje não conhecemos uma maneira tão rápida de derreter tanto gelo e, no entanto, a premissa compartilhada por todos os debatedores estava errada: a fonte da água era água.

Os acontecimentos que, de acordo com a sabedoria estabelecida, "não podem ocorrer" raramente ganham respeitabilidade através da simples acumulação de provas da sua ocorrência: exigem um mecanismo que explique como *podem* acontecer. Os primeiros defensores da deriva dos continentes encontraram a mesma dificuldade que Bretz. Suas provas de semelhanças de fauna e litologia entre continentes, agora amplamente separados, são hoje esmagadoras, mas na época falharam porque não se conhecia nenhuma força que pudesse mover os continentes. A teoria tectônica providenciou esse mecanismo e consolidou a idéia da deriva dos continentes.

Além disso, os opositores de Bretz não assentaram sua causa inteiramente sobre o caráter não-ortodoxo da hipótese de Bretz; também aduziram alguns fatos específicos a seu favor, e em parte estavam certos. Bretz a princípio insistiu numa torrente única, enquanto seus opositores citavam muitas evidências para mostrar que as *scablands* não se formaram de uma só vez. Sabemos agora que o lago Missoula se formou e voltou a se formar muitas vezes, à medida que flutuava a margem glaciária. No seu último trabalho, Bretz sugeriu oito episódios separados de alagamento catastrófico. Os opositores de Bretz erraram ao inferir uma mudança gradual a partir das provas de difusão temporal: os episódios catastróficos podem ser separados por longos períodos de tranqüilidade. Mas Bretz também estava errado ao atribuir a formação das *scablands* a uma única torrente.

Prefiro heróis de carne, sangue e falibilidade às figuras superficiais dos folhetins. Bretz ganhou minha preferência porque se manteve contra um dogma firme e altamente restritivo que nunca fizera muito sentido: o imperador se despira por um século. Charles Lyell, o padrinho do gradualismo geológico, avançara depressa demais ao estabelecer a doutrina da mudança imperceptível. Afirmava, muito corretamente, que os geólogos precisam invocar a invariância (uniformidade) da lei natural ao longo do tempo para poderem estudar o passado cientificamente. Tentou então aplicar o mesmo termo — uniformidade — a uma suposição empírica sobre as taxas dos processos, argumentando que a evolução deve ser lenta, firme e gradual e que os grandes resultados só podem surgir como acumulação de pequenas mudanças.

Mas a uniformidade da lei não exclui catástrofes *naturais*, particularmente numa escala local. Talvez algumas leis invariantes operem em conjunto para produzir episódios pouco freqüentes de mudança súbita e profunda. Bretz pode não ser interessado por este tipo de tagarelice filosófica; provavelmente as teria rotulado de besteiras sem sentido, proclamadas por um citadino de gabinete. Mas ele teve a independência e o bom senso de viver segundo o grande e velho lema de Horácio, muitas vezes adotado pela ciência, mas poucas vezes seguido: *Nullius addictus jurare in verba magistri* (Não sou obrigado a jurar obediência às palavras de nenhum mestre).

Minha história acaba com dois pós-escritos felizes. Primeiro, a hipótese de Bretz de que as *scablands* canalizadas refletem a ação de inundações catastróficas tem sido frutífera para além da área local de Bretz. As *scablands* foram encontradas em associação com outros lagos do oeste, sobretudo o lago Bonneville, o grande antepassado do lago Salgado, em Utah — um pequeno charco, em comparação. Outras aplicações foram tão longe quanto podiam ir. Bretz tornou-se o querido dos geólogos planetários que descobriram nos canais de

Marte um conjunto de características que são melhor interpretadas pelo estilo de inundação catastrófica de Bretz.

Em segundo lugar, Bretz não partilhou da sorte de Alfred Wegener, falecido na Groenlândia enquanto sua teoria da deriva dos continentes se mantinha no limbo. J Harlen Bretz apresentou sua hipótese há sessenta anos, mas viveu o suficiente para saborear sua vingança. E ainda vive, bem adiantado na casa dos 90, vigoroso como sempre e muito satisfeito consigo mesmo, com toda a justiça. Em 1969 publicou um artigo de quarenta páginas resumindo meio século de controvérsias acerca das *scablands* canalizadas no leste de Washington, concluindo-o com esta afirmação:

> A Associação Internacional para a Pesquisa do Quaternário realizou o seu encontro de 1965 nos Estados Unidos. Entre as muitas excursões de campo organizadas, uma aconteceu nas Rochosas do Norte e no planalto de Colúmbia, em Washington ... os participantes ... atravessaram todo o comprimento do Grand Coulee, parte da bacia de Quiney e grande parte da *scabland* divisória de Palouse-Snike, além dos grandes depósitos de cascalhos, em Snake Canyon. O escritor, incapaz de comparecer, recebeu no dia seguinte um telegrama de "cumprimentos e saudações" que encerrava com a frase: "Somos agora todos catastrofistas."

Pós-escrito

Enviei uma cópia deste artigo a Bretz após sua publicação na *Natural History*, ao que ele respondeu, em 14 de outubro de 1978:

> Caro sr. Gould:
> Sua carta recente é muito gratificante. Obrigado pela sua compreensão.
> Estou surpreso pela maneira como o meu trabalho pioneiro sobre as *scablands* tem sido aplaudido e desenvolvido. Sempre soube que tinha razão, mas acho que as décadas de dúvida e desafio produziram uma letargia emocional. Então, a surpresa que se seguiu à excursão de campo de Victor Baker, em junho, despertou-me novamente. O quê! Eu me tornara uma semi-autoridade em acontecimentos e processos extraterrestres?
> Agora, fisicamente incapacitado (tenho 96 anos), posso apenas saudar o trabalho de outros num campo em que fui um desbravador.
> De novo lhe agradeço.
>
> J Harlen Bretz

Em novembro de 1979, no encontro anual da Sociedade Geológica da América, J Harlen Bretz recebeu a medalha Penrose (principal prêmio da profissão).

20 Uma vênus é uma vênus[1]

Thomas Henry Huxley definiu certa vez a ciência como "bom senso organizado". Outros contemporâneos, entre eles o grande geólogo Charles Lyell, insistiam numa visão oposta — a ciência, diziam eles, deve sondar para além das aparências, muitas vezes para combater a interpretação "óbvia" dos fenômenos.

Não posso oferecer quaisquer regras gerais para a resolução dos conflitos entre o senso comum e as imposições de uma teoria favorecida. Cada campo ganhou suas batalhas e recebeu seu quinhão. Mas quero contar uma história de triunfante bom senso — uma história interessante, porque a teoria que parecia opor-se à observação comum também é correta, já que é a própria teoria da evolução. O erro que suscitou o conflito entre a evolução e o bom senso reside numa falsa implicação, comumente deduzida a partir da teoria evolutiva, não da teoria em si.

O bom senso proclama que o mundo dos organismos macroscópicos e familiares apresenta-se a nós em pacotes denominados "espécies". Todos os observadores de pássaros e caçadores de borboletas sabem que podem dividir os espécimes de qualquer área local em unidades distintas abençoadas com aqueles binômios latinos que confundem o não-iniciado. Às vezes, um pacote pode desfazer-se e até, aparentemente, coalescer com outro. Mas esses casos são notados pela sua raridade. Os pássaros de Massachusetts e os pulgões do meu quintal são membros inequívocos de espécies reconhecidas da mesma maneira por todos os observadores experientes.

Essa noção de espécies como "variedades naturais" ajustava-se esplendidamente aos dogmas criacionistas de uma era pré-darwiniana. Louis Agassiz chegou a argumentar que as espécies constituíam pensamentos individuais de Deus, encarnados para que pudéssemos reconhecer Sua majestade e Sua mensagem. As espécies, escreveu Agassiz, são "instituídas pela Divina Inteligência como as categorias da sua maneira de pensar".

Mas como uma divisão do mundo orgânico em entidades distintas poderia ser justificada por uma teoria evolutiva que proclamava como fato fundamental da natureza a mudança incessante? Tanto Darwin como Lamarck se confrontaram com essa questão e não a resolveram a contento. Ambos negaram às espécies qualquer estatuto de variedade natural.

---

1. No original, "A Quahog Is a Quahog". Nome popular de uma das espécies do gênero de moluscos bivalves *Venus*. (N. R.)

Darwin lamentou-se: "Teremos de lidar com as espécies como ... combinações meramente artificiais feitas por conveniência. Isto pode não ser uma perspectiva animadora; mas pelo menos ficaremos livres da busca vã pela desconhecida e incognoscível essência do termo 'espécie'." Lamarck queixou-se: "Em vão os naturalistas consomem seu tempo na descrição de novas espécies, na catalogação de cada nuance e cada pequena peculiaridade para ampliar a imensa lista de espécies descritas."

No entanto — e nisto consiste a ironia —, ambos, Darwin e Lamarck, foram sistematizadores respeitados que deram nome a centenas de espécies. Darwin escreveu um tratado taxionômico em quatro volumes sobre as cracas, enquanto Lamarck produziu mais que o triplo de volumes sobre invertebrados fósseis. Confrontados com a prática do seu trabalho diário, ambos reconheceram entidades às quais a teoria negava realidade.

Existe uma fuga tradicional para esse dilema: pode-se argumentar que o nosso mundo de fluxo incessante se altera tão lentamente que as configurações do momento podem ser tratadas como estáticas. A coerência das espécies modernas desaparece ao longo do tempo, à medida que se transformam lentamente nos seus descendentes. Só é possível lembrar-se do lamento de Jó acerca do "homem que nasceu de uma mulher" — "Ele surgiu como uma flor ... desapareceu também como uma sombra e não permaneceu." Mas Lamarck e Darwin sequer conseguiram saborear essa resolução, já que ambos trabalharam extensivamente com fósseis e foram tão bem-sucedidos na divisão de seqüências evolutivas em espécies quanto na análise do mundo moderno.

Outros biólogos até abjuraram essa fuga tradicional e negaram a realidade das espécies em qualquer contexto. J. B. S. Haldane, talvez o mais brilhante evolucionista deste século, escreveu: "O conceito de espécie é uma concessão aos nossos hábitos lingüísticos e mecanismos neurológicos." Um colega paleontólogo proclamou em 1949 que "uma espécie ... é uma ficção, um construto mental sem existência objetiva".

No entanto, o bom senso continua a proclamar que, com poucas exceções, as espécies podem ser claramente identificadas em áreas locais do nosso mundo moderno. Muitos biólogos, embora possam negar a realidade das espécies ao longo do tempo geológico, afirmam sua condição no momento atual. Segundo Ernst Mayr, nosso mais notável estudioso das espécies e da especiação: "As espécies são o produto da evolução, e não da mente humana." Mayr argumenta que as espécies constituem unidades "reais" na natureza, resultantes tanto da sua história como da interação corrente entre seus membros. As espécies ramificam-se a partir de troncos ancestrais, geralmente sob a forma de pequenas e distintas populações habitando uma área geográfica definida, e estabelecem sua singularidade desenvolvendo um programa genético suficientemente distinto para que os membros da espécie acasalem entre si mas não com membros de outra espécie. Seus membros partilham um nicho ecológico comum e continuam a interagir por meio de cruzamentos.

As unidades mais elevadas da hierarquia lineana não podem ser definidas objetivamente, porque são agrupamentos de espécies e não têm existência separada na natureza — não cruzam com espécies diferentes, nem interagem necessariamente de algum modo. Essas unidades mais elevadas — gêneros, famílias, ordens, e daí para cima — não são arbitrárias. Não podem ser incoerentes com a genealogia evolutiva (não podemos colocar pessoas e golfinhos numa ordem e chimpanzés em outra). Mas a ordenação constitui em parte uma questão de hábito sem solução "correta". Os chimpanzés são nossos parentes mais próximos, segundo a genealogia, mas pertencemos ao mesmo gênero ou a gêneros diferentes dentro da mesma família? As espécies são as únicas unidades taxionômicas objetivas da natureza.

Devemos então seguir Mayr ou Haldane? Sou partidário do ponto de vista de Mayr e desejo defendê-lo com uma linha de evidência persuasiva, a meu ver. O experimento repetido constitui a pedra angular dos métodos científicos — embora os evolucionistas, lidando com a singularidade da natureza, freqüentemente não tenham oportunidade de pôr isso em prática. Mas nesse caso temos uma maneira de obter informações valiosas sobre se as espécies são abstrações mentais incrustadas na prática cultural ou "embalagens" na natureza. Podemos estudar de que maneira populações diferentes, em total independência, dividem os organismos das suas áreas locais em unidades. Podemos confrontar as classificações ocidentais em espécies lineanas com as "taxionomias populares" dos povos não-ocidentais.

A literatura sobre taxionomias não-ocidentais não é extensa, embora convincente. Geralmente encontramos uma notável correspondência entre as espécies lineanas e os nomes não-ocidentais de plantas e animais. Em resumo, as mesmas "embalagens" são reconhecidas por culturas independentes. Não quero dizer que as taxionomias populares incluem invariavelmente todo o catálogo lineano. Em geral, as pessoas não fazem classificações exaustivas, a menos que os organismos sejam importantes ou conspícuos. Os Fore, povo da Nova Guiné, têm uma palavra única para designar todas as borboletas, embora as espécies sejam tão distintas quanto os pássaros que eles classificam com detalhes lineanos. De modo semelhante, muitos pulgões do meu quintal não têm um nome comum na nossa taxonomia popular, ao contrário dos pássaros de Massachusetts. As correspondências lineanas surgem somente quando as taxonomias populares tentam uma divisão exaustiva.

Vários biólogos registraram essas correspondências notáveis no decorrer do seu trabalho de campo. Ernst Mayr descreve sua experiência na Nova Guiné: "Há quarenta anos vivi completamente sozinho com uma tribo de papuas nas montanhas da Nova Guiné. Esses incríveis bosquímanos tinham 136 nomes para as 137 espécies de pássaros que distingui (confundindo apenas duas espécies não descritas de aves canoras). O fato de ... o homem da idade da pedra identificar na natureza as mesmas entidades reconhecidas pelos cientistas ocidentais com formação universitária vem refutar, de maneira muito decisiva, a suposição de que as espécies não são mais do que um produto da imaginação humana."

Em 1966, Jared Diamond publicou um estudo mais extenso sobre o povo Fore da Nova Guiné, declarando que eles têm nomes para todas as espécies lineanas de pássaros na sua área. Mais ainda, quando Diamond levou sete homens Fore para uma nova área povoada por pássaros que eles nunca tinham visto e lhes pediu que dessem o equivalente Fore mais aproximado para cada novo pássaro, eles colocaram 91 das 103 espécies no grupo Fore mais próximo da nova espécie, segundo nossa classificação lineana ocidental. Diamond relata uma história interessante:

> Um dos meus assistentes Fore apanhou um enorme pássaro negro de asas curtas, habitante do solo, que nem ele nem eu tínhamos visto antes. Enquanto eu estava intrigado com suas afinidades, os homens Fore proclamaram-no prontamente como sendo um *peteobeye*, nome de um gracioso e pequeno cuco castanho que freqüenta as árvores dos jardins Fore. O novo pássaro provou ser o cuco de Menbek, um membro aberrante da família dos cucos e cuja afinidade é revelada por algumas características do corpo e da perna e pelo formato do bico.

Esses estudos informais por biólogos foram completados em anos recentes por duas abordagens exaustivas por antropólogos, que também são historiadores naturais competentes — o trabalho de Ralph Bulmer sobre taxonomia de vertebrados do povo Kalam, da Nova Guiné, e o estudo de Brent Berlin (com os botânicos Dennis Breedlove e Peter Raven) da classificação das plantas pelos índios Tzeltal, das terras altas Chiapas, no México. (Agradeço a Ernst Mayr por ter-me apresentado o trabalho de Bulmer e por haver defendido essa linha de argumentação durante muitos anos.)

O povo Kalam, por exemplo, usa extensivamente as rãs como comida. Muitos dos nomes que dão às rãs apresentam uma correspondência de um para um com as espécies lineanas. Em alguns casos aplicam o mesmo nome a mais de uma espécie, mas ainda reconhecem a diferença: os informantes Kalam podiam identificar prontamente dois tipos diferentes de *gunm*, distintos tanto pela aparência como pelo *habitat*, embora não tivessem nomes padrões para eles. Às vezes, os Kalam fazem melhor do que nós. Reconhecem como *kasoj* e *wyt* duas espécies que foram incorretamente reunidas sob o único nome ocidental de *Hyla becki*.

Bulmer recentemente juntou-se a Ian Saem Majncp, um Kalam, para produzir um livro notável, *Birds of My Kalam Country*. Mais de 70% dos nomes de Saem têm correspondência de um para um com as espécies ocidentais. Em muitos outros casos, ele reúne sob o mesmo nome Kalam duas ou mais espécies lineanas, embora reconheça a distinção ocidental, ou então cria divisões dentro de uma espécie ocidental, embora reconheça sua unidade (em algumas aves-do-paraíso, por exemplo, os sexos são classificados separadamente, porque só os machos apresentam a admirada plumagem). Em um único caso apenas Saem segue uma prática incoerente em relação à nomenclatura lineana — usa o mesmo nome para fêmeas castanho-claras em duas espécies de aves-do-paraíso, mas atribui nomes diferentes aos vistosos machos de cada uma delas. De fato, Bulmer encontrou apenas quatro casos (2%) de discrepância em todo o catálogo Kalam, de 174 espécies de vertebrados, incluindo mamíferos, aves, répteis, rãs e peixes.

Berlin, Breedlove e Raven publicaram seu primeiro estudo em 1966, explicitamente para desafiar a suposição de Diamond a favor da generalidade de uma extensa correspondência de um para um entre nomes populares e espécies lineanas. De início sustentavam que apenas 34% dos nomes de plantas dos Tzeltal correspondiam a espécies lineanas e que uma ampla variedade de "erros de classificação" refletia usos e práticas culturais. Mas alguns anos mais tarde, num artigo franco, inverteram sua opinião e afirmaram a misteriosamente estreita correspondência entre as denominações populares e as lineanas. No estudo anterior, não haviam entendido completamente o sistema Tzeltal de ordenação hierárquica e misturaram nomes de vários níveis ao estabelecer os grupos populares básicos. Adicionalmente, Berlin admitiu que fora desnorteado por um preconceito antropológico padrão a favor do relativismo cultural. Cito sua retratação, não para adulá-lo, mas como penhor da minha admiração por uma atitude muito rara entre os cientistas (embora qualquer cientista digno desse nome tenha mudado de idéia acerca de questões fundamentais):

> Muitos antropólogos, cujo preconceito tradicional consiste em ver a total relatividade das diversas classificações da realidade feitas pelo homem, em geral hesitam em aceitar essas descobertas ... Meus colegas e eu, num artigo mais antigo, apresentamos argumentos a favor da visão "relativista". Desde aquela publicação fomos dispondo de cada vez mais dados, e parece agora que essa posição deve ser seriamente reconsiderada. Existe atualmente um corpo crescente de provas sugerindo que a taxionomia fundamental reconhecida na sistemática popular corresponde, com razoável aproximação, às espécies cientificamente conhecidas.

Berlin, Breedlove e Raven publicaram recentemente um livro exaustivo sobre a taxionomia Tzeltal, *Principles of Tzeltal Plant Classification*. O catálogo completo contém 471 nomes Tzeltal. Entre eles, 281, ou seja, 61%, apresentam uma correspondência de um para um com nomes lineanos, e os restantes, com exceção de 17, são, nos termos dos autores, "subdiferenciados" — isto é, os nomes Tzeltal referem-se a mais de uma espécie lineana. Em mais de dois terços desses casos, porém, os Tzeltal utilizam um sistema subsidiário de designação para fazer distinções no interior dos grupos primários, e todos esses subsidiários correspondem a espécies lineanas. Apenas 17 nomes, ou 36%, são "superdiferenciados" por se referirem a parte de uma espécie lineana. Sete espécies lineanas têm dois nomes Tzeltal e apenas uma tem três — a aboboreira *Lagenaria siceraria*. Os Tzeltal distinguem as aboboreiras pela utilidade dos seus frutos — um nome para os frutos grandes e redondos, utilizados como recipientes de tortilhas; outro nome para as abóboras de pescoço longo, apropriadas para transportar líquidos; e um terceiro para pequenos frutos ovais, que não são usados para nada.

Um segundo fato, igualmente interessante, emerge dos estudos da classificação popular. Os biólogos afirmam que apenas as espécies constituem unidades reais na natureza e que os nomes nos níveis mais elevados da hierarquia taxonômica representam decisões humanas acerca de como as espécies deveriam ser agrupadas (com a condição, é claro, de que esse agrupamento seja coerente com a genealogia evolutiva). Assim, para nomes aplicados a grupos de espécies não deveríamos esperar correspondências biunívocas com designações lineanas, mas sim uma variedade de esquemas baseados nos usos e culturas locais. Esse tipo de variedade tem sido um achado coerente nos estudos da taxonomia popular. Grupos de espécies muitas vezes incluem formas básicas que são atingidas independentemente por várias linhas evolutivas. Os Tzeltal, por exemplo, têm quatro nomes genéricos para grupos de espécies, correspondendo grosseiramente a árvores, vinhas, relvas e plantas herbáceas de folhas largas. Esses nomes aplicam-se a cerca de 75% das suas espécies de plantas, enquanto outros, como milho, bambu e agave, são "não-filiados".

Muitas vezes, o agrupamento das espécies reflete aspectos culturais mais sutis e penetrantes. Os Kalam, da Nova Guiné, por exemplo, dividem em três classes os vertebrados quadrúpedes não-reptilianos: *kopyak*, ou ratos; *kmn*, para um conjunto evolutivamente heterogêneo de mamíferos de grande porte, sobretudo marsupiais e roedores; e *as*, para um conjunto ainda mais heterogêneo de rãs e pequenos roedores. (Indagados repetidamente por Bulmer, os Kalam negaram qualquer subdivisão entre rãs e roedores dentro do *as*, embora reconhecessem a semelhança morfológica entre os pequenos *as* e os roedores do *kmn*, considerando-a no entanto sem importância. Reconheciam também que alguns *kmn* têm bolsas e outros não.) As divisões refletem fatos fundamentais da cultura Kalam. Os *kopyak*, associados com excrementos e restos de comida ao redor das casas, não são comidos de maneira alguma. Os *as* são apanhados principalmente pelas mulheres e crianças e, embora sejam comidos por muitos homens e apanhados por alguns, são alimento proibido para os rapazes durante seus ritos de passagem e para os homens adultos que praticam feitiçaria. Os *kmn* são caçados sobretudo pelos homens.

Do mesmo modo, os pássaros e os morcegos são todos *yakt*, com a única exceção do grande casuar não-voador, denominado *kobty*. A distinção é feita por razões mais profundas e complexas do que a mera aparência — pois os Kalam reconhecem características de ave no *kobty*. Os casuares, argumenta Bulmer, constituem a principal caça da floresta, e os Kalam conservam uma elaborada antítese cultural entre o cultivo e a criação (representados pelo inhame e pelos porcos) e a floresta (representada pelas nozes "pandanos" e pelos casuares). Os casuares são também as irmãs mitológicas do homem.

Nós conservamos práticas semelhantes em nossa própria taxionomia popular. Os moluscos comestíveis são "mariscos", mas as espécies lineanas têm todas nomes comuns. Recordo muito bem a reprimenda que recebi de um companheiro de bordo da Nova Inglaterra quando apliquei o termo científico informal mexilhão a todos os moluscos bivalves (para ele um mexilhão é apenas uma *Mya arenaria*): "Uma vênus é uma vênus, um mexilhão é um mexilhão, e um pécten é um pécten."

A evidência da taxionomia popular é persuasiva para o mundo moderno. A menos que a tendência a dividir os organismos em espécies lineanas reflita um estilo neurológico implantado em todos nós (proposição muito interessante, mas de que duvido), o mundo da natureza encontra-se, em algum sentido fundamental, dividido de fato em "embalagens" razoavelmente distintas de criaturas, como resultado da evolução. (Não nego que a nossa propensão para classificar reflete algo acerca dos nossos cérebros, das suas capacidades herdadas e da maneira limitada pela qual a complexidade pode ser ordenada e tornar-se sensível. Apenas duvido que um tal procedimento definido como a classificação em espécies lineanas possa refletir apenas as restrições da nossa mente, e não as da natureza.)

Mas essas espécies lineanas, reconhecidas por culturas independentes, constituem meras configurações temporárias do momento, meras estações intermediárias de linhagens evolutivas em fluxo contínuo? Argumentei nos ensaios 17 e 18 que, ao contrário da crença popular, a evolução não trabalha dessa maneira e que as espécies possuem uma "realidade" através do tempo para contrabalançar a sua distinção num dado momento. Uma espécie média de invertebrados fósseis vive de 5 a 10 milhões de anos (os vertebrados terrestres têm durações médias menores). Durante esse tempo, raramente mudam em qualquer sentido fundamental e extinguem-se com um aspecto muito semelhante ao que tinham quando apareceram pela primeira vez.

Em geral, as novas espécies surgem não pela lenta e contínua transformação de populações ancestrais inteiras, mas pela separação de pequenos isolados a partir de um tronco paterno inalterado. A freqüência e a velocidade dessa especiação encontram-se entre os tópicos mais quentes da teoria evolucionista hoje em dia, mas penso que muitos dos meus colegas advogariam intervalos de centenas de milhares de anos para a origem de muitas espécies por separação. Talvez pareça um longo tempo na escala das nossas vidas, mas é um instante geológico, geralmente representado no registro fóssil por um simples plano de estratificação, e não por uma longa seqüência estratigráfica. Se as espécies surgem em centenas ou milhares de anos e persistem então, em grande parte inalteradas, durante vários milhões de anos, o período da sua origem constitui uma pequena fração de

1% da sua duração total. Por isso podem ser tratadas como entidades distintas até mesmo ao longo do tempo. A evolução a níveis superiores é fundamentalmente a história do êxito diferencial das espécies, e não da lenta transformação de linhagens.

Claro que, se por acaso encontrarmos uma espécie durante o microssegundo geológico da sua origem, não seremos capazes de efetuar distinções claras. Mas nossas chances de encontrar uma espécie nesse estado são de fato reduzidas. As espécies são entidades estáveis com períodos muito breves de confusão em sua origem (mas não em seu desaparecimento, porque muitas delas desaparecem limpamente, sem se transformarem em outra coisa qualquer). Como disse Edmund Burke em outro contexto: "Embora nenhum homem possa traçar uma linha entre os limites do dia e da noite, ainda assim a luz e a escuridão são, no todo, razoavelmente distinguíveis."

A evolução é uma teoria de mudança orgânica, mas não implica, como muitas pessoas crêem, que o fluxo incessante seja o estado irredutível da natureza e que a estrutura seja apenas uma encarnação temporária do momento. A mudança é mais freqüentemente uma transição rápida entre estados estáveis que uma transformação contínua em ritmo lento e constante. Vivemos em um mundo de estrutura e distinção legítima. As espécies são as unidades morfológicas da natureza.

SEÇÃO VI

A vida primitiva

21 Um começo precoce

Pooh-Bah, o Grande Senhor de Todas as Coisas de Titipu, ostentou um orgulho familiar tão forte, que o tornou "algo inconcebível". "Você compreenderá isso", disse ele a Nanki-Poo ao sugerir que um suborno seria ao mesmo tempo apropriado e caro, "quando eu lhe disser que posso remontar minha ancestralidade a um glóbulo atômico primordial de protoplasma."

Se o orgulho humano é alimentado por raízes de tal forma extensas, então o fim de 1977 foi uma ótima época para a auto-estima. No início de novembro, o anúncio da descoberta de alguns procariontes fósseis na África do Sul aumentou a antigüidade da vida para 3,4 bilhões de anos. (Os procariontes, que incluem as bactérias e as cianofíceas, formam o reino das moneras. Suas células não contêm organulos — não têm núcleos, nem mitocôndrias — e são considerados as formas de vida mais simples da Terra.) Duas semanas mais tarde, uma equipe de pesquisa da Universidade de Illinois anunciou que as chamadas bactérias produtoras de metano não estão afinal estreitamente relacionadas com as outras moneras, constituindo um reino separado.

Se verdadeiras moneras estavam vivas há 3,4 bilhões de anos, então o antepassado comum das moneras e das recém-batizadas "metanogênias" tem de ser consideravelmente mais antigo. Uma vez que as mais antigas rochas conhecidas, as da Groenlândia ocidental, datam de 3,8 bilhões de anos, resta-nos muito pouco tempo entre o desenvolvimento de condições apropriadas para a vida na superfície da Terra e a própria origem da vida. A vida não é um acidente complexo, que precisou de um tempo imenso para converter o amplamente improvável no quase certo — para construir laboriosamente, passo a passo, ao longo de uma larga fatia na vastidão do tempo, a mais elaborada maquinaria da Terra, a partir de componentes simples da nossa atmosfera original. Em vez disso, a vida, apesar de toda sua complexidade, surgiu provavelmente depressa, tão cedo quanto possível; talvez fosse tão inevitável quanto o quartzo ou o feldspato. (A Terra tem cerca de 4,5 bilhões de anos, mas passou por um estado de fusão ou quase-fusão algum tempo após sua formação e provavelmente desenvolveu uma crosta sólida não muito antes da deposição da seqüência rochosa da Groenlândia ocidental.) Não admira que essas histórias tenham conquistado a primeira página do *New York Times* e inspirado até um editorial para os devaneios do Dia dos Veteranos.

Há vinte anos passei um verão na Universidade do Colorado, fortalecendo-me para a transição entre o colégio e a faculdade. Entre os vários prazeres dos picos nevados e dos traseiros doloridos por tentar "andar a trote", lembro-me bem do ponto alto da minha estada — a conferência sobre a origem da vida, de Georges Wald, que apresentou com entusiasmo e elegância contagiantes a perspectiva que ele desenvolvera no início dos anos 50 e que reinou como uma ortodoxia até há bem pouco tempo.

Na visão de Wald, a origem espontânea da vida podia ser considerada uma conseqüência virtualmente inevitável da atmosfera e da crosta terrestres, das suas dimensões favoráveis e da sua posição no sistema solar. Além disso, argumentou ele, a vida é tão extraordinariamente complexa, que sua origem a partir de compostos químicos simples deve ter demorado muito tempo — provavelmente mais tempo do que toda sua evolução subseqüente, desde a molécula de DNA até os besouros avançados (ou o que quer que o leitor escolha para colocar no topo da escada subjetiva). Milhares de passos, cada um exigindo o anterior, cada um improvável em si mesmo. Só a imensidão do tempo garantiu o resultado, pois o tempo converte o improvável no inevitável — dêem-me 1 milhão de anos e obterei 100 caras seguidas no lançamento de uma moeda. Wald escreveu em 1954: "O tempo é de fato o herói da trama. O tempo com que temos de lidar é da ordem de dois bilhões de anos ... Dado tanto tempo, o 'impossível' torna-se possível, o possível provável e o provável virtualmente certo. Temos apenas de esperar: o tempo opera os milagres."

Essa visão ortodoxa "congelou", sem o benefício de nenhum dado direto da paleontologia para testá-la, já que a escassez de fósseis anteriores à grande "explosão" cambriana, há 600 milhões de anos, constitui talvez o fato mais marcante e a frustração da minha profissão. Com efeito, a primeira evidência inequívoca de vida pré-cambriana apareceu no mesmo ano em que Wald teorizou acerca da sua origem. O paleobotânico Elso Barghoorn, de Harvard, e o geólogo S. A. Tyler, de Wisconsin, descreveram uma série de organismos procarióticos a partir de quartzos da formação de Gunflint, rochas com quase dois bilhões de anos, encontradas na costa norte do lago Superior. Ainda assim, o intervalo entre Gunflint e a origem da Terra corresponde a 2,5 bilhões de anos, tempo mais que suficiente para a lenta e contínua construção, segundo Wald.

A VIDA PRIMITIVA

Mas nosso conhecimento da vida prosseguiu sua jornada para trás. Depósitos laminados de carbonato, denominados "estromatólitos", eram conhecidos há algum tempo, a partir das rochas da série de Bulawayan, na Rodésia do Sul, datadas de 2,6 a 2,8 bilhões de anos atrás. As laminações assemelham-se aos padrões formados pelos tapetes das cianofíceas modernas, que se entrelaçam e sedimentam. A interpretação orgânica dos estromatólitos ganhou muitos adeptos, após as descobertas de Barghoorn e Tyler, em Gunflint, terem removido o odor de heresia proveniente da crença em fósseis pré-cambrianos. Então, há dez anos, em 1967, Barghoorn e J. W. Schopf descreveram organismos "semelhantes a algas" e "semelhantes a bactérias" nas séries de Fig Tree, na África do Sul. Agora a idéia ortodoxa da construção lenta abrangendo grande parte da história da Terra começa a vacilar, já que as rochas de Fig Tree, com base em datas disponíveis em 1967, pareciam ter mais de 3,1 bilhões de anos de idade. Schopf e Barghoorn dignificaram suas descobertas com nomes latinos formais, mas suas próprias caracterizações — "semelhante a algas" e "semelhante a bactérias" — refletiam as suas dúvidas. De fato, Schopf decidiu mais tarde que o equilíbrio das provas contrariava a natureza biológica dessas estruturas.

O anúncio recente de vida com 3,4 bilhões de anos de idade não constitui uma nova e surpreendente descoberta, mas a culminação satisfatória de uma década de debate acerca do estado da vida no Fig Tree. As novas provas, coligidas por Andrew H. Knoll e Barghoorn, vêm também de quartzos das séries de Fig Tree. Mas agora a evidência está muito perto de ser conclusiva; mais ainda, datações recentes indicam uma idade maior para essas séries, cerca de 3,4 bilhões de anos. De fato, os quartzos de Fig Tree podem ser as rochas mais velhas sobre a Terra, adequadas para a descoberta da vida antiga. As rochas da Groenlândia, mais velhas, foram muito modificadas pelo calor e pela pressão para preservarem restos orgânicos. Knoll diz-me que alguns quartzos não estudados da Rodésia podem remontar a 3,6 bilhões de anos, mas os cientistas ansiosos terão de esperar uma conclusão política para que seus antigos interesses atraiam simpatia ou garantam segurança. Ainda assim, a noção de que se encontrou vida nas rochas mais antigas que podiam conter vestígios dela força-nos, penso eu, a abandonar a visão do seu lento, constante e improvável desenvolvimento. A vida surgiu rapidamente, talvez tão logo a Terra tenha esfriado o suficiente para suportá-la.

Os novos fósseis das séries de Fig Tree são muito mais convincentes do que as descobertas anteriores: "Em rochas mais novas [eles] seriam, sem hesitação, denominados 'microfósseis algáceos' ", afirmam Knoll e Barghoorn. Essa interpretação apóia-se em cinco argumentos:

1. As novas estruturas encontram-se dentro da escala de tamanho dos procariontes modernos. As estruturas anteriores descritas por Schopf e Barghoorn eram intrigantemente grandes; mais tarde, baseando-se principalmente no tamanho delas, Schopf rejeitou-as como sendo biológicas. Os novos fósseis, com 2,5 mícrons de diâmetro em média (1 mícron é o milionésimo de 1 metro), têm um volume médio de apenas 0,2% em relação às estruturas anteriores, agora consideradas inorgânicas.

2. As populações de procariontes modernos têm uma distribuição característica de dimensões; podem ser dispostas numa curva típica em forma de sino, com o diâmetro médio mais freqüente e um decréscimo contínuo de número no sentido tanto do tamanho maior quanto do menor. Assim, as populações procarióticas não têm somente um tamanho médio diagnóstico (ponto 1), têm também um padrão de variação característico em torno dessa média. Os novos microfósseis formam uma bela distribuição em forma de sino, com extensão limitada (de 1 a 4 mícrons). As estruturas prévias, maiores, exibiam variação muito maior e nenhuma média forte.

3. As novas estruturas são "variavelmente alongadas, achatadas, enrugadas ou dobradas" de maneira impressionantemente semelhante aos procariontes de Gunflint e do pré-cambriano tardio. Essas formas são características da degradação *post mortem* nos procariontes modernos. As estruturas anteriores, maiores, eram esféricas; as esferas, como configuração típica de superfície mínima, podem ser facilmente produzidas por uma quantidade de processos inorgânicos — considerem, por exemplo, as bolhas.

4. Muito convincentemente, cerca de um quarto dos novos microfósseis foram encontrados em várias fases da divisão celular. Para que essa proporção de apanhados *in flagrante delicto* não pareça desproporcitadamente elevada, saliento que os procariontes podem dividir-se a cada 20 minutos e levam vários minutos para completar o processo. Uma única célula pode levar um quarto da sua vida fazendo duas células filhas.

5. Esses quatro argumentos, baseados na morfologia, são suficientemente persuasivos para mim, mas Knoll e Barghoorn juntam a eles algumas evidências bioquímicas. Átomos de um único elemento existem freqüentemente em várias formas alternadas de peso diferente. Essas formas, chamadas isótopos, têm o mesmo número de prótons, mas números diferentes de nêutrons. Alguns isótopos são ra-

diativos e desintegram-se espontaneamente em outros elementos; outros são estáveis e permanecem inalterados ao longo do tempo geológico. O carbono tem dois isótopos estáveis principais, o C^{12}, com 6 prótons e 6 nêutrons, e o C^{13}, com 6 prótons e 7 nêutrons. Quando fixam o carbono na fotossíntese, os organismos usam preferencialmente o isótopo mais leve, C^{12}. Assim, a proporção C^{12}/C^{13} de carbono fixado pela fotossíntese é mais elevada do que a mesma proporção no carbono inorgânico (em um diamante, por exemplo). Mais ainda, já que ambos os isótopos são estáveis, sua proporção não será alterada no decorrer do tempo. A razão C^{12}/C^{13} do carbono de Fig Tree é elevada demais para uma origem inorgânica; aproxima-se da correspondente à fixação por fotossíntese. Isto, por si só, não bastava para provar a existência de vida em Fig Tree; o carbono leve pode ser fixado preferencialmente de outras maneiras. Mas, combinada com as evidências de tamanho, distribuição, forma e divisão celular, essa contribuição adicional da bioquímica arremata uma causa convincente.

Se os procariontes estavam bem estabelecidos há 3,4 bilhões de anos, quanto mais devemos remontar no passado à procura da origem da vida? Já salientei que não se conhecem na Terra rochas mais antigas que sejam disponíveis (ou no mínimo acessíveis), e assim, por ora, não podemos prosseguir mais a partir das provas diretas dos fósseis. Em vez disso, voltemos para a questão anterior, a suposição de Carl Woese e seus associados de que os metanogênios não são bactérias, podendo constituir um novo reino de vida procariótico, distinto das moneras (bactérias e cianofíceas). Seus relatos foram bastante distorcidos, especialmente pelo editorial do *New York Times* de 11 de novembro de 1977, onde se proclama que a grande dicotomia de plantas e animais foi finalmente quebrada: "Todas as crianças aprendem que os seres são vegetais ou animais — uma divisão tão universal quanto a divisão dos mamíferos em macho e fêmea. No entanto ... temos agora um 'terceiro reino' da vida na Terra, organismos que não são animais nem vegetais, mas de outra categoria." Os biólogos, porém, abandonaram "a grande dicotomia" há muito tempo, e ninguém tenta agora amontoar todas as criaturas unicelulares nos dois grupos tradicionalmente reconhecidos na vida complexa. Um sistema de cinco reinos é mais popular em nossos dias: plantas, animais, fungos, protistas (eucariontes unicelulares, incluindo as amebas e os paramécios, com núcleos, mitocôndrias e outros orgânulos) e as moneras procarióticas. Se os metanogênios forem promovidos, formarão um sexto reino, reunindo-se às moneras num super-reino, o Procarionte. Por outro lado, muitos biólogos encaram como a partição fundamental da vida a divisão entre procariontes e eucariontes, e não a divisão entre plantas e animais.

O grupo de investigação de Woese (veja na bibliografia Fox *et al.*, 1977) isolou um RNA comum a partir de 10 metanogênios e 3 moneras para comparação (o DNA fabrica o RNA, que serve como matriz para a síntese das proteínas). Tal como no DNA, uma cadeia simples de RNA consiste numa seqüência de nucleotídeos. Qualquer dos quatro nucleotídeos pode ocupar cada uma das posições, e cada grupo de três nucleotídeos especifica um aminoácido; as proteínas são constituídas por aminoácidos dispostos em cadeias entrelaçadas. Trata-se, em resumo, do "código genético". Os bioquímicos podem agora "seqüenciar" o RNA, isto é, ler a seqüência inteira de nucleotídeos, por ordem, ao longo da cadeia de RNA.

Os procariontes (metanogênios, bactérias e cianofíceas) devem ter um antepassado comum em algum ponto perto da origem da vida. Assim, todos os procariontes apresentaram a mesma seqüência de RNA num determinado instante do passado; quaisquer diferenças atuais surgiram por divergência a partir dessa seqüência ancestral comum, após o tronco da árvore dos procariontes se ter dividido nos seus diversos ramos. Se a evolução molecular prosseguiu a uma taxa constante, então a extensão da diferença atual entre duas formas quaisquer registraria diretamente o tempo decorrido desde que suas linhagens se separaram a partir de um antepassado comum — isto é, a última vez que partilharam a mesma seqüência de RNA. Talvez, por exemplo, um nucleotídeo diferente nas duas formas em 10% de todas as posições comuns indicasse um tempo de divergência de um bilhão de anos; 20%, 2 bilhões de anos, e assim sucessivamente.

Woese e seu grupo mediram as diferenças de RNA para todos os pares de espécies entre os 10 metanogênios e as 3 moneras e utilizaram os resultados para construir uma árvore evolutiva. Essa árvore apresenta dois ramos principais — num deles todo os metanogênios e no outro todas as moneras. Escolheram as 3 moneras para representar as maiores diferenças dentro do grupo — bactérias entéricas (do intestino) *versus* cianofíceas de vida livre, por exemplo. Apesar disso, cada monera assemelha-se mais com todas as outras moneras do que com qualquer metanogênio.

A interpretação mais simples desses resultados admite que os metanogênios e as moneras são grupos evolutivos separados, com um ancestral comum precedendo o aparecimento de ambos. (Antes, os metanogênios eram classificados entre as bactérias; de fato, eram reconhecidos não como entidade coerente, mas como um conjunto de acontecimentos evolutivos independentes — evolução convergente para a capacidade de produzir metano.) Essa interpretação é subjacente à afirmação de Woese de que os metanogênios são separados das moneras, devendo ser considerados como um sexto reino. Uma vez que boas moneras já tinham evoluído na época de Fig Tree, há 3,4 bilhões de anos ou mais, o antepassado comum de metanogênios e moneras deve ter aparecido ainda mais cedo, empurrando assim a origem da vida ainda mais para trás, em direção ao início da própria Terra.

Essa interpretação simples não é, como Woese e seu grupo perceberam, a única leitura possível dos resultados. Podemos propor duas outras hipóteses perfeitamente plausíveis: (1) as três moneras que eles utilizaram talvez não representem muito bem todo o grupo. Pode ser que as seqüências de RNA de outras moneras difiram tanto das três primeiras quanto todos os metanogênios. Teríamos então de incluir os metanogênios com todas as moneras num único grande grupo; (2) a suposição de taxas evolutivas quase constantes pode não ser válida. Talvez os metanogênios se tenham separado de um dos ramos das moneras muito tempo depois que os principais grupos de moneras se ramificaram a partir de um antepassado comum. Esses primeiros metanogênios podem então ter evoluído segundo uma taxa muito mais alta que a dos grupos de moneras, ao divergirem uns dos outros. Nesse caso, a grande diferença na seqüência de RNA entre qualquer metanogênio e qualquer monera apenas registraria uma rápida taxa evolutiva para os primeiros metanogênios, e não uma ancestralidade comum com as moneras antes de sua divisão em subgrupos. O total geral da diferença bioquímica só registrará o tempo de divergência com exatidão se a evolução percorrer taxas bioquímicas razoavelmente constantes.

Uma outra observação, contudo, torna atraente a hipótese de Woese e inspira a minha própria posição de apoio à mesma: os metanogênios são anaeróbicos, morrem na presença do oxigênio. Assim, encontram-se hoje confinados a ambientes incomuns: lodos no fundo de lagos desprovidos de oxigênio, ou fontes profundas e quentes, no Parque de Yellowstone, por exemplo. (Os metanogênios se desenvolvem oxidando o hidrogênio e reduzindo o dióxido de carbono a metano — daí o seu nome.) Agora, em meio a todas as divergências que afligem o estudo da nossa Terra primitiva e sua atmosfera, há um ponto que ganhou assentimento geral: nossa atmosfera original era desprovida de oxigênio e rica em dióxido de carbono, condições propícias ao crescimento dos metanogênios e nas quais a vida original da Terra pode ter-se desenvolvido. Poderiam os metanogênios modernos ser os remanescentes dos primeiros biotas da Terra, originalmente desenvolvidos para adaptarem-se à condição geral, mas restringidos agora, pela proliferação do oxigênio, a uns poucos ambientes marginais? Acreditamos que muito do oxigênio livre da nossa atmosfera seja produto da fotossíntese orgânica. Os organismos de Fig Tree já estavam comprometidos na fotossíntese. Assim, a idade de ouro dos metanogênios pode ter ocorrido muito antes do advento das moneras de Fig Tree. Se o ocorrido se confirmar, então a vida deve ter-se originado muito antes dos tempos de Fig Tree.

Em suma, temos agora evidências diretas de vida nas mais antigas rochas que poderiam contê-la. E, por inferência razoavelmente forte, temos razões para acreditar que uma radiação importante de metanogênios antecedeu essas moneras fotossintetizantes. A vida provavelmente surgiu assim que a Terra tornou-se suficientemente fria para suportá-la.

Dois pensamentos para encerrar, que admito refletirem meus preconceitos pessoais: primeiro, como forte adepto da exobiologia, esse grande tema sem conteúdo (só a teologia pode exceder-nos nisso), estou deliciado com a idéia de que a vida pode ser intrínseca a planetas com o mesmo tamanho, posição e composição do nosso, mais do que alguma vez ousamos imaginar. Sinto-me ainda mais certo de que não estamos sós e espero que se dirijam mais esforços para a busca de outras civilizações por radiotelescópio. As dificuldades são inúmeras, mas um resultado positivo constituiria a mais estupenda descoberta da história humana.

Segundo, sou levado a interrogar-me por que a velha e desacreditada ortodoxia da origem gradual chegou a obter um assentimento tão forte e tão geral. Por que pareceu tão razoável? Certamente não por se apoiar em alguma prova direta.

Como acentuam vários outros ensaios, defendo a posição de que a ciência não é uma máquina objetiva e dirigida para a verdade, mas uma atividade quintessencialmente humana, afetada por paixões, esperanças e preconceitos culturais. Tradições culturais de pensamento influenciam fortemente as teorias científicas, dirigindo com freqüência as linhas de especulação, em especial (como neste caso) quando virtualmente não existem informações para constranger a imaginação ou preconceito. No meu próprio trabalho (ver os ensaios 17 e 8) fiquei muito impressionado pela poderosa e infeliz influência que o gradualismo exerceu sobre a paleontologia por meio do velho mote *natura non facit saltum* (a natureza não dá saltos). O gradualismo, a idéia de que toda a mudança deve ser suave, lenta e contínua, nunca foi lido a partir das rochas. Constituiu um preconceito cultural comum, em parte uma resposta do liberalismo do século XIX a um mundo em revolução. Mas continua a colorir nossa supostamente objetiva interpretação da história da vida.

À luz dos pressupostos gradualistas, que outra interpretação poderia ter sido enunciada sobre a origem da vida? Entre os componentes da nossa atmosfera original até a molécula de DNA há um passo enorme. Portanto, a transição deve ter avançado laboriosamente ao longo de multidões de passos intervenientes, um de cada vez, durante milhões de anos.

Mas a história da vida, como a leio, constitui uma série de estados estáveis, pontuados muito espaçadamente por acontecimentos importantes, que ocorrem com muita rapidez e ajudam a estabelecer a próxima era estável. Os procariontes dominaram a Terra por 3 bilhões de anos até a explosão cambriana, quando apareceu a maior parte dos principais projetos de vida multicelular, em 10 milhões de anos. Cerca de 375 milhões de anos mais tarde, quase metade das famílias de invertebrados se extinguiram em poucos milhões de anos. A história da Terra pode ser modelada como uma série de pulsações ocasionais guiando sistemas recalcitrantes de um estado estável ao próximo.

Os físicos dizem-nos que os elementos podem ter-se formado durante os primeiros minutos do Big Bang: os bilhões de anos seguintes apenas embaralharam os produtos dessa criação cataclísmica. A vida não surgiu com essa velocidade, mas suspeito que se originou numa fração ínfima da sua duração subseqüente. Mas o embaralhamento e a evolução posterior do DNA não se limitaram a reciclar os produtos originais: também produziram maravilhas.

22 O velho louco Randolph Kirkpatrick

O destino habitual de um excêntrico é o esquecimento, e não a infâmia. Ficarei mais do que medianamente surpreso se algum leitor (que não seja um taxionomista profissional com interesse especial em esponjas) puder identificar Randolph Kirkpatrick.

Superficialmente, Kirkpatrick adapta-se ao estereótipo de um historiador natural apagado, dedicado, de maneiras suaves mas ligeiramente excêntrico. Conservador-assistente dos invertebrados "inferiores" no Museu Britânico, de 1886 até aposentar-se, em 1927, Kirkpatrick estudou medicina, mas decidiu-se por uma "carreira menos árdua" na história natural, após vários períodos de doença. Escolheu bem, pois viajou por todo o mundo em busca de espécimes e viveu até os 87 anos. Nos seus últimos meses de vida, em 1950, ainda pedalava sua bicicleta pelas ruas mais movimentadas de Londres.

No começo de sua carreira, Kirkpatrick publicou alguns consistentes trabalhos taxionômicos sobre esponjas, mas seu nome raramente aparecia nas publicações científicas após a Primeira Guerra Mundial. Numa nota obituária, seu sucessor atribuiu essa interrupção da carreira ao comportamento de "funcionário público ideal" de Kirkpatrick. "Despretensioso em excesso, cortês e generoso, não poupava esforços para ajudar um colega ou um estudante em visita. Foi com toda certeza sua extrema boa vontade em interromper o que estivesse fazendo para ajudar os outros que o impediu de completar seu trabalho."

No entanto, a história de Kirkpatrick não é de maneira nenhuma tão simples e convencionalmente imaculada. Na realidade, não deixou de publicar em 1915; em vez disso optou por editar ele próprio uma série de trabalhos que sabia não seriam aceitos por nenhuma revista científica. Kirkpatrick passou o resto da sua carreira desenvolvendo aquela que deve ser a mais louca das teorias excêntricas desenvolvidas neste século por um historiador natural profissional (e conservador no sóbrio Museu Britânico). Não contesto a opinião geral sobre a teoria da "numulosfera", mas defenderei resolutamente seu autor.

Em 1912, Kirkpatrick encontrava-se reunindo esponjas na ilha de Porto Santo, no arquipélago da Madeira, a oeste de Marrocos. Um dia, um amigo trouxe-lhe algumas rochas vulcânicas retiradas de um cume, 350 metros acima do nível do mar. Kirkpatrick descreveu sua grande descoberta: "Examinei-as cuidadosamente ao meu microscópio binocular e, para meu espanto, encontrei vestígios de discos numulíticos em todas elas. No dia seguinte visitei o local de onde provinham os fragmentos."

Agora, as numulites constituem um dos maiores foraminíferos que jamais viveram (os foraminíferos são criaturas unicelulares relacionadas com as amebas, mas produzem conchas e são comumente preservadas como fósseis). As numulites assemelham-se ao objeto que lhes deu o nome: uma moeda. Sua concha é um disco achatado com cerca de 2 a 5 centímetros de diâmetro. O disco compõe-se de câmaras individuais, uma após a outra, e todas apertadamente dispostas numa única espiral. (A concha parece-se muito com uma corda enrolada, que aos poucos vai diminuindo de tamanho.) As numulites foram tão abundantes nos princípios da era terciária (há cerca de 50 milhões de anos) que algumas rochas são compostas quase inteiramente por suas conchas, pelo que se denominam calcários numulíticos. As numulites espalham-se pelo solo ao redor do Cairo; o geógrafo grego Estrabão identificou-as como lentilhas petrificadas, caídas das rações distribuídas aos escravos que construíram as Grandes Pirâmides.

Kirkpatrick regressou então à Madeira e "descobriu" numulites nas rochas ígneas. Muito dificilmente posso imaginar uma suposição mais radical acerca da estrutura da Terra: as rochas ígneas são produto de erupções vulcânicas ou do resfriamento do magma em fusão no interior da Terra e, por isso, não podem conter fósseis. Mas Kirkpatrick afirmou que as rochas ígneas da Madeira e de Porto Santo não só apresentavam numulites, como inclusive eram constituídas por elas. Portanto, as rochas "ígneas" devem ser sedimentos depositados nos fundos oceânicos, e não os produtos do material em fusão vindo do interior da Terra. Kirkpatrick escreveu:

> Após a descoberta da natureza numulítica de quase toda a ilha de Porto Santo, das construções, lagares de vinho, solo etc., o nome *Eozoon portosantum* pareceu-me apropriado para os fósseis [*Eozoon* significa "animal primevo"]. Quando as rochas ígneas da Madeira foram do mesmo modo identificadas como numulíticas, *Eozoon atlanticum* pareceu-me um nome ainda mais apropriado.

Nada poderia deter Kirkpatrick agora. Regressou a Londres ansioso por examinar rochas ígneas de outras áreas do mundo. Eram todas constituídas de numulites! "Numa manhã juntei ao *Eozoon* as rochas vulcânicas do Ártico, e na tarde desse mesmo dia as dos oceanos Pacífico, Índico e Atlântico. A designação *Eozoon orbis-terrarum* impôs-se naturalmente." Por fim examinou meteoritos e, claro, o leitor já adivinhou, todos numulites:

> Se o *Eozoon*, depois de haver tomado o mundo, tivesse procurado outros mundos para conquistar, seu destino teria superado o de Alexandre, já que todos os seus desejos teriam sido realizados. Quando se descobriu que o império das numulites se estendia ao espaço, tornou-se aparentemente necessária uma alteração final do nome para *Eozoon universum*.

Kirkpatrick não se afastou da conclusão evidente — todas as rochas da superfície da Terra (inclusive as vindas do espaço) são constituídas por fósseis: "A natureza orgânica original dessas rochas é evidente por si, porque posso ver nelas, e freqüentemente com muita clareza, a estrutura foraminífera." Kirkpatrick afirmava que podia ver as numulites com uma lupa de pouco aumento, embora ninguém concordasse com ele. "Minhas opiniões sobre rochas ígneas e alguns outros tipos de rocha", escreveu ele, "têm sido recebidas com uma grande dose de ceticismo, o que não me surpreende."

Espero não ser descartado como dogmatista ao afirmar com alguma confiança que Kirkpatrick de algum modo conseguiu enganar a si mesmo. Ele próprio admitia que muitas vezes precisava trabalhar arduamente para submeter-se aos seus pressupostos: "Algumas vezes considerei necessário examinar um fragmento de rocha muito cuidadosamente durante horas, antes de me convencer de que tinha visto todos os pormenores acima mencionados."

Mas que versão da história da Terra seria compatível com uma crosta formada inteiramente por numulites? Kirkpatrick propôs que as numulites surgiram precocemente na história da vida como as primeiras criaturas dotadas de conchas. Daí ter adotado para elas o nome de *Eozoon*, proposto pela primeira vez na década de 1850 pelo grande geólogo canadense Sir J. W. Dawson, para um suposto fóssil de algumas das rochas mais antigas da Terra. (Sabemos agora que o *Eozoon* é uma estrutura inorgânica, constituida por camadas alternadas brancas e verdes dos minerais calcita e serpentina — ver ensaio 23.)

Nesses primeiros tempos, especulou Kirkpatrick, o fundo do oceano deve ter acumulado um depósito profundo de conchas de numulites, já que os mares não continham predadores para digeri-las. O calor vindo do interior da Terra fundiu-as umas às outras e injetou-lhes sílica (resolvendo assim o incômodo problema de por que as rochas ígneas são silicatos, enquanto as verdadeiras numulites são constituídas por carbonato de cálcio). À medida que as numulites eram comprimidas e fundidas, algumas foram puxadas para cima e lançadas ao espaço, dando origem mais tarde aos meteoritos numulíticos:

> As rochas algumas vezes são classificadas em fossilíferas e não fossilíferas, mas todas são fossilíferas ... na verdade, grosseiramente falando, existe apenas uma rocha ... a litosfera é verdadeiramente uma numulosfera silicada.

Mas Kirkpatrick ainda não estava satisfeito. Pensou ter descoberto algo ainda mais fundamental. Não contente com a crosta terrestre e seus meteoritos, começou a ver a forma espiralada das numulites como uma expressão da essência da vida, como a arquitetura da vida em si mesma. Finalmente, estendeu sua pretensão até o limite: não deveríamos dizer que as rochas são numulites; em vez disso, as rochas, as numulites e tudo o mais que está vivo constituem expressões da "estrutura fundamental da matéria viva", a forma espiralada de toda a existência.

Um louco, é claro (a não ser que admitamos que ele intuíra a hélice dupla). E certamente um inspirado. Ao construir sua teoria da numulosfera, Kirkpatrick seguiu o procedimento que motivou todo o seu trabalho científico. Tinha uma paixão acrítica pela síntese e uma imaginação que o compelia a reunir coisas verdadeiramente díspares. Assim, consistentemente procurou semelhanças de forma geométrica entre objetos convencionalmente classificados em categorias diferentes, ignorando a velha verdade de que a semelhança de forma não indica necessariamente uma causa comum. Também construiu semelhanças a partir das suas esperanças, mais que de suas observações.

Apesar disso, uma busca incauta da síntese pode desvendar ligações reais que nunca ocorreriam a um cientista sério (embora pudesse ser levado a refletir sobre elas depois de alguém ter feito a sugestão inicial). Cientistas como Kirkpatrick pagam um preço elevado porque geralmente estão errados. Mas, quando têm razão, podem estar tão visivelmente certos, que suas idéias depreciam o trabalho honesto de muitas vidas científicas nos canais convencionais.

Voltemos então a Kirkpatrick e perguntemos por que ele se encontrava na Madeira e em Porto Santo quando fez sua descoberta fatídica em 1912. "Em setembro de 1912 viajei para Porto Santo via Madeira, a fim de concluir minha investigação desse estranho organismo, a alga-esponja *Merlia normani*." Em 1900, um taxionomista de nome J. J. Lister descobrira uma esponja peculiar nas ilhas Lifu e Funafuti, do Pacífico. Apresentava espículas de sílica, mas tinha um esqueleto calcário adicional notavelmente semelhante a alguns corais (as espículas são as pequenas estruturas parecidas com agulhas que formam o esqueleto de muitas esponjas). Como homem sério, Lister não pôde aceitar o "híbrido" de sílica e calcita e conjeturou que as espículas haviam penetrado a esponja, vindas de outro lugar. Mas Kirkpatrick reuniu mais espécimes e concluiu corretamente que a esponja segrega as espículas. Então, em 1910, Kirkpatrick encontrou na Madeira a *Merlia normani*, uma segunda esponja com espículas silicosas e um esqueleto calcário suplementar.

Inevitavelmente, Kirkpatrick derramou sobre a *Merlia* sua paixão pela síntese. Reparou que o esqueleto calcário assemelhava-se a vários grupos problemáticos de fósseis, geralmente classificados entre os corais — os estromatoporóides e os tabulados *chaetetidos* em particular. (Isto pode parecer uma questão pequena para muitos, mas lhes asseguro que constitui uma preocupação principal para todos os paleontólogos profissionais. Os estromatoporóides e os *chaetetidos* são fósseis muito comuns, que formam recifes em alguns depósitos antigos. Seu estatuto encontra-se entre os mistérios clássicos do meu campo, e muitos paleontólogos renomados consumiram carreiras inteiras devotados ao estudo deles.) Kirkpatrick decidiu que estes e os outros fósseis enigmáticos deviam ser esponjas. Preparou-se para encontrar espículas neles, um sinal seguro de afinidade com as esponjas. Suficientemente seguro; todos continham espículas. Podemos estar perfeitamente certos de que Kirkpatrick de novo enganara a si mesmo em alguns casos, já que incluiu entre suas "esponjas" o indubitavelmente briozoário *Monticulipora*. De qualquer maneira, Kirkpatrick logo ficou preocupado com sua teoria da numulosfera e nunca chegou a publicar o tratado sobre as *Merlia* que tinha esboçado. A numulosfera tornou-o um pária científico, e o seu trabalho sobre as esponjas coralinas foi bastante esquecido.

Kirkpatrick trabalhou do mesmo modo no estudo da numulosfera e das esponjas coralinas: invocou uma semelhança de forma geométrica abstrata para inferir uma origem comum a objetos que ninguém pensara em unir e seguiu sua teoria com tal paixão, que finalmente "viu" a forma esperada, mesmo onde ela manifestamente não existia. No entanto, tenho de assinalar uma diferença fundamental entre os dois estudos: Kirkpatrick tinha razão quanto às esponjas.

Durante os anos 60, Thomas Goreau, mais tarde membro do Discovery Bay Marine Laboratory, na Jamaica, começou a explorar os ambientes crípticos dos recifes das Índias Ocidentais. Essas fendas,

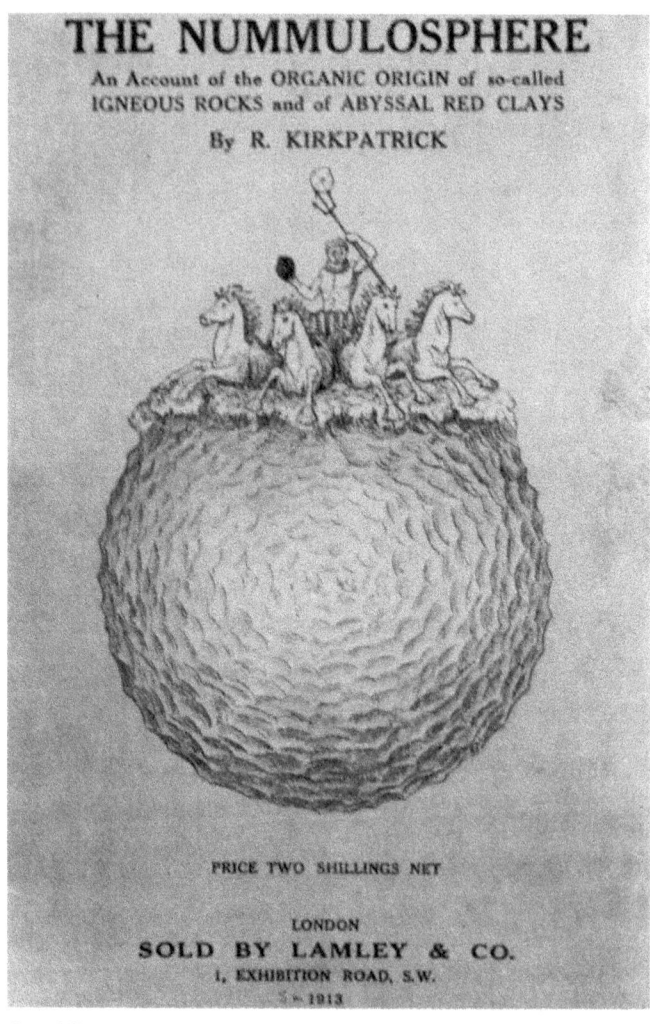

Capa da publicação privada de Kirkpatrick, *The Nummulosphere*. A respeito dela, o autor escreveu: "O desenho da capa representa Netuno sobre as águas. Um dos dentes do tridente tem um pedaço de rocha vulcânica com a forma de um disco numulítico. Na mão direita, Netuno segura um meteorito. Essa alegoria significa que o domínio de Netuno foi alargado não apenas a expensas do baixo Júpiter, mas também do alto Júpiter, cujo símbolo de soberania — o meteorito — pertence, na realidade, ao deus do Oceano... A flecha de Netuno está pronta para lançar-se contra os mortais temerários e ignorantes que ousem contestar e disputar a validade do seu título de propriedade."

cavidades e cavernas encerram uma fauna importante, até então não detectada. Numa das mais excitantes descobertas zoológicas dos últimos vintes anos, Goreau e seus colegas Jeremy Jackson e Willard Hartmam demonstraram que esses *habitats* continham numerosos "fósseis vivos". Essa comunidade críptica parece representar um ecossistema completo, literalmente relegado à penumbra pela evolução de formas mais modernas. A comunidade pode ser críptica, mas seus membros não são moribundos, nem incomuns. Os revestimentos de cavernas e cavidades formam uma parte principal dos recifes modernos. Antes do advento do escafandro autônomo, os cientistas não podiam ter acesso a essas áreas.

Dois elementos dominam essa fauna críptica: os braquiópodes e as esponjas coralinas de Kirkpatrick. Goreau e Hartmam descreveram seis espécies de esponjas coralinas do declive anterior do recife da Jamaica. Essas espécies compõem a base de uma classe inteiramente nova de esponjas, as *Sclerospongiae*. No decurso do seu trabalho redescobriram os artigos de Kirkpatrick e estudaram sua opinião sobre a relação entre as esponjas coralinas e os fósseis enigmáticos de estromatoporóides e *chaetetidos*. "Os comentários de Kirkpatrick levaram-nos a comparar as esponjas coralinas acima descritas com representantes de vários grupos de organismos conhecidos a partir do registro fóssil", escreveram eles. Demonstraram, de maneira muito convincente, penso eu, que esses fósseis são de fato esponjas. Uma descoberta zoológica fundamental resolveu um problema importantíssimo da paleontologia. E o velho e louco Randolph Kirkpatrick sempre soube disso.

Quando escrevi a Hartmam para investigar acerca de Kirkpatrick, ele recomendou-me que não julgasse o homem muito apressadamente com base na sua numulosfera, já que o seu trabalho taxionômico sobre as esponjas fora consistente. Mas eu respeito Kirkpatrick tanto por suas esponjas, como por sua nebulosa numulosfera. É fácil desaprovar uma teoria louca com uma gargalhada que demove qualquer tentativa para compreender as motivações de um homem — e a numulosfera é uma teoria louca. Poucos homens de imaginação não são dignos da minha atenção. Suas idéias podem estar erradas, ser até loucas, mas seus métodos freqüentemente recompensam um estudo mais acurado. Poucas paixões honestas não são baseadas em alguma percepção válida da unidade ou em alguma anomalia digna de nota. O baterista diferente marca muitas vezes um ritmo fecundo.

23 Bathybius e Eozoon

Quando Thomas Henry Huxley perdeu seu jovem filho, "nosso prazer e nossa alegria", devido à escarlatina, Charles Kingsley tentou consolá-lo com uma longa peroração sobre a imortalidade da alma. Huxley, que inventara a palavra "agnóstico" para descrever seus próprios sentimentos, agradeceu a Kingsley por sua preocupação, mas rejeitou o conforto proferido por falta de provas. Numa famosa passagem, desde então tomada por muitos cientistas como um mote para a atitude correta, escreveu: "Meu negócio é ensinar minhas aspirações a conformarem-se com os fatos, e não tentar levar os fatos a harmonizarem-se com minhas aspirações ... Sente-se diante dos fatos como uma criança pequena, esteja preparado para abandonar todas as noções preconcebidas, siga humildemente *para qualquer abismo, ou para onde quer que seja que a natureza conduza*, ou nada aprenderá." Os sentimentos de Huxley eram nobres, seu pesar, comovente. Mas ele não seguiu sua própria afirmação, e nenhum cientista criativo jamais o fez.

Os grandes pensadores nunca são passivos perante os fatos. Eles põem questões à natureza, não a seguem humildemente. Têm esperanças e suposições e tentam arduamente construir o mundo à luz delas. Por este motivo, os grandes pensadores também cometem grandes erros.

Os biólogos escreveram um capítulo longo e especial no catálogo dos maiores erros — animais imaginários, que teoricamente deveriam existir. Voltaire falou a verdade quando fez a sarcástica observação: "Se Deus não existisse, seria necessário inventá-lo." Duas quimeras relacionadas e cruzadas surgiram durante os primeiros dias da teoria evolucionista — dois animais que, pelos critérios de Darwin, deveriam ter existido, mas não existiram. Um deles teve por padrinho Thomas Henry Huxley.

Para muitos criacionistas, a distância entre vivo e não-vivo não representava nenhum problema particular. Deus simplesmente fizera os seres vivos, totalmente distintos e mais avançados que as rochas e as substâncias químicas. Os evolucionistas esforçaram-se por fechar todas as brechas. Ernest Haeckel, o principal defensor de Darwin na Alemanha e com certeza o mais especulativo e imaginativo entre todos os primeiros evolucionistas, construiu organismos hipotéticos para transpor todos os vãos. A inferior ameba não podia servir como modelo da vida primitiva porque sua diferenciação interna em núcleo e citoplasma indicava um largo avanço a partir da primitiva ausência de forma. Assim, Haeckel propôs um organismo ainda mais inferior, composto apenas de protoplasma não-organizado, a monera. (De certo modo, ele tinha razão. Aplicamos esse nome hoje em dia ao reino das bactérias e cianofíceas, organismos sem núcleo ou mitocôndrias — embora de maneira alguma informes, no sentido de Haeckel.)

Haeckel definiu sua monera como "uma substância inteiramente homogênea e desprovida de estrutura, uma partícula viva de albumina, capaz de nutrição e reprodução", e sugeriu-a como uma forma intermediária entre o vivo e o não-vivo. Esperava com isso resolver a incômoda questão da origem da vida a partir do inorgânico, pois nenhum problema parecia mais espinhoso aos olhos dos evolucionistas, e nenhuma questão atraía mais apoio de retaguarda para o criacionismo do que a distância aparente entre as substâncias químicas mais complexas e os organismos mais simples. Haeckel escreveu: "Cada célula verdadeira mostra já uma divisão em duas partes diferentes, isto é, núcleo e plasma. A produção imediata de um tal objeto por geração espontânea é muito difícil de se conceber; máis fácil é conceber a produção de uma substância orgânica inteiramente homogênea, tal como o corpo de albumina e sem estrutura das moneras."

Durante a década de 1860, a identificação das moneras assumiu alta prioridade na agenda dos defensores de Darwin. E quanto mais difusas e sem estrutura fossem as moneras, melhor. Huxley dissera a Kingsley que seguiria os fatos até um abismo metafórico. Mas quando, em 1868, examinou um verdadeiro abismo, foram suas esperanças e expectativas que guiaram suas observações. Ao estudar algumas amostras recolhidas dez anos antes do fundo do mar a noroeste da Irlanda, observou nelas uma substância gelatinosa e rudimentar em que se encontravam incrustadas pequenas placas circulares calcárias, denominadas cocólitos. Huxley identificou a geléia como as proclamadas moneras informes e os cocólitos como o seu esqueleto primordial. (Sabemos agora que os cocólitos são fragmentos de esqueletos de algas que afundam até o leito do oceano após a morte dos seus produtores planctônicos.) Em homenagem à predição de Haeckel, Huxley denominou-os *Bathybius Haeckelii*. "Espero que você não fique envergonhado do seu afilhado", escreveu ele a Haeckel. Haeckel respondeu que estava "muito orgulhoso" e terminou sua nota com uma exclamação zombeteira: "Viva a monera!"

A VIDA PRIMITIVA

Já que nada é tão convincente como uma descoberta antecipada, os *Bathybius* de repente começaram a aparecer em toda a parte. Sir Charles Wyville Thomson retirou uma amostra das profundezas do Atlântico e escreveu: "A lama estava de fato viva; manteve-se agregada em grandes bocados como se houvesse clara de ovo misturada com ela; e a massa viscosa provou, sob o microscópio, ser um sarcode vivo. O prof. Huxley ... chama-lhe *Bathybius*." (Os sarcodíneos são um grupo de protozoários unicelulares.) Seguindo sua inclinação habitual, Haeckel depressa generalizou e imaginou que todo o fundo do oceano (abaixo dos 5.000 pés) se encontrava coberto com uma película pulsante de *Bathybius* vivos, os *Urschleim* (em alemão, "lodo original") dos românticos filósofos da natureza (Goethe entre eles), idolatrados por Haeckel durante a juventude. Huxley, afastando-se da sua sobriedade habitual, fez em 1870 um discurso em que proclamou: "Os *Bathybius* formaram uma espuma ou película viva no leito oceânico, estendendo-se por milhares e milhares de milhas quadradas ... provavelmente formam uma espuma contínua de matéria viva cingindo toda a superfície da Terra."

Tendo atingido seus limites de extensão no espaço, os *Bathybius* puseram-se a andar para conquistar o único reino restante — o tempo. E aqui encontramos nossa segunda quimera.

O *Eozoon canadense*, o animal da aurora do Canadá, foi outro organismo cuja oportunidade tinha chegado. O registro fóssil causara a Darwin mais desgosto do que alegria. Nada o perturbava mais do que a explosão cambriana, o aparecimento coincidente de quase todos os projetos orgânicos complexos, não perto do começo da história da Terra, mas a mais de cinco sextos do caminho. Seus opositores interpretaram esse acontecimento como o momento da criação, já que nem um único vestígio de vida pré-cambriana havia sido descoberto quando Darwin escreveu *A Origem das Espécies*. (Possuímos agora um extenso registro das moneras oriundas dessas rochas primitivas — ver o ensaio 21.) Nada poderia ter sido mais bem recebido do que um organismo pré-cambriano, e quanto mais simples e informe melhor.

Em 1858, um coletor do Geological Survey of Canada encontrou alguns espécimes curiosos entre as rochas mais antigas do mundo. Eram constituídos por camadas finas e concêntricas, alternando entre a serpentina (um silicato) e o carbonato de cálcio. Sir William Logan, diretor do Survey, pensando que poderiam tratar-se de fósseis, mostrou-os a vários cientistas, mas recebeu pouco encorajamento para seus pontos de vista.

Logan achou alguns espécimes melhores perto de Otawa, em 1864, e levou-os ao principal paleontólogo canadense, J. William Dawson, reitor da Univesidade de McGill. Dawson encontrou estruturas "orgânicas" na calcita, inclusive um sistema de canais. Identificou a estratificação concêntrica como o esqueleto de um foraminífero gigante, formado de maneira mais difusa, mas centenas de vezes maior do que qualquer parente moderno. Denominou-o *Eozoon canadense*, o animal da aurora canadense.

Darwin ficou deliciado. O *Eozoon* entrou na quarta edição de *A Origem das Espécies*, com a bênção firme de Darwin: "É impossível sentir qualquer dúvida em relação à sua natureza orgânica." (Ironicamente, Dawson era um criacionista ferrenho, provavelmente o último cientista proeminente a opor-se à evolução. Mais tarde, em 1897, escreveu *Relics of Primeval Life*, um livro acerca do *Eozoon*, em que argumenta que a persistência de foraminíferos simples através do tempo geológico contradiz a seleção natural, já que qualquer luta pela sobrevivência teria substituído essas criaturas inferiores por algo mais avançado.)

O *Bathybius* e o *Eozoon* estavam destinados a unir-se. Partilhavam a desejada propriedade da ausência de forma difusa e diferiam apenas quanto ao esqueleto do *Eozoon*. Ou o *Eozoon* tinha perdido sua concha para se tornar *Bathybius*, ou as duas criaturas primordiais se relacionavam estreitamente como exemplares de simplicidade orgânica. O grande fisiólogo W. B. Carpenter, um defensor das duas criaturas, escreveu a propósito:

> Se o *Bathybius* ... pudesse formar para si um invólucro do tipo concha, esse invólucro seria muito semelhante ao *Eozoon*. Além disso, como o prof. Huxley provou a existência do *Bathybius* numa grande variedade de profundidades e temperaturas, devo admitir como muito provável que ele tenha existido continuamente nos mares profundos de todas as épocas geológicas ... estou completamente preparado para acreditar que o *Eozoon*, assim como o *Bathybius*, podem ter mantido sua existência no decorrer de todo o tempo geológico.

Eis uma visão que podia agradar a qualquer evolucionista! A matéria orgânica informe não só fora encontrada, como se estendera ao longo do tempo e do espaço para cobrir o chão do misterioso e primitivo fundo oceânico.

Antes de relatar a queda de ambas as criaturas, quero identificar um preconceito que permaneceu não formulado e sem defesa em toda a literatura primária. Todos os participantes do debate aceitaram sem discussão a verdade "óbvia" de que a vida mais primitiva seria homogênea, informe, difusa e rudimentar.

Carpenter escreveu que o *Bathybius* era "um tipo ainda mais inferior, *porque menos definido*, que as esponjas". Haeckel declarou que "o protoplasma existe aqui na sua forma mais simples e primitiva, isto é, não tem praticamente nenhuma forma definida e é dificilmente individualizado". De acordo com Huxley, a vida sem a complexidade interna de um núcleo provava que a organização surgira a partir de uma vitalidade indefinida, e não o contrário: o *Bathybius* "prova a ausência de qualquer poder misterioso no núcleo, mostrando que a vida é uma propriedade das moléculas de matéria viva e que a organização é o resultado da vida, e não a vida o resultado da organização".

Mas por que razão, sempre que começamos a pensar nisso, devemos associar primitivo com ausência de forma? Os organismos modernos não encorajam esse tipo de idéia: os vírus dificilmente são igualados em termos de regularidade e repetição de forma. As bactérias mais simples têm formas definidas. O grupo taxonômico que engloba a ameba, esse protótipo deslizante de desorganização, acomoda também os radiolários, os mais belos e mais complexamente esculpidos de todos os organismos regulares. O DNA é um milagre de organização; Watson e Crick elucidaram sua estrutura construindo um modelo plástico preciso e assegurando-se de que todas as peças se encaixavam. Eu não subscreveria qualquer noção místico-pitagórica de que a forma regular subjaz a toda organização, mas argumentaria que a ligação de primitivo com ausência de forma tem raízes na ultrapassada metáfora progressista que vê a história orgânica como uma escada atravessando inexoravelmente todos os estágios da complexidade, desde o nada até nossa forma nobre. Bom para o ego, com certeza, mas não um esboço muito bom para o nosso mundo.

De qualquer maneira, nem o *Bathybius*, nem o *Eozoon* sobreviveram à rainha Vitória. O mesmo sir Charles Wyville Thomson, que falara tão entusiasticamente do *Bathybius* como uma "massa viscosa ... realmente viva", tornou-se mais tarde o cientista-chefe da expedição *Challenger*, durante a década de 1870, a mais famosa viagem científica de exploração dos oceanos da Terra. Os cientistas da *Challenger* tentaram várias vezes encontrar *Bathybius* em amostras frescas do fundo do mar, mas sempre em vão.

Quando os cientistas armazenaram as amostras de lama para análise posterior, adicionaram-lhes álcool, como de praxe, para preservar o material orgânico. O *Bathybius* original de Huxley fora encontrado em amostras armazenadas em álcool durante mais de uma década. Um membro da expedição *Challenger* notou que os *Bathybius* apareciam sempre que ele juntava álcool a uma amostra fresca. O químico da expedição analisou então os *Bathybius* e descobriu que não passavam de um precipitado coloidal de sulfato de cálcio, um produto da reação da lama com o álcool. Thomson escreveu a Huxley e Huxley — sem se lamentar — reconheceu seu erro (ou engoliu a afronta, como ele próprio afirmou). Como já era esperado, Haeckel provou ser mais obstinado, mas o *Bathybius* desapareceu calmamente.

O *Eozoon* manteve-se mais tempo. Dawson defendeu-o literalmente até a morte em alguns dos mais acerbos comentários já escritos por um cientista. Referindo-se, em 1897, a um crítico alemão, escreveu: "Mobius, não tenho dúvidas, fez o melhor a partir do seu ponto de vista especial e limitado; mas foi um crime que a ciência nunca deveria perdoar ou esquecer rapidamente, da parte dos editores do periódico alemão, publicar como material científico um artigo que se encontrava tão longe de ser sério ou idôneo." Dawson nessa altura estava sozinho nessa defesa (embora Kirkpatrick, do ensaio 22, tenha revivido mais tarde o *Eozoon* numa forma mais bizarra). Todos os cientistas concordaram que o *Eozoon* era inorgânico — um

Ilustração original de Haeckel do *Bathybius*. As estruturas discóides são cocólitos na massa gelatinosa.

produto metamórfico do calor e da pressão. De fato, fora encontrado apenas em rochas altamente metamorfizadas, um lugar particularmente pouco propício para conter fósseis. Se mais alguma prova tivesse sido necessária, a descoberta de *Eozoon* em blocos de lava ejetados do monte Vesúvio resolveu a controvérsia em 1894.

Desde então, o *Bathybius* e o *Eozoon* têm sido tratados pelos cientistas como um embaraço que é melhor esquecer. A conspiração resultou admiravelmente, e eu ficaria surpreso se 1% dos biólogos modernos tivesse ouvido falar das duas fantasias. Os historiadores, treinados na velha (e desacreditada) tradição da ciência como uma marcha para a verdade mediada pelo sucessivo afastamento do erro, também ficaram em paz. O que podemos retirar dos erros além de uma boa gargalhada ou um compêndio de homilias morais forjadas como "proibições"?

Os modernos historiadores da ciência têm mais respeito por esses erros inspirados. Afinal, eles faziam sentido na sua época; que não o façam na nossa, é irrelevante. Nosso século não constitui um padrão para todas as épocas; a ciência é sempre uma interação de cultura prevalecente, excentricidade individual e restrição empírica. Assim, o *Bathybius* e o *Eozoon* receberam mais atenção nos anos 70 do que em todos os anos anteriores desde sua queda. (Ao escrever este ensaio, fui guiado para as fontes originais e amplamente esclarecido pelos artigos de C. F. O'Brien sobre o *Eozoon* e de N. A. Rupke e P. F. Rehbock sobre o *Bathybius*. O artigo de Rehbock é particularmente meticuloso e inspirado.)

A ciência tem poucos loucos declarados. Os erros geralmente têm suas boas razões, quando penetramos seu contexto de modo adequado e evitamos julgamentos segundo nossa percepção corrente da "verdade". São em geral mais esclarecedores que embaraçosos, pois indicam contextos em mudança. Os melhores pensadores têm imaginação para criar visões organizadoras e são suficientemente aventureiros (ou egotistas) para lançá-las num mundo complexo que nunca pode responder "sim" a todos os pormenores. O estudo do erro inspirado não deveria engendrar uma homilia acerca do pecado do orgulho; deveria levar-nos ao reconhecimento de que a capacidade para o grande *insight* e para o grande erro são faces opostas da mesma moeda — e que é brilhante o valor de ambas.

O *Bathybius* foi certamente um erro inspirado. Serviu à verdade mais ampla do avanço da teoria evolucionista. Propiciou uma visão cativante da vida primordial, estendida através do tempo e do espaço. Como argumenta Rehbock, desempenhou inúmeros papéis, como o da forma mais inferior da protozoologia, unidade elementar da citologia, precursor evolutivo de todos os organismos, primeira forma orgânica do registro fóssil, principal componente dos sedimentos marinhos modernos (nos cocólitos) e fonte de alimentação para formas de vida superiores nos nutricionalmente empobrecidos fundos oceânicos. O *Bathybius* desapareceu, mas os problemas que ele suscitou permaneceram. O *Bathybius* inspirou uma grande quantidade de trabalho científico frutífero e serviu como foco de questões importantes, ainda entre nós.

A ortodoxia pode ser tão obstinada na ciência como na religião, e não sei como afastá-la a não ser pela imaginação vigorosa que inspira trabalho não convencional e encerra em si um elevado potencial para o erro inspirado. Como escreveu o grande economista italiano Vilfredo Pareto: "Dêem-me um erro fecundo em qualquer ocasião, cheio de sementes, rebentando com suas próprias correções. Em contrapartida, podem guardar vossas verdades estéreis." Para não mencionar um homem chamado Thomas Henry Huxley, que, quando não se encontrava nas garras do desgosto ou nas guerras de caça aos eclesiásticos, afirmava que "verdades irracionalmente sustentadas podem ser mais prejudiciais que erros sensatos".

24 Caberíamos no interior de uma célula de esponja

Passei o dia 31 de dezembro de 1979 lendo uma pilha de jornais de domingo de Nova Iorque referentes à última semana da década. Em grande destaque, como de costume nessas transições artificiais, encontravam-se listas de previsões sobre o que é que os anos 80 rejeitariam daquilo que os anos 70 haviam idolatrado, e o que é que os anos 80 redescobririam entre as coisas desprezadas pelos anos 70.

Esse amontoado de especulação contemporânea deslocou minha mente para trás, de volta à última transição entre séculos e ao exame dos *ins* e *outs* biológicos, numa escala mais ampla. O assunto mais quente da biologia do século XIX sofreu de fato um pronunciado eclipse no século XX. No entanto, mantenho um forte interesse por ele e acredito que novos métodos o reviverão como um assunto importante para as décadas finais do nosso século.

A revolução de Darwin levou uma geração de historiadores naturais a encararem a reconstrução da árvore da vida como sua tarefa evolutiva mais importante. À medida que homens ambiciosos se lançavam a um novo e aventuroso caminho, deixavam de lado os pequenos brotos (como a relação dos leões com os tigres) ou mesmo os ramos comuns (como a ligação entre berbigões e mexilhões), para enraizar o próprio tronco e identificar seus galhos principais: como as plantas e os animais se relacionam? De que origem se desenvolveram os vertebrados?

Na sua visão errônea, esses naturalistas também possuíam um método que poderia extrair dos escassos dados à sua disposição as respostas que procuravam. Porque, segundo a "lei biogenética de Haeckel" — a ontogenia recapitula a filogenia —, um animal escala sua própria árvore familiar durante o desenvolvimento embriológico. A simples observação dos embriões deveria revelar um cortejo de antepassados adultos na ordem correta. (Claro que nada é sempre assim tão sem complicações. Os recapitulacionistas sabiam que alguns estágios embrionários representavam adaptações imediatas, e não reminiscências ancestrais: também compreenderam que os estágios podiam estar misturados e até invertidos, devido às taxas desiguais de desenvolvimento entre órgãos diferentes. No entanto, acreditavam que essas modificações "superficiais" sempre podiam ser reconhecidas e subtraídas, de modo a deixar intacto o cortejo ancestral.) E. G. Conklin, que mais tarde se tornou um opositor da "filogenização", recordou o extraordinário apelo da lei de Haeckel:

> Este era um método que prometia revelar mais segredos importantes do passado que a exumação de todos os monumentos sepultados da Antigüidade — de fato, nada menos do que uma árvore genealógica completa de todas as diversificadas formas de vida que habitam a Terra.

Mas a virada do século também anunciou o colapso da recapitulação. Em primeiro lugar, ela morreu porque a genética mendeliana (redescoberta em 1900) tornou suas premissas indefensáveis. (O "cortejo de adultos" requeria que a evolução prosseguisse apenas pela adição de novos estágios ao final das ontogenias ancestrais. Mas, se as novas características são controladas pelos genes e estes têm de estar presentes desde o momento mesmo da concepção, então por que não poderiam novas características expressar-se em qualquer estágio do desenvolvimento embrionário ou do crescimento posterior?) Mas seu vigor se extinguira muito antes. A suposição de que as reminiscências ancestrais poderiam sempre ser distinguidas das adaptações embrionárias recentes não se manteve. Faltavam muitos estágios, e muitos outros eram confusos. A aplicação da lei de Haeckel produziu debates intermináveis, insolúveis e infrutíferos, e não uma árvore da vida inequívoca. Alguns construtores de árvores queriam derivar os vertebrados dos equinodermos, outros dos anelídeos, outros ainda dos caranguejos-ferradura. E. B. Wilson, apóstolo do método experimental "exato", que suplantaria a filogenização especulativa, lamentou-se em 1894:

> Constitui um campo de reprovação para os morfologistas que sua ciência devesse ser sobrecarregada com uma tal massa de especulações e hipóteses filogenéticas, muitas das quais mutuamente exclusivas, na ausência de qualquer padrão de valor bem definido para estimar sua probabilidade relativa. A verdade é que a pesquisa ... freqüentemente conduziu a uma especulação selvagem, indigna do nome de ciência; e seria de admirar se o estudioso moderno, especialmente após um treino nos métodos das ciências mais exatas, considerasse todo o aspecto filogenético da morfologia como uma espécie de pedantismo especulativo indigno de atenção séria.

A filogenização perdeu o favor geral, mas não se pode manter no limbo um assunto intrinsecamente excitante. (Falo de filogenização de alto nível — o tronco e os ramos. Para pequenos brotos e pequenos ramos, onde a evidência é mais adequada, o trabalho prosseguiu sempre calmamente, com mais certeza e menos excitação.) Não precisamos da série *Raízes* para lembrar que a genealogia exerce um estranho fascínio sobre as pessoas. Se desvendar os traços de um distante bisavô numa pequena vila do outro lado do oceano nos enche de satisfação, então investigar mais para trás, até um macaco africano, um réptil, um peixe, aquele ainda desconhecido antepassado dos vertebrados, um precursor unicelular, até a própria origem da vida, pode ser positivamente fantástico. Infelizmente, pode-se dizer, perversamente, que quanto mais retrocedemos mais fascinados ficamos e menos sabemos. Neste ensaio discutirei uma questão clássica da filogenização como exemplo das alegrias e frustrações de um assunto que nunca se esgotará: a origem da pluricelularidade nos animais.

Idealmente, poderíamos agarrar-nos a uma solução simples e empírica da questão. Devemos ter esperança de encontrar uma seqüência de fósseis tão perfeitamente contínua entre um protista (antepassado unicelular) e um metazoário (descendente pluricelular) de modo que se apaguem todas as dúvidas? Com segurança podemos descartar essa esperança: a transição ocorreu em criaturas não-fossilizáveis, de corpo mole, muito antes do início de um registro fóssil adequado durante a explosão cambriana há cerca de uns 600 milhões de anos. Os primeiros fósseis metazoários assemelham-se tanto aos protistas como os mais primitivos metazoários modernos. Temos de nos voltar para os organismos vivos, esperando que alguns ainda preservem traços apropriados de ancestralidade.

Não existe nenhum mistério no método da reconstrução genealógica, que se baseia na análise de semelhanças entre parentes postulados. Infelizmente, a "semelhança" não é um conceito simples. Ela ocorre por duas razões fundamentalmente diferentes. A reconstrução de árvores evolutivas requer que essas duas razões estejam rigorosamente separadas, pois uma indica genealogia, enquanto a outra apenas nos engana. Dois organismos podem manter a mesma característica porque ambos a herdaram de um antepassado comum. Essas são as semelhanças *homólogas* e indicam "afinidade de ascendência", para empregar as palavras de Darwin. Os membros anteriores dos seres humanos, dos golfinhos, dos morcegos e dos cavalos constituem o exemplo clássico de homologia em muitos manuais. Embora pareçam diferentes e façam coisas diferentes, são construídos com os mesmos ossos. Nenhum engenheiro, começando do princípio a cada vez, teria construído tais estruturas díspares a partir das mesmas partes. Portanto, as partes existiam antes do conjunto particular de estruturas que agora as contém: em suma, foram herdadas de um antepassado comum.

Dois organismos podem também partilhar uma característica em resultado de uma mudança evolutiva separada, mas semelhante, em linhagens independentes. Trata-se das semelhanças *análogas*, o pesadelo dos genealogistas, pois confundem nossa expectativa ingênua de que coisas parecidas deveriam estar estreitamente relacionadas. As asas dos pássaros, morcegos e borboletas adornam muitos textos como exemplos padrões de analogia. Nenhum antepassado comum de qualquer desses pares tinha asas.

Nossas dificuldades para identificar os troncos e os ramos da árvore da vida não registram a confusão acerca dos métodos. Todos os grandes naturalistas, de Haeckel em diante (e até antes), enunciaram corretamente seu procedimento: separar as semelhanças homólogas das análogas, eliminar as analogias e construir a genealogia apenas a partir da homologia. A lei de Haeckel constituía um procedimento, lamentavelmente incorreto, para o reconhecimento da homologia. O objetivo é e tem sido suficientemente claro.

Num sentido amplo, sabemos como identificar a homologia. A analogia tem seus limites. Pode construir impressionantes semelhanças funcionais externas em duas linhagens não relacionadas, mas não consegue modificar da mesma maneira milhares de partes complexas e independentes. Para um certo nível de precisão, as semelhanças têm de ser homólogas, mas raramente obtemos informação suficiente para estarmos seguros de que esse nível foi atingido. Quando comparamos metazoários primitivos com diferentes protistas, como se fossem parentes potenciais, muitas vezes trabalhamos apenas com algumas poucas características comuns para contrastar — muito poucas para termos certeza da homologia. Além disso, mutações genéticas pequenas freqüentemente produzem efeitos profundos sobre a forma adulta externa. Portanto, a semelhança, que parece complexa e misteriosa demais para ocorrer mais de uma vez, pode registrar de fato uma mudança simples e repetível. A transição dos protistas para os metazoários ocorreu há mais de 600 milhões de anos. Todos os verdadeiros antepassados e descendentes originais desapareceram há muito, e podemos esperar somente que suas características essenciais e identificadoras tenham sido retidas em algumas formas modernas. No entanto, se retidas, certamente foram modificadas e recobertas por inúmeras adaptações especializadas. Como podemos separar as estruturas originais das modificações mais tardias, oriundas das novas adaptações? Ninguém jamais encontrou um guia infalível.

Apenas dois cenários foram favorecidos para a origem dos metazoários a partir dos protistas: no primeiro (amalgamação), um grupo de células protistas uniu-se, começou a viver como colônia, desenvolveu uma divisão do trabalho e funções entre células e regiões, formando finalmente uma estrutura integrada; no segundo (divisão), formaram-se partições celulares no interior de uma única célula protista. (Um terceiro cenário potencial, insucesso repetido por parte das células-filhas para se separarem após a divisão celular, tem poucos adeptos nos dias de hoje.)

No início da nossa investigação fomos confrontados com o problema da homologia. E quanto à pluricelularidade em si? Terá ela surgido só uma vez? Conseguiremos explicar sua ocorrência em todos os animais, se resolvermos como surgiu nos mais primitivos? Ou terá se desenvolvido várias vezes? Em outras palavras, a pluricelularidade de várias linhagens animais é homóloga ou análoga?

O grupo de metazoários geralmente considerado mais primitivo, as esponjas, surgiu claramente a partir do primeiro cenário, a amalgamação. De fato, as esponjas modernas são pouco mais que federações frouxas de protistas flagelados. Em algumas espécies, as células podem até ser desagregadas, passando-se a esponja através de um fino tecido de seda. As células movem-se então independentemente, reagrupam-se em pequenos agregados, diferenciam-se e regeneram uma esponja inteiramente nova na sua forma original. Se todos os animais surgiram a partir das esponjas, então a pluricelularidade é homóloga ao longo do nosso reino e ocorreu por amalgamação.

Mas a maior parte dos biólogos considera as esponjas como um beco sem saída evolutivo, sem descendentes subseqüentes. A pluricelularidade é, no fim de contas, um candidato de primeira para a evolução independente e freqüente, pois exibe as duas principais características da semelhança análoga: é razoavelmente simples de conseguir e, ao mesmo tempo, altamente adaptativa, a única via potencial para os benefícios que confere. As células únicas, não obstante os ovos de avestruz, não podem tornar-se muito grandes. O ambiente físico da Terra é apropriado apenas a criaturas que ultrapassam o tamanho limite de uma célula única. (Considere-se apenas a estabilidade resultante do fato de se ser suficientemente grande para fazer parte de um reino onde a gravidade suplanta as forças que atuam sobre as superfícies. Já que a razão superfície/volume diminui com o crescimento, o caminho mais seguro para este reino é o aumento do tamanho.)

A pluricelularidade não só se desenvolveu separadamente nos três grandes reinos da vida (plantas, animais e fungos), como provavelmente ocorreu várias vezes em cada reino. A maioria dos biólogos concorda que todas as plantas e fungos se originaram por amalgamação — estes organismos são os descendentes das colônias protistas. As esponjas também surgiram por amalgamação. Podemos então encerrar a questão e afirmar que a pluricelularidade, embora análoga ao longo e dentro dos reinos, evoluiu sempre da mesma maneira básica? Os protistas modernos incluem formas coloniais que exibem simultaneamente arranjos regulares de células e diferenciação incipiente. Recordam-se das colônias de volvocales dos laboratórios da escola secundária? (Na verdade, devo confessar que eu não. Freqüentei uma escola pública em Nova Iorque, pouco antes do lançamento do *Sputnik*, e lá não havia qualquer laboratório; foi instalado assim que eu saí.) Alguns volvocales formam colônias com um número definido de células, dispostas de maneira regular. As células podem diferir em tamanho, e a função reprodutiva pode estar confinada àquelas de uma extremidade. Estará isso assim tão longe de uma esponja?

Só entre os animais é que podemos encontrar bons argumentos para outro cenário. Terão alguns animais, nós incluídos, surgido por divisão? Essa pergunta não pode ser respondida enquanto não resolvermos uma das mais antigas charadas da zoologia: o estatuto do filo *Cnidaria* (corais e seus aliados, mas que inclui também os belos e translúcidos ctenóforos). Quase todos concordam que os cnidários surgiram por amalgamação; o dilema reside é na sua relação com outros filos animais. Quase todos os esquemas possíveis têm seus defensores: os cnidários como descendentes de esponjas e antepassados de nada mais; os cnidários como um ramo separado do reino animal sem descendentes; os cnidários como antepassados de todos os filos de animais "superiores" (a visão clássica do século XIX); os cnidários como descendentes degenerados de um filo superior. Se algum dos dois últimos esquemas puder ser alguma vez comprovado, nossa questão estará resolvida — todos os animais surgiram por amalgamação, provavelmente duas vezes (esponjas e todos os outros). Mas, se os filos dos animais "superiores" não estão estreitamente relacionados com os cnidários, se representam uma terceira evolução separada da pluricelularidade no reino animal, então o outro cenário, o da divisão, deve ser seriamente considerado.

Os defensores de uma origem separada para os animais superiores geralmente citam os platelmintos (vermes achatados) como tronco ancestral potencial. Earl Hanson, biólogo da Universidade de Wesleyan, tem sido um cruzado importante na defesa tanto da origem platelmíntica dos animais superiores, como do cenário da divisão. Se a sua visão iconoclasta prevalecer, então os animais superiores, incluindo os seres humanos, serão provavelmente os únicos produtos pluricelulares do processo de divisão, em vez do de amalgamação.

Hanson prosseguiu sua investigação estudando as semelhanças entre um grupo de protistas conhecidos como ciliados (que inclui o familiar *paramécio*) e o "mais simples" dos platelmintos, o acoela (nome derivado da sua incapacidade de desenvolver uma cavidade corporal). Muitos ciliados apresentam um grande número de núcleos no interior da sua célula única. Se as partições celulares ocorressem entre os núcleos, a criatura resultante seria suficientemente parecida com um acoela para justificar uma preferência pela homologia?

Hanson registrara um extenso conjunto de semelhanças entre os ciliados multinucleados e os acoelas. Estes últimos são pequenos vermes marinhos, alguns dos quais nadam, enquanto outros habitam profundidades até 250 metros; mas a maioria rasteja pelo fundo do mar, em águas pouco profundas, vivendo debaixo de rochas ou na areia e no lodo. Suas dimensões são semelhantes às dos ciliados multinucleados. (Não é verdade que todos os metazoários são maiores que todos os protistas. Os ciliados medem de um centésimo de milímetro a 3 milímetros, enquanto alguns acoelas têm menos de 1 milímetro de comprimento.) As semelhanças internas entre ciliados e acoelas residem principalmente na sua simplicidade, já que os acoelas, ao contrário dos metazoários convencionais, são desprovidos de cavidade corporal e dos órgãos a ela associados. Não possuem sistema digestivo, excretório ou respiratório permanente. Tal como os protistas ciliados, formam vacúolos temporários de comida e realizam a digestão dentro deles. Tanto os ciliados como os acoelas dividem os corpos grosseiramente em camadas internas e externas. Os ciliados apresentam um ectoplasma (camada externa) e um endoplasma (camada interna) e concentram seus núcleos no endoplasma. Os acoelas dedicam uma região interna à digestão e à reprodução e uma região externa à locomoção, proteção e captura de alimentos.

Os dois grupos também exibem algumas diferenças importantes. Os acoelas constroem uma rede nervosa e órgãos reprodutivos que podem tornar-se bastante complexos. Alguns têm pênis, por exemplo, e fecundam um ao outro hipodermicamente, penetrando a parede do corpo. Além disso, têm desenvolvimento embrionário. Em contrapartida, os ciliados não possuem sistema nervoso organizado, dividem-se por cissiparidade e não têm embriologia, embora haja algum contato sexual no seu processo de reprodução, denominado conjugação. (Na conjugação, dois ciliados juntam-se e trocam material genético. Separam-se depois e cada um divide-se mais tarde para formar duas filhas. O sexo e a reprodução, que se encontram combinados em quase todos os metazoários, constituem nos ciliados processos separados.) Mas, o mais importante, é que os acoelas apresentam células e os ciliados não.

Estas diferenças não deveriam afastar a hipótese de uma relação genealógica estreita. Afinal de contas, como disse anteriormente, os ciliados e os acoelas contemporâneos distam mais de 500 milhões de anos do seu possível antepassado comum. Nenhum deles representa uma forma de transição para a pluricelularidade. O debate centra-se, pelo contrário, nas semelhanças e na questão mais antiga e mais básica de todas: são essas semelhanças homólogas ou análogas?

Hanson pende para a homologia, afirmando que a simplicidade do acoela constitui uma condição ancestral entre os platelmintos, e que as semelhanças entre ciliados e acoelas, em grande parte produto dessa simplicidade, registram de fato uma ligação genealógica. Seus opositores respondem que a simplicidade dos acoelas é um resultado secundário da sua evolução "regressiva" a partir de platelmintos mais complexos, conseqüência da pronunciada redução do seu corpo. Os grandes turbelários (o grupo platelminto que inclui os acoelas) possuem intestinos e órgãos excretores. Se a simplicidade dos acoelas é uma condição derivada *entre* os turbelários, então não pode refletir uma herança direta a partir de um tronco ciliado.

Infelizmente, as semelhanças que Hanson cita são daquelas que sempre produzem debates insolúveis de homologia *versus* analogia. Não são nem precisas, nem suficientemente numerosas para garantirem a homologia. Muitas se baseiam na *ausência* de complexidade nos acoelas, e a perda evolutiva é fácil e repetível, enquanto o desenvolvimento separado de estruturas precisas e intricadas pode ser pouco provável. Mais ainda, a simplicidade dos acoelas é o resultado previsível do seu corpo pequeno — pode representar uma convergência funcional para o esquema dos ciliados de um grupo que, secundariamente, adquiriu sua escala de dimensões corporais, e não uma ligação por ascendência. Uma vez mais, evocamos o princípio das superfícies e dos volumes. Muitas funções fisiológicas, como a respiração, a digestão e a excreção, devem realizar-se através de superfícies, mas servem todo o volume corporal. Os grandes animais possuem um quociente tão baixo de superfície externa em relação ao volume interno, que precisam desenvolver órgãos internos para aumentar a superfície. (Funcionalmente, os pulmões são pouco mais do que sacos de superfície para a troca de gases, enquanto os intestinos são lençóis de superfície para a passagem da comida digerida.) Mas os animais pequenos apresentam uma proporção tão elevada de superfície externa em relação ao volume interno, que muitas vezes podem respirar, alimentar-se e excretar através da superfície externa. Os menores representantes de muitos filos mais complexos que os platelmintos também perdem órgãos internos. Por exemplo, o *Caecum*, o menor caracol, perdeu todo o seu sistema respiratório interno e absorve oxigênio através da superfície externa.

Outras semelhanças citadas por Hanson podem ser homólogas, mas encontram-se tão espalhadas entre outras criaturas, que apenas ilustram a afinidade mais geral de todos os protistas com todos os metazoários, e não uma via específica de ascendência. As homologias significativas têm de se restringir a características que sejam simultaneamente partilhadas pela ascendência *e* derivadas. (As características derivadas desenvolvem-se unicamente no antepassado comum dos dois grupos que as partilham; constituem assim marcas de genealogia. Uma característica primitiva partilhada, por outro lado, não pode especificar ascendência. A presença de DNA, tanto nos ciliados quanto nos acoelas, nada nos diz acerca da sua afinidade, porque todos os protistas e metazoários possuem DNA.) Assim, Hanson menciona a "ciliação completa" como uma "permanente característica em comum entre ciliados e acoelas". Mas os cílios, embora homólogos, constituem uma característica primitiva partilhada; muitos outros grupos, incluindo os cnidários, apresentam cílios. Por outro lado, a *perfeição* da ciliação representa um acontecimento evolutivo "fácil" que pode ser análogo apenas nos ciliados e nos acoelas. A superfície externa fixa um limite para o número máximo de cílios que podem ser afixados. Os animais pequenos, com altas proporções de superfície/volume, podem entregar-se à locomoção ciliada; os animais grandes não podem inserir cílios suficientes na sua superfície relativamente reduzida para propulsionarem sua massa. A ciliação completa dos acoelas pode refletir uma resposta adaptativa secundária ao seu pequeno tamanho. O pequeno caracol *Caecum* também se move por cílios, enquanto todos os seus parentes maiores utilizam a contração muscular para se locomoverem.

Claro que Hanson tem consciência de que não pode provar sua intrigante hipótese pela evidência clássica da morfologia e da função. "O melhor que podemos dizer", conclui ele, "é que se encontram presentes [entre os ciliados e os acoelas] muitas semelhanças sugestivas, mas nenhuma homologia rigorosamente definível." Existirá outro método que possa resolver a questão, ou estamos condenados à discussão eterna? A homologia poderia ser estabelecida com segurança se pudéssemos gerar um novo conjunto de características suficientemente numerosas, comparáveis e complexas — já que a analogia não pode ser a explicação de semelhanças minuciosas, parte por parte, em milhares de exemplares independentes. As leis da probabilidade matemática não o permitirão.

Por sorte, temos agora uma fonte potencial de informação — a seqüência do DNA em proteínas comparáveis. Todos os protistas e metazoários compartilham muitas proteínas homólogas. Cada proteína é constituída por uma longa cadeia de aminoácidos; cada aminoácido é codificado por uma seqüência de três nucleotídeos do DNA. Portanto, o código do DNA para cada proteína pode conter centenas de milhares de nucleotídeos, numa ordem definida.

A evolução opera por substituição de nucleotídeos. Após a separação de dois grupos a partir de um antepassado comum, suas seqüências de nucleotídeos começam a acumular mudanças, cujo número parece ser, no mínimo, quase proporcional ao tempo decorrido desde a separação. Assim, a semelhança total na seqüência de nucleotídeos de proteínas homólogas pode medir a dimensão da separação genealógica. Uma seqüência de nucleotídeos é o sonho dos que defendem a homologia — pois ela representa milhares de características potencialmente independentes. A posição de cada nucleotídeo constitui um local para uma possível mudança.

Apenas agora as técnicas para a seqüenciação de nucleotídeos tornam-se disponíveis. Acredito que dentro de dez anos seremos capazes de tirar proteínas homólogas de todos os grupos de ciliados e metazoários em questão, seqüenciá-las, medir as semelhanças entre cada par de organismos e obter um grande esclarecimento (talvez até uma solução) para esse antigo mistério genealógico. Se os acoelas assemelharem-se mais aos grupos de protistas que podem ter atingido a pluricelularidade a partir do desenvolvimento de membranas celulares no interior de seus corpos, então Hanson estará vingado. Mas, se forem mais próximos dos protistas que podem atingir a pluricelularidade pela integração no interior de uma colônia, então a visão clássica prevalecerá e todos os metazoários emergirão como o produto da amalgamação.

O estudo da genealogia foi injustamente eclipsado no nosso século pela análise da adaptação, mas não pode perder seu fascínio. Consideremos simplesmente o que sugere o cenário de Hanson acerca da nossa relação com outros organismos pluricelulares. Poucos zoólogos duvidam de que todos os animais superiores atingiram sua condição de pluricelulares por meio de qualquer método seguido pelos platelmintos. Se os acoelas se desenvolveram pela celularização de um ciliado, então nosso corpo pluricelular é o homólogo de uma única célula protista. Se as esponjas, os cnidários, as plantas e os fungos surgiram por amalgamação, seus corpos são os homólogos de uma colônia protista. Já que cada célula ciliada é a homóloga de uma célula individual em qualquer colônia protista, devemos concluir — e digo-o literalmente — que todo o corpo humano é o homólogo de uma única célula numa esponja, coral ou planta.

Os curiosos caminhos da homologia vão ainda mais para trás. A própria célula protista pode ter evoluído a partir da simbiose de vários procariontes mais simples (bactérias ou cianofíceas). As mitocôndrias e os cloroplastos parecem ser os homólogos de células procarióticas inteiras. Assim, cada célula de cada protista, e cada célula em qualquer corpo metazoário, pode ser, por genealogia, uma colônia integrada de procariontes. Devemos então encarar-nos simultaneamente como um amontoado de colônias bacterianas e o homólogo de uma célula única numa esponja ou casca de cebola? Pensem nisso da próxima vez que engolirem uma cenoura ou fatiarem um cogumelo.

SEÇÃO VII

Eles foram desprezados e rejeitados

25 Eram os dinossauros estúpidos?

Quando Muhammad Ali foi mais uma vez reprovado no teste de inteligência do exército, declarou (com um estilo que desmentia seu comportamento no exame): "Eu apenas disse que era o maior; nunca disse que era o mais esperto." Em nossas metáforas e contos de fadas, o tamanho e o poder são quase sempre contrabalançados pela falta de inteligência. A astúcia é o recurso do pequeno. Pensem no coelho Br'er e no urso Br'er; Davi derrotando Golias com uma funda; Joãozinho derrubando o pé-de-feijão. Raciocínio lento é a trágica fraqueza do gigante.

A descoberta dos dinossauros, no século XIX, forneceu, pelo menos aparentemente, um exemplo por excelência da correlação negativa entre tamanho e astúcia. Com seus cérebros de ervilha e corpos gigantes, os dinossauros tornaram-se um símbolo da estupidez pesada, e sua extinção apenas parecia confirmar não terem passado de um projeto fracassado.

Aos dinossauros sequer se concedia o privilégio usual de um gigante — a grande aptidão física. Deus manteve um silêncio discreto acerca do cérebro do monstro, mas certamente se maravilhou com sua força: "Oh, agora, sua força está no seu lombo e seu vigor no centro da sua barriga. Ele move sua cauda como um cedro ... Seus ossos são fortes peças de metal; seus ossos são como barras de ferro (Jó, 40: 16-18)." Por outro lado, os dinossauros geralmente foram considerados como vagarosos e desajeitados. No exemplo padrão, o brontossauro patinha num lago sombrio porque não pode agüentar seu próprio peso em terra firme.

As popularizações para o currículo das escolas secundárias constituem um bom exemplo da ortodoxia prevalecente. Ainda tenho meu exemplar do terceiro grau (edição de 1948) do livro de Bertha Morris Parker, *Animals of Yesterday*, roubado, sou forçado a supor, da escola básica 26, em Queens (desculpe, sr.ª McInerney). Nele, um rapaz (teletransportado de volta ao jurássico) encontra um brontossauro:

> É enorme e podemos dizer, com base no tamanho da sua cabeça, que deve ser estúpido ... Este animal gigante move-se muito lentamente enquanto come. Não é de espantar que se mova vagarosamente! Seus pés enormes são muito pesados, e sua grande cauda não é fácil de aba-

nar. Não é de surpreender que este lagarto barulhento goste de ficar na água, pois a água o ajuda a sustentar seu enorme corpo ... Os dinossauros gigantes foram uma vez os senhores da Terra. Por que desapareceram? Vocês podem provavelmente adivinhar parte da resposta — seus corpos eram grandes demais para seus cérebros. Se seus corpos tivessem sido menores, e seus cérebros maiores, talvez continuassem vivos.

Mas os dinossauros estão retornando à toda, nesta era do "I'm OK, You're OK"[1]. Muitos paleontólogos querem agora vê-los como animais vigorosos, ativos e capazes. O brontossauro, que patinhava no lago uma geração atrás, encontra-se agora correndo em terra firme, enquanto pares de machos têm sido vistos entrelaçando seus pescoços, num elaborado combate sexual pelo acesso às fêmeas (muito ao estilo da luta de pescoços das girafas). As reconstruções anatômicas modernas indicam força e agilidade, e muitos paleontólogos acreditam agora que os dinossauros eram animais de sangue quente (ver o ensaio 26).

A idéia de dinossauros de sangue quente captou a imaginação pública e recebeu uma onda de cobertura por parte da imprensa. No

Triceratopos. (Gregory S. Paul)

---

1. Literalmente, "Eu estou bem, você está bem". Essa frase celebrizou-se como título de um dos principais *best-sellers* americanos a inaugurar a febre do culto à boa forma física. (N. T.)

entanto, uma outra defesa das capacidades dos dinossauros recebeu muito pouca atenção, embora eu a considere igualmente significativa. Refiro-me à questão da estupidez e à sua correlação com o tamanho. A interpretação revisionista que apóio neste ensaio não vai ao ponto de endeusar os dinossauros como modelos do intelecto, mas sustenta que eles não eram, absolutamente, animais de cérebro pequeno: seus cérebros eram do "tamanho correto" para répteis com suas dimensões.

Não pretendo negar que a achatada e minúscula cabeça do corpulento *estegossauro* alberga pouco cérebro, segundo nossa perspectiva subjetiva e imponderada, mas desejo afirmar que não deveríamos esperar mais do monstro. Primeiramente, os animais grandes têm cérebros relativamente menores que os dos animais pequenos a eles relacionados. A correlação das dimensões do cérebro com as do corpo entre animais do mesmo grupo (todos os répteis, todos os mamíferos, por exemplo) é notavelmente regular. À medida que nos deslocamos dos pequenos para os grandes animais, dos ratos para os elefantes ou dos pequenos lagartos aos dragões *Komodo*, o tamanho do cérebro aumenta, mas não tão depressa quanto o do corpo. Em outras palavras, os corpos crescem mais depressa que os cérebros, e os

Braquiossauros. (Gregory S. Paul)

grandes animais apresentam cérebros proporcionalmente mais leves, se considerados em relação ao peso do corpo. De fato, os cérebros crescem apenas a cerca de dois terços da velocidade dos corpos. Já que não temos nenhuma razão para acreditar que os animais maiores são mais estúpidos que os seus parentes menores, devemos concluir que os animais maiores precisam de relativamente menos cérebro para fazer o mesmo que os animais menores. Se não reconhecemos esse fato, somos levados a subestimar a capacidade mental dos animais muito grandes, em particular dos dinossauros.

Em segundo lugar, a relação entre cérebro e corpo não é idêntica em todos os grupos vertebrados. Todos compartilham a mesma taxa de decréscimo relativo no tamanho do cérebro, mas os mamíferos menores têm cérebros muito maiores que os répteis pequenos com o mesmo peso. Essa discrepância se mantém em todos os corpos mais pesados, pois o tamanho do cérebro aumenta igualmente em ambos os grupos — a dois terços da velocidade de aumento das dimensões do corpo.

Juntemos estes dois fatores: todos os grandes animais têm cérebros relativamente menores, e os répteis têm cérebros muito menores que os mamíferos, para qualquer peso corporal comum considerado — o que é que podemos esperar acerca de um grande réptil normal? A resposta, claro, é um cérebro de dimensões muito modestas. Nenhum réptil vivo sequer se aproxima de um dinossauro de porte médio, e assim não temos nenhum padrão moderno que sirva de modelo para os dinossauros.

Felizmente, nosso imperfeito registro fóssil não nos desapontou gravemente, pelo menos uma vez, ao nos fornecer dados relativos a cérebros fósseis. Foram encontrados crânios soberbamente preservados de muitas espécies de dinossauros, e foi possível medir as capacidades cranianas. (Como nos répteis os cérebros não preenchem por completo os crânios, é preciso empregar alguns artifícios criativos para estimar o volume do cérebro a partir da cavidade craniana.) Com esses dados podemos pôr à prova a hipótese convencional da estupidez dinossáurica. Deveríamos concordar, em princípio, que o padrão reptiliano é o único apropriado — é certamente irrelevante que os dinossauros tivessem cérebros menores que os das pessoas ou das baleias. Temos dados abundantes sobre a relação entre o tamanho do cérebro e do corpo nos répteis modernos. Já que sabemos que os cérebros aumentam a dois terços da velocidade de crescimento dos corpos, partindo-se das menores para as maiores espécies vivas, podemos extrapolar essa taxa para as dimensões dinossáuricas e perguntar se os cérebros dos dinossauros correspondem àquilo que esperaríamos de répteis vivos, se estes atingissem o mesmo tamanho.

Harry Jerison estudou o tamanho dos cérebros de dez dinossauros e descobriu que eles acompanhavam a curva reptiliana extrapolada. Portanto, os dinossauros não tinham cérebros pequenos; seus cérebros correspondiam exatamente aos de répteis da sua dimensão. Isso descarta a explicação dada pela sra. Parkes para a extinção deles.

Jerison não fez qualquer tentativa para distinguir entre os vários tipos de dinossauros; dez espécies distribuídas por seis grupos principais não constituem uma base adequada para comparações. Recentemente, James A. Hopson, da Universidade de Chicago, reuniu mais dados e fez uma descoberta notável e satisfatória.

Como precisava de uma escala comum para todos os dinossauros, Hopson comparou cada cérebro de dinossauro com o cérebro reptiliano médio que corresponderia ao peso do seu corpo. Se o dinossauro cai na curva reptiliana padrão, seu cérebro recebe um valor de 1,0 (denominado quociente de encefalização ou QE — taxa de cérebro atual em relação ao cérebro esperado para um réptil padrão com o mesmo peso corporal). Os dinossauros acima da curva (mais cérebro que o esperado) recebem valores superiores a 1,0, enquanto aqueles abaixo da curva obtêm valores inferiores.

Hopson descobriu que os principais grupos de dinossauros podem ser classificados por valores crescentes de QE médio. Essa classificação corresponde perfeitamente ao que se inferiu quanto à velocidade, agilidade e complexidade comportamental na alimentação (ou no comportamento de evitar tornar-se uma refeição para outrem). Os saurópodes gigantes, o brontossauro e seus aliados têm o QE mais baixo — 0,20 a 0,35. Devem ter-se movido lentamente e sem grande capacidade de manobra, escapando provavelmente à predação em virtude do seu tamanho, de maneira muito semelhante à dos elefantes hoje em dia. Os anquilossauros e os estegossauros vêm a seguir, com QE de 0,52 a 0,56. Esses animais, com sua pesada couraça, confiavam amplamente na defesa passiva, mas a cauda do anquilossauro, semelhante a uma clava, e a cauda espinhosa do estegossauro pressupõem algum combate ativo e complexidade comportamental aumentada.

Os ceratopsídios vêm a seguir, entre 0,7 e 0,9. A propósito, Hopson assinala: "Os ceratopsídios maiores, com suas grandes cabeças cornudas, confiavam em estratégias defensivas ativas e presumivelmente precisavam de mais agilidade que as formas com caudas armadas, tanto na defesa contra os predadores, como no combate intra-específico. Os menores, desprovidos de cornos verdadeiros, teriam confiado na acuidade sensorial e na velocidade para escaparem aos predadores." Os ornitópodes (bicos de pato e seus aliados) eram os herbívoros mais cerebrados, com QE de 0,85 a 1,5, e confiavam em "sentidos aguçados e velocidades relativamente elevadas" para enganar os carnívoros. O vôo parece requerer mais acuidade e agilidade do que a defesa em pé. O pequeno ceratopsídio *Protoceratops*, desprovido de chifres e provavelmente voador, tinha um QE mais elevado do que o grande *Triceratops* de três chifres.

Os carnívoros têm um QE mais elevado que os herbívoros, como nos vertebrados modernos. Apanhar uma presa que se mova rapidamente ou que se defenda energicamente exige muito mais do que apanhar a espécie certa de planta. Os terópodes gigantes (tiranossauro e seus aliados) variam de 1,0 até cerca de 2,0. No topo da lista, muito apropriadamente ao seu tamanho reduzido, encontra-se o pequeno *Stenonychosaurus*, com um QE bem acima de 5,0. Suas presas, sempre em movimento, talvez pequenos mamíferos e pássaros, impunham provavelmente um desafio muito maior para a descoberta e captura do que o *Triceratops* representava ao tiranossauro.

Não desejo fazer a ingênua colocação de que o volume do cérebro iguala a inteligência ou, neste caso, o alcance comportamental e a agilidade (não sei o que a inteligência significa nos seres humanos, e muito menos num grupo de répteis extintos). A variação do volume do cérebro no interior de uma espécie tem muito pouco a ver com a capacidade cerebral (os seres humanos vivem igualmente bem com 900 ou 2.500 centímetros cúbicos de cérebro). Mas a comparação entre espécies, quando as diferenças são grandes, parece razoável. Não encaro como irrelevante para nossas realizações que excedamos tanto em QE os ursos coalas — por mais que eu goste deles. O ordenamento entre os dinossauros também indica que mesmo uma medida tão grosseira como o volume cerebral conta para alguma coisa.

Se a complexidade de comportamento é uma conseqüência da capacidade mental, podemos esperar desvendar entre os dinossauros alguns sinais de comportamento social que exijam coordenação, coesão e reconhecimento. Isso de fato ocorre, e não pode ser por acaso que se ignoraram tais sinais quando os dinossauros suportavam o fardo de uma obtusidade perfidamente imposta. Já se descobriram muitas pistas que evidenciam mais de vinte animais marchando em conjunto, uns ao lado dos outros. Teriam alguns dinossauros vivido em manadas? Na pista saurópode de Davenport Ranch há pequenas pegadas no centro e pegadas maiores na periferia. Talvez alguns dinossauros viajassem, como alguns mamíferos herbívoros fazem hoje em dia, com os adultos maiores nas bordas, protegendo os mais jovens no centro.

Além disso, as mesmas estruturas que pareceram aos velhos paleontólogos muito bizarras e inúteis — as cristas elaboradas do hadrossauro, os chifres dos ceratopsídios e os 3 metros de osso sólido sobre o cérebro do *Pachycephalosaurus* — começam agora a ganhar uma explicação coerente como dispositivos sexuais e de combate. Os *Pachycephalosaurus* podem ter-se dedicado a disputas de chifradas, de maneira muito semelhante à dos cabritos monteses hoje em dia. As cristas de alguns hadrossauros são bem projetadas como câmaras de ressonância; dedicar-se-iam eles a desafios sonoros? O chifre do ceratopsídio e sua couraça podem ter funcionado como espada e escudo numa batalha por fêmeas. Já que esse comportamento não é apenas intrinsecamente complexo, mas implica também um elaborado sistema social, dificilmente esperamos encontrá-lo num grupo de animais arrastando-se ao nível dos idiotas.

Mas a melhor ilustração da capacidade dinossáurica pode muito bem ser o fato mais freqüentemente citado contra eles — sua extinção. Para a maior parte das pessoas, a extinção carrega muitas das conotações atribuídas ao sexo — algo vergonhoso, que ocorre com freqüência, mas não para a honra de ninguém, e que não deve ser discutido em círculos respeitáveis. Tal como o sexo, a extinção é uma fatalidade da vida. É o destino último de todas as espécies, e não o apanágio de criaturas infelizes e mal projetadas. Não é um sinal de fracasso.

O fato notável acerca dos dinossauros não é que eles se tenham extinguido, mas que tenham dominado a Terra durante tanto tempo. Os dinossauros mantiveram-se durante 100 milhões de anos, enquanto os mamíferos, durante todo esse tempo, viveram como pequenos animais nos interstícios do seu mundo. Após 70 milhões de anos no topo, nós, os mamíferos, temos um excelente recorde de pista e boas perspectivas para o futuro, mas precisamos ainda desenvolver o poder de permanência dos dinossauros.

À luz desse critério, as pessoas são dificilmente dignas de menção — talvez 5 milhões de anos desde o *Australopithecus*, uns poucos 50.000 para a nossa própria espécie, *Homo sapiens*. Façam um último teste dentro do nosso sistema de valores: conhecem alguém que apostaria uma soma substancial, mesmo em condições favoráveis, na proposição de que o *Homo sapiens* durará mais tempo que o brontossauro?

26 O revelador "osso da sorte"

Quando eu tinha 4 anos, queria ser um coletor de lixo. Adorava o barulho das latas e o ruído do compressor; pensava que todo o lixo de Nova Iorque poderia ser comprimido num único e espaçoso caminhão. Então, quando estava com 5 anos de idade, meu pai levou-me para ver o *Tyranossaurus* no Museu Americano de História Natural. Quando nos encontrávamos na frente da fera, um homem espirrou; estremeci e preparei-me para rezar meu *Shema Yisrael*[1]. Mas o grande animal manteve-se imóvel em toda a sua grandeza óssea e, assim que saímos, anunciei que seria paleontólogo quando crescesse.

Nesses dias distantes do final da década de 40 não havia muito para alimentar o interesse de um rapaz pela paleontologia. Lembro-me de *Fantasia*, Alley Oop e algumas estatuetas de metal, imitando antigüidades, na loja do Museu, por preços muito acima das minhas possibilidades e, de qualquer maneira, não muito atraentes. Mais do que tudo, recordo a impressão transmitida pelos livros: o *Brontosaurus* desperdiçando a vida pelos pântanos porque não podia suportar seu próprio peso em terra seca; o *Tyranossaurus*, temível na luta, mas desajeitado e grosseiro ao se movimentar. Em resumo, brutamontes de sangue frio, lentos, pesados e com cérebros de ervilha. E, como prova última da sua insuficiência arcaica, não pereceram todos eles na grande extinção cretácea?

Sempre me aborreceu um aspecto dessa sabedoria convencional: como esses dinossauros deficientes se desempenharam tão bem no mundo e durante tanto tempo? Os répteis terapsídeos, antepassados dos mamíferos, tornaram-se abundantes e variados antes da ascensão dos dinossauros. Por que não herdaram eles a Terra, em lugar dos dinossauros? Os próprios mamíferos evoluíram mais ou menos na mesma época que os dinossauros e viveram durante 100 milhões de anos como criaturas pequenas e invulgares. Por que razão, se os dinossauros eram tão lentos, estúpidos e ineficazes, os mamíferos não prevaleceram imediatamente?

Uma solução impressionante foi sugerida por vários paleontólogos ao longo da última década: os dinossauros, afinal, eram ágeis, ati-

---

1. Em hebraico, *Escuta, Israel*, nome de uma oração da religião judaica. (N. T.)

vos e de sangue quente. Além disso, não desapareceram de todo, porque um ramo da sua linhagem ainda permanece — chamamo-lhes aves. Fiz uma vez o voto de não escrever nestes ensaios acerca de dinossauros de sangue quente: o novo evangelho tinha sido proclamado muito adequadamente em televisão, jornais, revistas e livros populares. O leigo inteligente, essa válida abstração para quem escrevemos, deve estar saturado. Mas eu abjuro uma boa razão, penso. Em discussões quase intermináveis percebo que a relação entre as duas suposições centrais — a endotermia dos dinossauros (terem sangue quente) e a ancestralidade dinossáurica das aves — tem sido em grande parte mal compreendida. Acho também que a relação entre dinossauros e aves provocou a excitação pública por uma razão errada, enquanto a razão correta, em geral pouco apreciada, une nitidamente a ancestralidade das aves com a endotermia dos dinossauros. E essa união apóia a proposta mais radical de todas — uma reestruturação da classificação dos vertebrados que retira os dinossauros dos *Reptilia*, extingue a classe tradicional das aves e designa uma nova classe, *Dinosauria*, unindo as aves e os dinossauros. Os vertebrados terrestres seriam distribuídos por quatro classes: duas de sangue frio, *Amphibia* e *Reptilia*, e duas de sangue quente, *Dinosauria* e *Mammalia*. Ainda não me decidi acerca dessa nova classificação, mas aprecio a originalidade e a força do argumento.

A suposição de que as aves tiveram como antepassados os dinossauros não é tão atordoante como pode parecer à primeira vista, já que envolve apenas uma ligeira reorientação de um dos ramos da árvore filética. A relação muito estreita entre a primeira ave, o *Archaeopteryx*, e um grupo de pequenos dinossauros chamados "coelurossauros" nunca foi posta em dúvida. Thomas Henry Huxley e muitos paleontólogos do século XIX defenderam uma relação de descendência direta e derivaram as aves dos dinossauros.

Mas a opinião de Huxley perdeu a força durante este século por uma razão simples e aparentemente válida. Estruturas complexas, uma vez totalmente perdidas no decurso da evolução, não reaparecem na mesma forma. Essa afirmação não evoca qualquer força direcional misteriosa na evolução, apenas estabelece uma suposição baseada na probabilidade matemática. As partes complexas são construídas por muitos genes interagindo de modo complexo com toda a máquina de desenvolvimento de um organismo. Se desmantelado pela evolução, como um sistema desses poderia ser construído outra vez, peça por peça? A rejeição do argumento de Huxley baseou-se num único osso — a clavícula. Nos pássaros, incluindo o *Archaeopteryx*, as clavículas fundem-se para formar uma forquilha, mais conhecida pelos amigos de Colonel Sanders como "osso da sorte". Todos os dinossauros, pelo menos assim parecia, tinham perdido suas clavículas; desse modo, não podiam ser os antepassados diretos das aves. Um argumento inatacável, se verdadeiro. Mas evidências negativas são notoriamente invalidadas por descobertas posteriores.

Mesmo os oponentes de Huxley não puderam negar a minuciosa semelhança estrutural entre o *Archaeopteryx* e os coelurossauros. Assim, optaram pela relação mais próxima possível entre aves e dinossauros — a derivação comum a partir de um grupo de répteis que ainda possuíam clavícula, subseqüentemente perdida numa linha de descendência (dinossauros) e reforçada e fundida em outra (aves). Os melhores candidatos para um antepassado comum são um grupo de répteis tecodontes do triásico, chamados pseudo-suquianos.

Muitas pessoas, ao ouvirem pela primeira vez que as aves podem ser dinossauros sobreviventes, pensam que tal afirmação representa a derrocada total da doutrina aprendida sobre as relações entre os vertebrados. Nada poderia estar mais longe da verdade. Todos os paleontólogos advogam uma estreita afinidade entre os dinossauros

Archaeopteryx. (Gregory S. Paul)

e as aves. O debate atual centra-se sobre uma pequena mudança nos pontos filéticos de ramificação: as aves se ramificaram ou a partir dos pseudo-suquianos ou a partir de seus descendentes — os celurossauros. Se as aves se ramificaram ao nível dos pseudo-suquianos, não podem ser catalogadas como descendentes dos dinossauros (uma vez que os dinossauros ainda não tinham aparecido); se derivam dos celurossauros, então são o único ramo sobrevivente de um tronco dinossauro. Já que os pseudo-suquianos e os dinossauros primitivos eram muito semelhantes, o ponto real em que se deu a ramificação não tem grande importância para a biologia das aves. Ninguém está sugerindo que as andorinhas evoluíram a partir de *Stegosaurus* ou de *Triceratops*.

Assim explicada, a questão pode parecer agora bastante desinteressante para muitos leitores, embora eu vá argumentar em breve (por uma razão diferente) que não é. Mas quero realçar que esses desvios da genealogia são de grande preocupação para os paleontólogos profissionais. Nós nos importamos muito com quem se ramificou a partir de quem, porque nosso negócio é reconstituir a história da vida, e valorizamos nossas criaturas favoritas com o mesmo cuidado amoroso que muita gente dedica às suas famílias. Muitas pessoas ficariam bastante preocupadas se soubessem que seu primo era realmente seu pai — mesmo que essa descoberta trouxesse poucos esclarecimentos acerca de sua construção biológica.

O paleontólogo John Ostrom, de Yale, reviu recentemente a teoria dos dinossauros, reexaminando cada um dos cinco espécimes de *Archaeopteryx*. Em primeiro lugar, a principal objeção aos dinossauros como antepassados já tinha sido contrariada. Pelo menos dois celurossauros tinham clavículas; já não podiam mais ser rejeitados como progenitores dos pássaros. Segundo, Ostrom documenta com impressionante minúcia a extrema semelhança de estrutura entre o *Archaeopteryx* e os celurossauros. Já que muitas dessas características comuns não são partilhadas pelos pseudo-suquianos, ou elas evoluíram duas vezes (se os pseudo-suquianos são antepassados de ambos, aves e dinossauros), ou evoluíram uma única vez, e as aves herdaram-nas dos antepassados dinossauros.

O desenvolvimento separado de características semelhantes é muito comum na evolução, fato que designamos por paralelismo ou convergência. É de esperar convergência em algumas estruturas relativamente simples e claramente adaptativas quando dois grupos partilham o mesmo modo de vida — considere-se o carnívoro marsupial de dentes de sabre da América do Sul e o "tigre" placentário com dentes de sabre (ver o ensaio 28). Mas quando encontramos cor-

Sistema cladístico

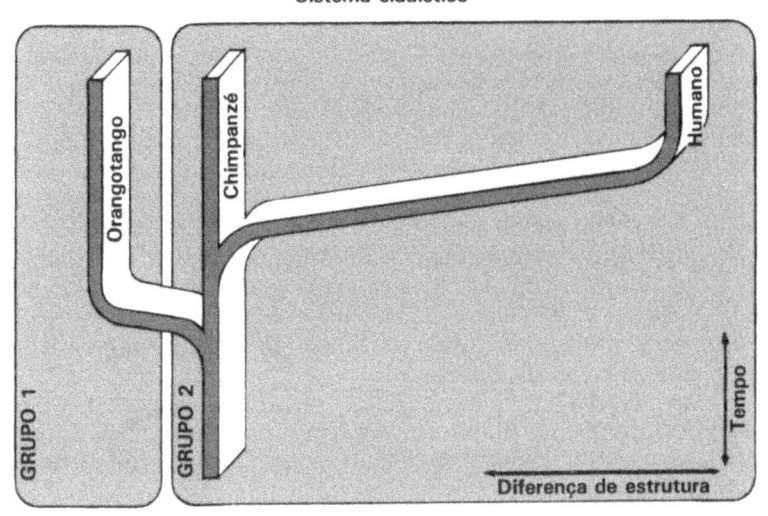

Sistema tradicional

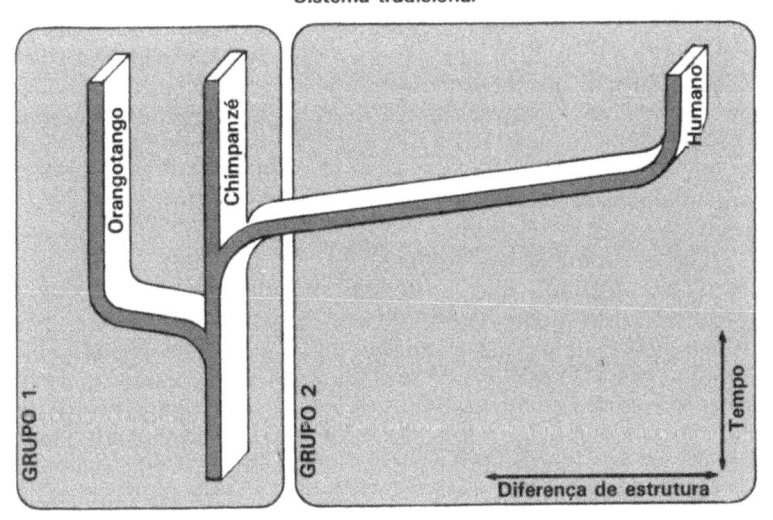

The Telltale Wishbone. Com a autorização do *Natural History*, novembro, 1977.
© American Museum of Natural History, 1977

respondência total quanto às minúcias da estrutura, sem necessidade adaptativa clara, concluímos que os dois grupos compartilham suas semelhanças por descendência a partir de uma antepassado comum. Por isso aceito a revisão de Ostrom. O único impedimento maior à hipótese dos dinossauros como antepassados das aves já tinha sido removido com a descoberta de clavículas em alguns coelurossauros.

As aves evoluíram a partir dos dinossauros, mas significa isso, para citar a ladainha de alguns relatos populares, que os dinossauros ainda vivem? Ou, pondo a questão de modo mais operacional, devemos classificar no mesmo grupo os dinossauros e as aves, constituindo estas últimas os únicos representantes vivos? Os paleontólogos R. T. Bakker e P. M. Galton defenderam esse ponto de vista quando propuseram que a nova classe vertebrada dinossáurica acomodasse tanto as aves como os dinossauros.

Uma decisão acerca dessa questão envolve um ponto básico da filosofia taxionômica. (Lamento ser tão técnico quanto a um assunto tão quente, mas sérios mal-entendidos podem surgir quando não se consegue separar questões formais em taxonomia de suposições biológicas sobre estrutura e fisiologia.) Alguns taxionomistas argumentam que deveríamos agrupar os organismos apenas pelos padrões de ramificação: se dois grupos se ramificam um do outro e não têm descendentes (como os dinossauros e as aves), devem ser unidos na classificação formal antes que um dos grupos se junte a outro (como os dinossauros com os outros répteis). Nesse assim denominado sistema cladístico de taxonomia, os dinossauros não podem ser répteis, a não ser que as aves também o sejam. E, se as aves não são répteis, então, de acordo com as regras, dinossauros e aves devem formar uma classe nova e única.

Outros taxionomistas argumentam que os pontos de ramificação não constituem o único critério de classificação; também levam em consideração o grau de divergência adaptativa na estrutura. No sistema cladístico, as vacas e os peixes pulmonados têm uma afinidade mais estreita do que os peixes pulmonados e os salmões, porque os antepassados dos vertebrados terrestres se ramificaram a partir de peixes sarcopterígios (um grupo que inclui os peixes pulmonados), após estes já se terem ramificado a partir dos actinopterígios (classe de peixes com esqueleto ósseo, incluindo o salmão). No sistema tradicional consideramos tanto a estrutura biológica como o padrão de ramificação e podemos continuar a classificar conjuntamente os peixes pulmonados e os salmões como peixes, porque partilham muitas características comuns de vertebrados aquáticos. Os antepassados das vacas sofreram uma enorme transformação evolutiva, do anfíbio para o réptil e para o mamífero; os peixes pulmonados estagnaram e têm um aspecto muito semelhante ao que tinham há 250 milhões de anos. Peixe é peixe, como disse certa vez um filósofo eminente.

O sistema tradicional reconhece como critério apropriado de classificação as taxas evolutivas desiguais após a ramificação. Um grupo pode ganhar estatuto separado em virtude da sua profunda divergência. Assim, no sistema tradicional, os mamíferos podem constituir um grupo separado e os peixes pulmonados podem ser mantidos com os outros peixes. Os seres humanos podem constituir um grupo separado e os chimpanzés podem ser mantidos com os orangotangos (embora os seres humanos e os chimpanzés compartilhem um ponto de ramificação mais recente do que os chimpanzés e os orangotangos). De maneira semelhante, as aves podem constituir um grupo separado e os dinossauros podem ser mantidos entre os répteis, embora as aves se tenham ramificado a partir dos dinossauros. Se as aves desenvolveram a base estrutural do seu grande êxito após se terem ramificado dos dinossauros, e se os dinossauros nunca se afastaram muito de um plano reptiliano básico, então as aves deveriam ser agrupadas separadamente e os dinossauros ser mantidos com os répteis, apesar da sua história genealógica de ramificação.

Assim, chegamos finalmente à nossa questão central e à relação entre esse assunto técnico em taxonomia e o tema dos dinossauros de sangue quente. Terão as aves herdado suas características primárias diretamente dos dinossauros? Se assim foi, a classe dinossáurica de Bakker e Galton deveria provavelmente ser aceita, embora muitas aves modernas tenham adotado um modo de vida (vôo e tamanho pequeno) não tão próximo ao da maioria dos dinossauros. Afinal, as baleias, os morcegos e os tatus são todos mamíferos.

Consideremos as duas principais características que forneceram às aves uma base adaptativa para o vôo — penas para ascensão e propulsão e sangue quente para a manutenção de níveis de metabolismo suficientemente altos para assegurar uma atividade tão estrênua como o vôo. Poderia o *Archaeopteryx* ter herdado ambas as características de antepassados dinossauros?

R. T. Bakker apresentou a argumentação mais elegante em favor dos dinossauros de sangue quente, fundamentando sua causa controversa em quatro pontos principais:

1. *Estrutura óssea*. Os animais de sangue frio não podem manter constante a temperatura do corpo, que varia de acordo com as

temperaturas do ambiente externo. Em conseqüência, os animais de sangue frio que vivem em regiões com sazonalidade intensa (invernos frios e verões quentes) desenvolvem anéis de crescimento nas camadas externas de osso compacto — alternando camadas de crescimento rápido no verão e de crescimento lento no inverno. (Claro que os anéis das árvores registram o mesmo padrão.) Os animais de sangue quente não desenvolvem anéis porque sua temperatura interna é constante em todas as estações. Os dinossauros das regiões de sazonalidade intensa não apresentam anéis de crescimento nos ossos.

2. *Distribuição geográfica*. Os grandes animais de sangue frio não vivem em latitudes elevadas (longe do equador) porque não conseguem aquecer-se o suficiente durante os curtos dias de inverno e são grandes demais para encontrar locais seguros para hibernação. Alguns grandes dinossauros viveram tão ao norte que tiveram de agüentar longos períodos de ausência total de luz solar durante o inverno.

3. *Ecologia fóssil*. Os carnívoros de sangue quente precisam comer muito mais que os carnívoros de sangue frio do mesmo tamanho, a fim de manterem constante a temperatura do corpo. Conseqüentemente, quando os predadores e as presas têm aproximadamente o mesmo tamanho, a comunidade dos animais de sangue frio inclui relativamente mais predadores (já que cada um precisa comer muito menos) que a comunidade dos animais de sangue quente. A razão entre predadores e presas pode atingir 40% em comunidades de sangue frio, mas não excede 3% em comunidades de sangue quente. Os predadores são raros nas faunas de dinossauros; sua abundância relativa iguala nossa expectativa em relação às comunidades modernas de animais de sangue quente.

4. *Anatomia do dinossauro*. Os dinossauros são geralmente descritos como animais lentos e desajeitados, mas recentes reconstituições (ver o ensaio 25) indicam que muitos dinossauros gigantes se assemelhavam a mamíferos corredores modernos na anatomia locomotora e nas proporções dos seus membros.

Mas como considerar as penas como uma herança dos dinossauros? Certamente nenhum brontossauro foi alguma vez revestido como um pavão. Para que o *Archaeopteryx* usou suas penas? Se foi para o vôo, então as penas podem pertencer apenas às aves; ninguém nunca postulou um dinossauro com sustentação aérea (os pterossauros voadores pertencem a um grupo separado). Contudo, a reconstrução anatômica de Ostrom sugere fortemente que o *Archaeopteryx* não podia voar; seu antebraço emplumado liga-se ao ombro de maneira bastante inadequada para agitar uma asa. Ostrom sugere uma função dual para as penas: isolamento para proteger da perda de calor uma pequena criatura de sangue quente e uma espécie de armadilha para apanhar insetos voadores e outras presas pequenas num abraço totalmente fechado.

O *Archaeopteryx* era um animal pequeno, pesava menos de meio quilo e em pé era ainda mais baixo que os dinossauros menores. As criaturas pequenas apresentam uma taxa muito elevada de área em relação ao volume (ver os ensaios 29 e 30). O calor é gerado no volume do corpo e irradiado para fora através da superfície. As pequenas criaturas de sangue quente têm problemas especiais para manter constante a temperatura corporal, já que o calor se dissipa muito rapidamente a partir da sua superfície, relativamente enorme. Os ratos, embora isolados por um revestimento de pêlo, passam quase que o tempo todo comendo para manter seu calor interno. A razão superfície/volume era tão baixa nos grandes dinossauros que eles podiam manter temperaturas constantes sem isolamento. Mas, assim que qualquer dinossauro ou descendente seu se tornasse muito pequeno, precisaria de isolamento para permanecer de sangue quente. As penas podem ter servido como adaptação primária para a manutenção de temperaturas constantes em dinossauros pequenos. Bakker sugere que muitos pequenos coelurossauros podem ter tido penas também. (Muito poucos fósseis preservam quaisquer penas: o *Archaeopteryx* constitui uma grande raridade de preservação requintada.)

As penas, primariamente desenvolvidas para isolamento, cedo foram exploradas para aplicação no vôo. De fato, é difícil imaginar como as penas poderiam ter-se desenvolvido para outro uso que não o vôo. Os antepassados das aves certamente não eram voadores, e as penas não surgiram todas de súbito e completamente formadas. Como pôde a seleção natural construir uma adaptação ao longo de vários estágios intermediários, em antepassados que não a utilizavam para nada? Postulando uma função primária como isolantes, podemos considerar as penas como um dispositivo para permitir aos dinossauros de sangue quente acesso às vantagens ecológicas do tamanho pequeno.

Os argumentos de Ostrom a favor da descendência das aves a partir de coelurossauros não dependem da existência de sangue quente nos dinossauros ou da utilidade primária das penas como isolante. Em vez disso, baseiam-se nos métodos clássicos da anatomia comparada — semelhança minuciosa entre os ossos e a certeza de que uma semelhança tão marcante deve indicar ascendência comum, e não convergência. Acredito que os argumentos de Ostrom se manterão, independentemente da resolução que venha a ser dada ao aceso debate sobre os dinossauros de sangue quente.

Mas a hipótese de que as aves descendem dos dinossauros só ganha fascínio aos olhos do público se elas tiverem herdado diretamente dos dinossauros suas adaptações primárias de penas e sangue quente. Se essas adaptações foram desenvolvidas após a ramificação, então os dinossauros são répteis perfeitos na sua fisiologia; deveriam ser mantidos na classe *Reptilia*, com as tartarugas, os lagartos e outros parentes. (Na minha filosofia taxionômica tendo a ser tradicionalista, em vez de cladista.) Mas se os dinossauros foram realmente animais de sangue quente, e se as penas foram sua maneira de continuarem de sangue quente em tamanhos pequenos, então as aves herdaram deles as bases do seu êxito. E se os dinossauros estiveram mais perto das aves que de outros répteis, fisiologicamente falando, então temos um argumento estrutural clássico — e não apenas uma suposição genealógica — a favor da aliança formal das aves e dos dinossauros numa nova classe, *Dinosauria*.

Bakker e Galton escreveram: "A radiação aviária é uma exploração aérea da fisiologia e da estrutura dinossáuricas básicas, precisamente da mesma maneira que a radiação dos morcegos constitui uma exploração aérea da fisiologia mamífera primitiva básica. Os morcegos não se encontram separados numa classe independente apenas porque voam. Acreditamos que nem o vôo, nem a diversidade de espécies das aves sejam suficientes para separá-las dos dinossauros ao nível da classe." Pense no *Tyranossaurus* e agradeça ao velho monstro, como representante do seu grupo, quando, da próxima vez que comer galinha, partir o osso da sorte[2].

---

2. Este artigo apareceu originalmente na *Natural History* de novembro de 1977.

27 Os estranhos casais da natureza

> Na corrente da Natureza, qualquer que seja o elo retirado,
> O décimo, ou o décimo milésimo, a corrente quebrará do mesmo modo.
> (Alexander Pope, *An Essay on Man*, 1733)

A copla de Pope exprime um conceito comum, embora exagerado, de ligação entre organismos num ecossistema. Mas os ecossistemas não se encontram num equilíbrio tão precário, que a extirpação de uma espécie represente o primeiro dominó nessa metáfora colorida da guerra fria. De fato, isso não seria possível, pois a extinção é o destino comum de todas as espécies — e elas não podem levar consigo seus ecossistemas. Muitas vezes, as espécies dependem tanto uma das outras como os "Ships that pass in the night" (Barcos que passam na noite) de Longfellow. A cidade de Nova Iorque pode até sobreviver sem os seus cães (não estou tão certo disso quanto às baratas, mas arriscaria).

As cadeias de dependência menores são mais comuns. Estranhas associações entre organismos diferentes constituem a matéria-prima para os propagadores da história natural. Uma alga e um fungo formam um líquen; microrganismos fotossintéticos vivem no tecido dos corais construtores de recifes. A seleção natural é oportunista; desenha organismos para seus ambientes atuais e não pode antecipar o futuro. Uma espécie muitas vezes desenvolve uma dependência inquebrável em relação a outras; num mundo inconstante, essa ligação frutífera pode selar seu destino.

Na minha dissertação de doutoramento escrevi sobre os caracóis terrestres fósseis das Bermudas. Ao longo das praias freqüentemente viria a encontrar caranguejos eremitas desajeitadamente alojados — com as grandes tenazes de fora — na pequena concha de um caracol neritídeo (as nerites incluem a familiar "dente-sangrente"). Por que, pensava eu, esses caranguejos não trocavam seus aposentos superlotados por alojamentos mais cômodos? Afinal, os caranguejos eremitas só são superados pelos executivos modernos na freqüência com que entram no mercado de imóveis. Então, um dia, avistei um caranguejo eremita com acomodações decentes — uma concha do "búzio" *Cittarium pica*, um caracol grande e o principal alimento em todas as Índias Ocidentais. Mas a concha do *Cittarium* era um fóssil, saído de uma antiga duna de areia para a qual fora transportado 120.000 anos antes por um antepassado do seu ocupante atual. Observei cuidadosamente durante os meses seguintes. Muitos eremitas tinham-se apertado dentro de nerites, mas alguns habitavam conchas de búzios, e essas conchas eram sempre fósseis.

Comecei a juntar as peças da história, apenas para descobrir que tinha sido precedido em 1907 por Addison E. Verrill, mestre taxionomista, professor de Yale, protegido de Louis Agassiz e registrador diligente da história natural das Bermudas. Verrill pesquisou os registros históricos das Bermudas à procura de referências a búzios vivos e descobriu que eles haviam sido abundantes durante os primeiros anos da habitação humana. O capitão John Smith, por exemplo, registrou a sorte de um membro da sua tripulação durante a grande fome de 1614-1615: "Um dentre todos escondeu-se nos bosques e viveu apenas de búzios e caranguejos terrestres, robusto e sadio durante muitos meses." Outro membro da tripulação declarou que fabricavam cola para as costuras dos seus navios misturando conchas de búzios queimadas com óleo de tartaruga. O último registro de *Cittaria* vivos feito por Verrill vem de serventes de cozinha dos soldados britânicos estacionados nas Bermudas durante a guerra de 1812. Segundo ele, nenhum *Cittarium* fora visto recentemente, "nem eu fiquei sabendo que algum deles tenha se mantido na memória dos habitantes mais antigos". Durante os últimos setenta anos não houve quaisquer observações que alterassem a conclusão de Verrill de que o *Cittarium* estivesse extinto nas Bermudas.

À medida que lia o relatório de Verrill, a situação de apuro do *Cenobita diogenes* (nome próprio do caranguejo eremita gigante) atingiu-me com aquela pontada de dor antropocêntrica muitas vezes transferida, talvez impropriamente, para outras criaturas. Porque percebi que a natureza condenara o *Cenobita* a uma extinção lenta nas Bermudas. As conchas de nerites são muito pequenas; só os caranguejos jovens e os caranguejos adultos muito jovens cabem no seu interior — e muito mal. Nenhum outro caracol moderno parece servir-lhes, e uma vida adulta bem-sucedida requer a descoberta e a posse (freqüentemente através da conquista) de uma mercadoria mais preciosa e consumível — uma concha de *Cittarium*. Mas este, para usar o jargão dos últimos anos, tornou-se um "recurso não renovável" nas Bermudas, e os caranguejos continuam reciclando as conchas de séculos anteriores. Essas conchas são espessas e fortes, mas não podem resistir para sempre às ondas e às rochas — e as reservas diminuem constantemente. Algumas conchas "novas" rolam das dunas fósseis todos os anos — um precioso legado de caranguejos ancestrais que as carregaram para os montes eras atrás —, mas estas não podem satisfazer a procura. O *Cenobita* parece destinado a cumprir a visão pessimista de muitos filmes e cenários futuristas: sobreviventes esgotados lutando até a morte por um último pedaço. Os cientistas que denominaram este animal "grande eremita" escolheram bem. Diógenes, o Cínico, acendeu sua lanterna e procurou pelas ruas de Atenas um homem honesto; não conseguiu encontrar nenhum. O *C. diogenes* perecerá em busca de uma única concha decente.

Essa história tocante do *Cenobita* emergiu de um registro profundo na minha mente quando ouvi recentemente uma história muito semelhante. Os caranguejos e os caracóis forjaram uma interdependência evolutiva na primeira história. Uma combinação mais improvável — sementes e dodôs — fornece a segunda, mas esta tem um final feliz.

William Buckland, um catastrofista proeminente entre os geólogos do século XIX, resumiu a história da vida num grande mapa, dobrado várias vezes para caber nas páginas do seu popular trabalho *Geology and Mineralogy Considered With Reference to Natural Theology*. O mapa representa as vítimas das extinções em massa, agrupadas pela época do seu desaparecimento. Os grandes animais estão juntos: ictiossauros, dinossauros, amonites e pterossauros num grupo; mamutes, rinocerontes lanosos e ursos gigantes das cavernas, noutro. Na extrema direita, representando os animais modernos, está o dodô sozinho, primeira extinção registrada da nossa era. O dodô, pombo gigante incapaz de voar (11 kg ou mais de peso), viveu em grande abundância na ilha Maurício. No espaço de 200 anos a partir da sua descoberta, no século XV, foi varrido do mapa — por homens que apreciavam seus ovos saborosos e pelos porcos que os primeiros marinheiros transportaram para Maurício. Não existem dodôs vivos desde 1681.

Em agosto de 1977, Stanley A. Temple, ecólogo da vida selvagem na Universidade de Wisconsin, relatou a seguinte história notável (mas vejam o pós-escrito para um desafio subseqüente). Ele, como outros antes dele, notara que a *Calvaria major*, uma árvore de grandes dimensões, parecia estar prestes à extinção em Maurício. Em 1973 conseguiu encontrar apenas trinta "árvores velhas, superamadurecidas e agonizantes" nas florestas nativas remanescentes. Os experientes guardas-florestais de Maurício estimaram a idade das árvores em mais de 300 anos. Essas árvores produzem todos os anos sementes bem formadas e aparentemente férteis, mas nenhuma delas germina e não se conhecem plantas jovens. As tentativas para induzir a germinação no clima controlado e favorável de uma estufa falharam. No entanto, a *Calvaria* já foi comum em Maurício; velhos registros florestais indicam que foi cortada em grande quantidade.

Os frutos da *Calvaria* têm cerca de 2 polegadas de diâmetro e consistem numa semente encerrada numa casca dura com cerca de meia polegada de espessura. Essa casca é envolta por uma camada de substância suculenta e polpuda, coberta por uma fina pele exterior. Temple concluiu que as sementes de *Calvaria* não conseguem germinar porque a casca espessa "resiste mecanicamente à expansão do embrião em seu interior". Como germinou então em séculos anteriores?

Temple junta dois fatos: os primeiros exploradores relataram que o dodô se alimentava de frutos e sementes de grandes árvores da floresta; de fato, cascas fósseis de *Calvaria* foram encontradas entre restos esqueléticos do dodô. O dodô tinha uma moela forte, cheia de pedras grandes que podiam esmagar pedaços duros de comida. Segundo, a idade das árvores *Calvaria* sobreviventes corresponde ao desaparecimento do dodô. Nenhuma *Calvaria* surgiu desde que o dodô desapareceu, há quase 300 anos.

Temple argumenta então que a *Calvaria* desenvolveu sua casca incomumente espessa como uma adaptação para resistir à destruição por esmagamento numa moela de dodô. Mas, ao fazê-lo, tornou-se dependente do dodô para sua própria reprodução. Olho por olho. Uma casca suficientemente grossa para sobreviver na moela de um dodô é uma casca espessa demais para que um embrião consiga rompê-la por seus próprios meios. Assim, a moela que uma vez ameaçara a semente tornou-se seu cúmplice necessário. A casca espessa deve ser raspada e desgastada antes de poder germinar.

Vários animais comem hoje em dia o fruto da *Calvaria*, mas limitam-se a tirar a parte suculenta e deixam intocada a casca interna. O dodô era suficientemente grande para engolir o fruto inteiro. Após consumir a polpa, desgastava a casca na moela, antes de regurgitá-la ou expeli-la nas fezes. Temple cita muitos casos análogos de taxas de germinação grandemente aumentadas após a passagem das sementes através do trato digestivo de vários animais.

Temple tentou então estimar a força de esmagamento da moela de um dodô por meio de um gráfico de peso do corpo *versus* força gerada pela moela em vários pássaros modernos. Extrapolando a curva para o tamanho de um dodô, verifica-se que as cascas de *Calvaria* eram suficientemente espessas para resistir ao esmagamento; de fato, as cascas mais grossas não poderiam ser esmagadas enquanto não tivessem sido reduzidas pelo atrito em cerca de 30%. Os dodôs podem bem ter regurgitado as sementes ou tê-las evacuado antes de as sujeitarem a um tratamento tão prolongado. Temple tomou perus — os análogos modernos mais próximos do dodô — e alimentou-os à força com sementes de *Calvaria*, um de cada vez. De 17 sementes, sete foram esmagadas pela moela dos perus, mas as outras 10 foram regurgitadas ou saíram nas fezes após considerável abrasão. Plantadas essas sementes, três germinaram. "Muito provavelmente, foram as primeiras sementes de *Calvaria* a germinar em mais de 300 anos", escreveu Temple. A *Calvaria* provavelmente pode ser salva da extinção pela propagação de sementes artificialmente desgastadas. Por uma vez, a observação astuta, combinada com o pensamento imaginativo e o experimento, pôde conduzir à preservação, em vez de à destruição.

Escrevi este ensaio para iniciar o quinto ano da minha colaboração regular na revista *Natural History*. No princípio disse a mim mesmo que me afastaria de uma longa tradição de escritos populares no campo da história natural. Não contaria as fascinantes histórias da natureza apenas por serem fascinantes. Ligaria qualquer história particular a um princípio geral da teoria evolucionista: pandas e tartarugas marinhas à imperfeição como prova da evolução, bactérias magnéticas aos princípios do escalonamento, ácaros que comem a sua mãe

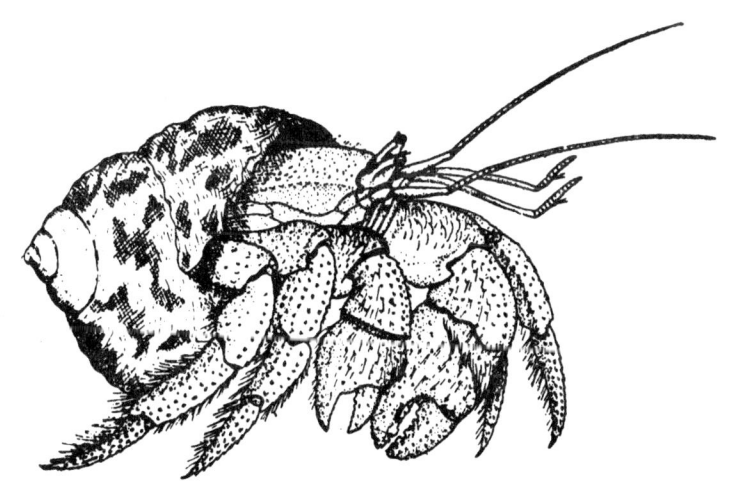

Coenobita diogenes na concha de *Cittarium*. Desenhado do natural por A. Verril, em 1900.

a partir de dentro à teoria da percentagem sexual de Fisher. Mas o presente ensaio não tem qualquer mensagem para além da homilia evidente de que umas coisas estão ligadas a outras, no nosso mundo complexo — e que rupturas locais têm conseqüências mais amplas. Contei apenas estas duas histórias relacionadas porque me tocaram — uma de maneira amarga, a outra com doçura.

Pós-escrito

Algumas histórias da história natural são belas e complexas demais para ganharem aceitação geral. O relato de Temple obteve publicidade imediata na imprensa popular (*New York Times* e outros jornais importantes, seguidos, dois meses mais tarde, pelo meu artigo). Um ano depois (30 de março de 1979), o dr. Owadally, do Serviço Florestal de Maurício, levantou algumas dúvidas importantes num comentário técnico publicado na revista científica *Science* (onde aparecera o artigo original de Temple). Reproduzo abaixo, na íntegra, o comentário de Owadally e a resposta de Temple:

> Não discuto que exista co-evolução entre plantas e animais e que a germinação de algumas sementes possa ser ajudada pela sua passagem através do intestino de animais. No entanto, que o "mutualismo" do famoso dodô e da *Calvaria major* (tambalacoque) seja um exemplo [1] de co-evolução é indefensável pelas seguintes razões:
>
> 1) A *Calvaria major* cresce na floresta chuvosa das terras altas de Maurício, que têm uma precipitação de 2.500 a 3.800 milímetros por ano. O dodô, de acordo com fontes holandesas, vagueava pelas planícies do Norte e pelos montes do Oeste, na área de Grand Port — isto é, numa floresta seca — , onde os holandeses estabeleceram sua primeira colônia. Assim, é altamente improvável que o dodô e o tambalacoque ocorressem no mesmo nicho ecológico. De fato, extensas escavações feitas nas terras altas para construir reservatórios, canais de drenagem e outras estruturas semelhantes não revelaram quaisquer restos do dodô.
> 2) Alguns escritores mencionaram as pequenas sementes lenhosas encontradas em Mare aux Songes e a possibilidade de que sua germinação tenha sido ajudada pelo dodô ou por outras aves. Sabemos agora, contudo, que essas sementes não são de tambalacoque, pertencendo a outra espécie de árvore das terras baixas, recentemente indentificada como *Sideroxylon longifolium*.

3) O Serviço Florestal há alguns anos vem estudando e efetuando a germinação de sementes de tambalacoque sem a intervenção de aves [2]. A taxa de germinação é baixa, mas não inferior à de muitas outras espécies indígenas que, nas últimas décadas, apresentaram uma acentuada deterioração na reprodução. Essa deterioração se deve a vários fatores, complexos demais para serem discutidos neste comentário. Os principais fatores têm sido as depredações causadas por macacos e a invasão por plantas exóticas.
4) Um estudo da floresta chuvosa das terras altas, feito em 1941 por Vaughan e Wiehe [3], mostrou que existia uma população bastante significativa de jovens plantas tambalacoques, certamente com menos de 75 a 100 anos de idade. O dodô extinguiu-se por volta de 1675!
5) A maneira como a semente de tambalacoque germina foi descrita por Will [4], que demonstrou como o embrião é capaz de emergir do endocarpo duro e lenhoso, quebrando a parte de baixo da semente ao longo de uma zona de fratura bem definida.

É necessário abandonar o "mito" tambalacoque-dodô e reconhecer os esforços do Serviço Florestal de Maurício para propagar essa magnífica árvore do planalto das terras altas.

A. W. OWADALLY

Serviço Florestal, Curepipe, Maurício

Referências e notas

[1] S. Temple, *Science, 197,* 885, 1977.
[2] Plantas de *Calvaria major* com 9 meses de idade ou mais podem ser vistas na Forest Nursery em Curepipe.
[3] R. E. Vaughan e P. O. Wiehe, *J. Ecol., 19,* 127, 1941.
[4] A. W. Will, *Ann. Bot., 5,* 587, 1941.

28 de março de 1978

O mutualismo planta-animal que pode ter existido entre o dodô e a *Calvaria major* é impossível de ser provado experimentalmente por causa da extinção do dodô. O que eu apontei [1] foi a possibilidade de ter ocorrido uma tal relação, o que forneceria uma explicação para a taxa de germinação extraordinariamente pobre por parte da *Calvaria*, mas reconheço o potencial de erro que existe nas reconstruções históricas.

Discordo, no entanto, da conclusão de Owadally [2] de que o dodô e a *Calvaria* se encontravam geograficamente separados. Na verdade, não se encontraram ossos de dodôs ou de quaisquer outros animais nas terras altas de Maurício, não porque os animais nunca tivessem estado lá, mas porque a topografia da ilha não favorece os depósitos aluviais nessa região. Bacias de captação em certas áreas de terras baixas acumularam muitos ossos de animais que para aí foram transportados a partir das terras altas circundantes. Os relatos dos primeiros exploradores, resumidos por Hachisuka [3, p. 85], referem-se definitivamente à presença de dodôs nas terras altas, e Hachisuka insiste em denunciar a concepção errônea de que os dodôs eram aves estritamente costeiras. Os primeiros registros florestais de Maurício [4] indicam que a *Calvaria* era encontrada nas terras baixas tanto quanto no planalto das terras altas. Embora hoje em dia as florestas nativas ocorram apenas nas terras altas, uma das *Calvaria* sobreviventes localiza-se numa elevação de apenas 150 metros. Assim, o dodô e a *Calvaria* podem ter sido simpátricos, tornando possível uma relação mutualista.

As autoridades em taxionomia das plantas sapotáceas da região do oceano Índico reconhecem sementes de *Calvaria major*, assim como as sementes menores de *Sideroxylon longifolium*, nos depósitos aluviais dos pântanos de Mare aux Songes [5], mas isso tem pouca relevância para a questão do mutualismo. As espécies mutualistas não se fossilizarão necessariamente em conjunto.

O Serviço Florestal de Maurício só recentemente teve êxito na propagação de sementes de *Calvaria*, e a razão não mencionada desse sucesso fortalece a causa do mutualismo: o êxito só foi alcançado quando as sementes sofreram abrasão mecânica antes de serem plantadas [6]. O trato digestivo do dodô fazia naturalmente a abrasão do endocarpo, da mesma maneira que o pessoal do Serviço Florestal de Maurício o faz artificialmente, antes de as sementes serem plantadas.

É equívoca a referência que Owadally cita [7] acerca da idade das árvores *Calvaria* sobreviventes, porque não há qualquer maneira fácil de datá-las com precisão. Por coincidência, Wiehe, o co-autor do artigo que Owadally cita, foi também a minha fonte para a idade das árvores sobreviventes, estimada em mais de 300 anos. Concordo que existiam mais árvores sobreviventes nos anos 30 do que agora, o que apóia ainda mais a noção de que a *Calvaria major* é uma espécie em declínio, talvez desde 1681.

Errei em não citar Hill [8]. No entanto, Hill não descreve como e em que condições induziu a germinação de uma semente. Sem isso, sua descrição tem pouca relevância para a questão do mutualismo.

STANLEY A. TEMPLE

Departamento de Ecologia da Vida Selvagem
Universidade de Wisconsin-Madison,
Madison 53706

Referências e notas

[1] S. A. Temple, *Science, 197*, 885, 1977.
[2] A. W. Owadally, *ibid., 203*, 1363, 1979.
[3] M. Hachisuka, *The Dodo and Kindred Birds*, Witherby, Londres, 1953.
[4] N. R. Brouard, *A History of the Woods and Forests of Mauritius*, Government Printer, Maurício, 1963.
[5] F. Friedmann, comunicação pessoal.
[6] A. M. Gardner, comunicação pessoal.
[7] R. E. Vaughan e P. O. Wiehe, *J. Ecol., 19*, 127, 1941.
[8] A. W. Hill, *Ann. Bot., 5*, 587, 1941.

Penso que Temple respondeu adequadamente (e até triunfantemente) aos primeiros três pontos de Owadally. Como paleontólogo, posso sem dúvida confirmar seus argumentos acerca da raridade de fósseis em terras altas. Nosso registro fóssil de faunas das terras altas é excessivamente irregular; os espécimes que possuímos em geral foram encontrados em depósitos de terras baixas, transportados a partir de terrenos mais altos. Owadally foi certamente imprudente em não mencionar (ponto 3) que o Serviço Florestal faz a abrasão das sementes de *Calvaria* antes de elas germinarem, já que a necessidade de abrasão é o cerne da hipótese de Temple. Mas Temple foi igualmente imprudente em não citar os esforços locais dos mauricianos, que aparentemente antecedem a descoberta dele.

No entanto, o quarto ponto de Owadally constitui a refutação potencial da suposição de Temple. Se "uma população bastante significativa" de árvores *Calvaria* tinha menos de 100 anos de idade em 1941, os dodôs não podem ter ajudado sua germinação. Temple nega que tenha sido demonstrada uma idade tão baixa, e eu não tenho qualquer pista adicional que possa resolver esta importante questão.

Esse debate vem iluminar um ponto intrigante na divulgação de notícias sobre ciência. Muitas fontes citaram a história original de Temple; não encontrei uma única menção às dúvidas subseqüentes. A maior parte das "boas" histórias provam ser falsas ou, pelo menos, exageradas, mas a depuração não se equipara ao fascínio de uma hipótese inteligente. A maior parte das histórias "clássicas" da história natural estão erradas, mas nada é mais resistente à expurgação do que um dogma de manual.

O debate entre Owadally e Temple é ainda muito recente para que possamos avaliá-lo em definitivo. Defendo Temple, mas se o quarto ponto de Owadally for correto, então a hipótese do dodô se converterá, nas inimitáveis palavras de Thomas Henry Huxley, "numa bela teoria liquidada por um pequeno, repulsivo e desagradável fato".

28 Em defesa dos marsupiais

Estou aborrecido porque as atitudes predatórias da minha própria espécie me impediram irrevogavelmente de ver o dodô em ação, pois um pombo tão grande quanto um peru deve ter sido alguma coisa mais, e os espécimes empalhados e bolorentos não são muito convincentes. Aquele que se regozija com a diversidade da natureza e se sente ensinado por cada animal tende a considerar o *Homo sapiens* como a maior catástrofe desde a extinção cretácea. No entanto, argumentaria que a emersão do istmo do Panamá, há uns 2 a 3 milhões de anos, deve ser considerada a mais devastadora tragédia biológica dos últimos tempos.

A América do Sul fora um continente insular durante o período terciário (por 70 milhões de anos antes do começo da glaciação continental). Como a Austrália, albergava um único conjunto de mamíferos. Mas a Austrália era pouca coisa comparada com o alcance e a variedade das formas da América do Sul. Muitas sobreviveram ao assalto das espécies da América do Norte após a emersão do istmo, algumas espalharam-se e prosperaram: o gambá deslocou-se até o Canadá; o tatu continua a abrir seu caminho para o norte.

Apesar do êxito de algumas, a extirpação das formas sul-americanas mais diferentes deve ser considerada como o efeito dominante do contato entre os mamíferos dos dois continentes. Duas ordens inteiras pereceram (agrupamos todos os mamíferos modernos em cerca de 25 ordens). Pensem em como nossos jardins zoológicos teriam se enriquecido com uma generosa pitada de não-ungulados, um grande e diverso grupo de mamíferos herbívoros, abrangendo desde o *Toxodon* — tão grande quanto o rinoceronte —, exumado pela primeira vez por Charles Darwin numa expedição a terra a partir do *Beagle*, até os análogos dos coelhos e roedores entre os tipoteros e hegetoteros. Considerem os litopternos com seus dois subgrupos — os macrauquenídios, grandes e pescoçudos como os camelos, e o mais notável de todos os grupos, os proteroteros, semelhantes a cavalos. (Os proteroteros repetiram inclusive algumas das tendências evolutivas seguidas pelos verdadeiros cavalos: o *Diadiaphorus* de três dedos precedeu o *Thoatherium*, espécie de um só dedo que ultrapassou os cavalos na redução dos seus dedos laterais vestigiais num grau nunca igualado pelos cavalos modernos.) Todos desapareceram para sempre, em grande parte vítimas das rupturas de fauna desencadeadas pela emersão do istmo. (Vários não-ungulados e litopternos sobreviveram bem até a época glaciária e podem até ter recebido o *coup de grâce* de caçadores humanos primitivos; no entanto, não duvido de que muitos ainda estariam conosco se a América do Sul tivesse permanecido uma ilha.)

Os predadores nativos desses herbívoros sul-americanos desapareceram também completamente. Os carnívoros modernos da América do Sul, jaguares e seus aliados, são todos intrusos provenientes da América do Norte. Os carnívoros indígenas, acreditem ou não, eram todos marsupiais (embora alguns nichos de comedores de carne fossem ocupados por *phororhacids*, um notável grupo de aves gigantes, agora extinto). Os carnívoros marsupiais, embora não tão variados quanto os carnívoros placentários dos continentes do Norte, formavam um grupo impressionante, desde animais muito pequenos a espécies do tamanho de ursos. Uma linhagem evoluiu num estranho paralelo com os felinos dentes-de-sabre da América do Norte. O marsupial *Thylacosmilus* desenvolveu longos e pontudos caninos superiores e um rebordo ósseo protetor na mandíbula inferior — tal como o *Amilodon* dos poços de alcatrão de La Brea.

Embora isso não seja comumente divulgado, hoje em dia os marsupiais não vão nada mal na América do Sul. A América do Norte pode apenas vangloriar-se do denominado "gambá da Virgínia" (na verdade, um emigrante da América do Sul), mas os gambás da América do Sul constituem um rico e variado grupo de cerca de 65 espécies. Além disso, os cenolestídeos, "ratos gambás" sem bolsa, formam um grupo separado sem afinidade estreita com os verdadeiros gambás. Mas o terceiro grande grupo de marsupiais da América do Sul, os borienídeos carnívoros, foram completamente varridos do mapa e substituídos pelos felinos do Norte.

A visão tradicional — embora eu dedique este ensaio a refutá-la — atribui a extirpação dos marsupiais carnívoros à inferioridade geral dos mamíferos marsupiais *versus* os mamíferos placentários. (Todos os mamíferos vivos, exceto os marsupiais e os ovíparos ornitorrinco e eqüidna, são placentários.) O argumento parece difícil de bater. Os marsupiais floresceram apenas nos isolados continentes insulares da Austrália e da América do Sul, onde os grandes carnívoros placentários nunca conseguiram firmar-se. Os marsupiais terciários primitivos da América do Norte cedo desapareceram, à medida que os placentários se diversificaram; os marsupiais da América do Sul foram sobrepujados quando o corredor centro-americano abriu-se à emigração placentária.

Esses argumentos de biogeografia e de história geológica recebem apoio aparente da idéia convencional de que os marsupiais são anatômica e fisiologicamente inferiores aos placentários. Os próprios termos da nossa taxionomia reforçam esse preconceito. Todos os mamíferos distribuem-se em três categorias: os monotremados ovíparos são denominados *Prototheria*, ou pré-mamíferos; os placentários ganham o prêmio como *Eutheria*, ou mamíferos verdadeiros; os pobres marsupiais residem no limbo como *Metatheria*, ou mamíferos médios — nem todos aí considerados.

O argumento a favor da inferioridade estrutural repousa em grande parte sobre a diferença no modo de reprodução dos marsupiais, em relação ao dos placentários, apoiado pela presunçosa e usual suposição de que diferente de nós é pior. Os placentários, como sabemos, desenvolvem-se como embriões em ligação íntima com o corpo e o suprimento de sangue da mãe. Com algumas exceções, nascem como criaturas razoavelmente completas e capazes. Os fetos marsupiais nunca desenvolveram o truque essencial que permite o crescimento extensivo dentro do corpo da mãe. Nossos corpos apresentam uma intrigante capacidade para reconhecer e rejeitar tecido estranho — uma proteção essencial contra a doença, mas também uma barreira atualmente intransponível a operações cirúrgicas, desde enxertos de pele até transplantes de coração. Apesar de todas as homilias acerca do amor maternal e da presença de 50% de genes maternos na progenitura, um embrião é ainda um tecido estranho. O sistema imunológico da mãe tem de ser mascarado para evitar a rejeição. Os fetos placentários "aprenderam" a fazer isso; os marsupiais, não.

A gestação marsupial é muito curta — 12 a 13 dias no gambá comum, seguidos de 60 a 70 dias de desenvolvimento na bolsa externa. Além disso, o desenvolvimento interno não se processa em conexão íntima com a mãe, mas protegido dela. Dois terços da gestação ocorrem no interior da "membrana concha", um órgão materno que evita a incursão dos linfócitos, os "soldados" do sistema imunológico. Seguem-se alguns dias de contato placentário, geralmente através do saco vitelino. Durante esse tempo, a mãe mobiliza seu sistema imunológico, e o embrião nasce (ou, mais precisamente, é expelido) pouco depois.

O recém-nascido marsupial é uma criatura pequena, equivalente em desenvolvimento a um embrião placentário no início do desenvolvimento. A cabeça e os membros anteriores estão precocemente desenvolvidos, mas os membros posteriores em geral não passam de rebentos indiferenciados. Ele tem então de iniciar uma viagem perigosa, arrastando-se suavemente ao longo da distância relativamente grande que leva aos mamilos e à bolsa da mãe (podemos agora compreender a necessidade de membros anteriores bem desenvolvidos). Nossa vida embrionária no interior de um ventre placentário revela-se, no conjunto, muito mais fácil e incondicionalmente melhor.

Que tipo de oposição se pode lançar a esses relatos biogeográficos e estruturais da inferioridade marsupial? Meu colega John A. W. Kirsch analisou recentemente os diversos argumentos: em relação ao trabalho de P. Parker, Kirsch defende que a reprodução marsupial segue apenas um modo adaptativo diferente, e não um caminho inferior. É verdade que os marsupiais nunca desenvolveram um mecanismo para desativar o sistema imunológico materno e permitir o desenvolvimento completo no interior da matriz. Mas o nascimento precoce pode ser uma estratégia igualmente adaptativa. A rejeição materna não representa, necessariamente, uma falha no projeto ou uma oportunidade evolutiva perdida; pode refletir uma aproximação antiga e perfeitamente adequada aos rigores da sobrevivência. O argumento de Parker remonta diretamente à afirmação central de Darwin de que os indivíduos lutam para maximizar seu próprio êxito reprodutivo, isto é, para aumentar a representação dos seus próprios genes nas gerações futuras. Várias estratégias altamente divergentes, mas igualmente bem-sucedidas, podem ser seguidas na busca (inconsciente) desse objetivo. Os placentários investem uma grande quantidade de tempo e energia na prole antes do seu nascimento. Este comprometimento de fato aumenta as chances de êxito da prole, mas a mãe placentária também corre um risco: se ela perder sua carga, terá despendido irrevogavelmente um grande esforço reprodutivo sem qualquer ganho evolutivo. A mãe marsupial paga uma tarifa muito mais elevada de morte neonatal, mas seu custo reprodutivo é menor. A gestação foi muito curta e ela pode engravidar novamente na mesma estação. Mais ainda, o pequeno recém-nascido não consumiu muito dos seus recursos energéticos e a expôs a um risco menor num nascimento rápido e fácil.

Voltando-se para a biogeografia, Kirsch discorda da suposição usual de que a Austrália e a América do Sul foram refúgios para feras inferiores que não puderam manter-se no mundo placentário do hemisfério norte. Para ele, a diversidade do Sul é um reflexo do êxito na terra natal ancestral, e não um esforço débil num território periférico. Seu argumento apóia-se na hipótese de M. A. Archer a favor da relação genealógica estreita entre os borienídeos (carnívoros marsupiais da América do Sul) e os tilacinos (carnívoros marsupiais da região australiana). Os taxonomistas consideravam esses dois grupos como um exemplo de convergência evolutiva — desenvolvimento separado de adaptações semelhantes (como nos dentes-de-sabre marsupiais e placentários, anteriormente mencionados). De fato, os taxonomistas viram a irradiação australiana e sul-americana de marsupiais como acontecimentos completamente independentes, no curso da invasão separada de ambos os continentes por marsupiais primitivos, expulsos das terras do Norte. Mas, se os borienídeos e tilacinos estão estreitamente relacionados, então os continentes do Sul devem ter trocado alguns dos seus produtos, provavelmente via Antártida. (Na nossa nova geologia de continentes à deriva, as terras do hemisfério sul encontravam-se muito perto quando os mamíferos alcançaram a primazia, após o declínio dos dinossauros.) Uma visão mais parcimoniosa imagina um centro de origem australiana para os marsupiais e uma dispersão para a América do Sul, seguindo-se à evolução dos tilacinídeos, em vez de duas invasões marsupiais separadas da América do Sul — ancestrais borienídeos da Austrália e todos os outros da América do Norte. Embora as explicações mais simples não sejam sempre as verdadeiras em nosso mundo incrivelmente complexo, os argumentos de Kirsch lançam uma considerável dúvida sobre a suposição habitual de que a terra natal dos marsupiais são refúgios, e não centros de origem.

No entanto, devo confessar que essa defesa estrutural e biogeográfica dos marsupiais falha terrivelmente perante um fato já citado: o istmo do Panamá emergiu, os carnívoros placentários invadiram, os carnívoros marsupiais rapidamente pereceram e os placentários substituíram-nos. Não se trata de um indício a favor da clara superioridade competitiva dos carnívoros placentários da América do Norte? Eu poderia evitar essa desagradável, mas engenhosa, conjetura: prefiro, porém, admiti-la. Como posso então continuar a defender a igualdade dos marsupiais?

Embora os borienídeos tenham perdido em cheio, não encontro quaisquer subsídios para atribuir a derrota ao seu estatuto de marsupiais. Prefiro um argumento ecológico que prevê tempos difíceis para todos os grupos indígenas de carnívoros, marsupiais ou placentários, sul-americanos. As verdadeiras vítimas por acaso eram marsupiais, mas esse fato taxionômico pode ser incidental para um destino selado por outras razões.

Bakker estudou a história dos carnívoros mamíferos durante o terciário. Associando algumas idéias novas com a sabedoria convencional, ele acha que os carnívoros placentários do Norte passaram por dois tipos de "teste" evolutivo. Por duas vezes sofreram períodos curtos de extinções maciças, e novos grupos, talvez com maior flexibilidade adaptativa, vieram substituí-los. Durante as épocas de continuidade, a grande diversidade de predadores e presas engendrou intensa competição e fortes tendências evolutivas para o aperfeiçoamento da alimentação (ingestão rápida e dilaceração eficiente) e da locomoção (alta aceleração nos predadores de emboscada, resistência nos caçadores de longa distância). Os carnívoros da América do Sul e da Austrália não foram submetidos a nenhum teste, não sofreram extinções maciças e as espécies originais persistiram. A divergência nunca se aproximou dos níveis do Norte, e a competição manteve-se menos intensa. Bakker relata que entre eles os níveis de especialização morfológica para a corrida e a alimentação eram muito inferiores aos dos carnívoros do Norte que viveram na mesma época.

Estudos do tamanho do cérebro, efetuados por H. J. Jerison, dão à hipótese uma confirmação impressionante. Nos continentes do Norte, predadores e presas placentários desenvolveram cérebros cada vez maiores durante o terciário. Na América do Sul, tanto os carnívoros marsupiais como suas presas placentárias estabilizaram-se rapidamente em cerca de 50% do peso do cérebro para mamíferos modernos com o mesmo tamanho corporal. O estatuto anatômico de marsupial ou placentário parece não fazer diferença; uma história relativa do desafio evolutivo pode ser crucial. Se, por acaso, os carnívoros do Norte tivessem sido marsupiais e os do Sul placentários, suspeito que o resultado da troca favorecida pelo istmo continuaria sendo uma debandada para a América do Sul. As faunas da América do Norte foram continuamente postas à prova nas fornalhas da destruição maciça e da competição intensa. Os carnívoros da América do Sul nunca foram fortemente desafiados. Só quando o istmo do Panamá emergiu, é que foram pesados pela primeira vez na balança evolutiva. E, tal como o rei de Daniel, foram considerados insuficientes.

SEÇÃO VIII

Tamanho e tempo

29 O tempo de vida que nos foi concedido

J. P. Morgan, ao encontrar-se com Henry Ford em *Ragtime*, de E. L. Doctorow, louva a linha de montagem como uma fiel tradução da sabedoria da natureza:

> Já lhe ocorreu que sua linha de montagem não é meramente um golpe de gênio industrial, mas uma projeção de verdade orgânica? Afinal de contas, o intercâmbio das partes constitui uma regra da natureza ... Todos os mamíferos se reproduzem da mesma maneira e partilham os mesmos projetos de auto-alimentação, com sistemas digestivos e circulatórios que são reconhecidamente os mesmos, e desfrutam dos mesmos sentidos. ... Projeto partilhado é o que permite aos taxionomistas classificar os mamíferos como mamíferos.

Um magnata autoritário não deveria ser confrontado com equívocos; apesar disso, posso apenas responder "sim e não" à colocação de Morgan. Por um lado, estava errado se pensava que os grandes mamíferos são cópias geométricas de parentes menores. Em relação aos ratos, elefantes têm cérebros proporcionalmente menores e pernas mais grossas, mas essas diferenças registram uma regra geral do desenho dos mamíferos, e não as idiossincrasias de animais particulares.

Mas Morgan estava certo ao afirmar que os grandes animais são essencialmente semelhantes aos membros menores do grupo. A semelhança, no entanto, não reside numa forma constante. As leis básicas da geometria obrigam os animais a mudar de forma para trabalharam da mesma maneira em diferentes tamanhos. O próprio Galileu estabeleceu o exemplo clássico em 1638: a força da perna de um animal é função da área transversal (altura × altura); o peso que as pernas têm de suportar varia com o volume do animal (altura × altura × altura). Se os mamíferos não aumentassem a espessura relativa das suas pernas à medida que se tornam maiores, rapidamente sucumbiriam (já que o peso do corpo aumentaria muito mais rapidamente do que a força de sustentação dos membros). Para se manterem em função, os animais precisam mudar de forma.

O estudo dessas mudanças de forma denomina-se "teoria do escalonamento" e foi essa teoria que revelou uma regularidade marcante de mudança de forma em toda a escala de 25 milhões de peso dos mamíferos, do mussaranho[1] à baleia azul. Se compararmos o peso do cérebro com o peso do corpo em todos os mamíferos, na chamada curva rato-elefante (ou mussaranho-baleia), pouquíssimas espécies se afastam muito de uma linha única que exprime a regra geral: o aumento do peso do cérebro equivale apenas a dois terços do aumento do peso corporal, à medida que nos deslocamos dos pequenos para os grandes mamíferos. (Partilhamos com os golfinhos a honra do maior desvio para cima a partir da curva.)

Podemos muitas vezes prever essas regularidades a partir da física básica dos objetos. O coração, por exemplo, é uma bomba. Já que todos os corações de mamíferos trabalham essencialmente da mesma maneira, os corações pequenos devem bombear consideravelmente mais depressa do que os grandes (basta imaginar com que rapidez podemos acionar um fole de brinquedo do tamanho de um dedo, em relação ao modelo gigante que alimenta a forja do ferreiro ou um órgão antigo). Na curva rato-elefante para os mamíferos, a duração de um batimento cardíaco aumenta com a velocidade de um quarto a um terço da velocidade do aumento do peso corporal, quando nos deslocamos dos pequenos para os grandes mamíferos. A generalidade dessa conclusão foi recentemente confirmada num interessante estudo de J. E. Carrel e R. D. Heathcote, acerca da gradação da freqüência cardíaca nos aracnídeos. Utilizaram um feixe *laser* para iluminar o coração de aranhas em repouso e traçaram uma curva caranguejeira-tarântula para 18 espécies, atingido 1.000 unidades de variação do peso do corpo. Uma vez mais, o escalonamento é regular, com o aumento da freqüência cardíaca igual a 0,409 do aumento do peso.

É possível estender essas conclusões a uma análise geral sobre o ritmo da vida em animais pequenos *versus* animais grandes. Os animais pequenos atravessam a vida mais rapidamente que os animais grandes — seus corações trabalham mais depressa, respiram mais freqüentemente, sua pulsação é mais rápida. Mais importante ainda, a taxa metabólica, o chamado "fogo da vida", aumenta com uma velocidade de apenas três quartos da velocidade do peso do corpo nos mamíferos. Para se manterem, os grandes mamíferos não precisam

---

1. Mamífero semelhante ao rato, de tamanho muito pequeno e nariz afilado, que se alimenta de insetos. (N. T.)

gerar tanto calor por unidade de peso quanto os animais pequenos. Os pequenos mussaranhos movem-se freneticamente, comendo durante quase todo o tempo em que estão acordados para manterem o fogo metabólico na taxa máxima (entre todos os mamíferos); as baleias azuis deslizam majestosamente, com os batimentos cardíacos mais lentos de todas as criaturas ativas de sangue quente. O escalonamento do tempo de vida entre os mamíferos sugere uma síntese intrigante desses dados díspares. Todos nós tivemos experiência suficiente com mamíferos domésticos de vários tamanhos para percebermos que os animais pequenos tendem a viver menos tempo que os grandes. De fato, o tempo de vida dos mamíferos varia na mesma taxa que os batimentos cardíacos e o ritmo respiratório — entre um quarto e um terço de velocidade do peso do corpo, quando nos deslocamos dos pequenos para os grandes animais. (O *Homo sapiens* emerge dessa análise como um animal muito peculiar, pois vivemos muito mais tempo que um mamífero do nosso tamanho. No ensaio 9 argumento que os seres humanos se desenvolveram por um processo evolutivo denominado "neotenia" — a preservação nos adultos de formas e taxas de crescimento que caracterizam os estágios juvenis de primatas ancestrais. Acredito também que a neotenia é responsável pela nossa elevada longevidade. Comparados com outros mamíferos, todos os estágios da vida humana chegam "muito tarde". Nascemos como embriões desprotegidos após uma longa gestação; amadurecemos tarde após uma infância prolongada; morremos, se a sorte for generosa, em idades atingidas apenas pelos animais de sangue quente de dimensões maiores.)

Em geral, lamentamos o rato doméstico ou os roedores, que vivem dois anos no máximo. Quão breve é sua vida, enquanto nós duramos a maior parte de um século. Como tema principal deste ensaio desejo destacar que essa piedade não se justifica (claro que nosso pesar pessoal constitui um assunto completamente diferente, do qual a ciência não se ocupa). Morgan tinha razão em *Ragtime* — os pequenos e os grandes mamíferos são essencialmente semelhantes. O tempo de vida deles é escalonado segundo seu ritmo de vida, e todos duram aproximadamente a mesma quantidade de tempo biológico. Os mamíferos pequenos movem-se depressa, consomem-se rapidamente e vivem durante um curto período de tempo; os grandes mamíferos vivem mais tempo, num ritmo mais lento. Medidos pelos seus relógios internos, os mamíferos de diferentes tamanhos tendem a viver a mesma quantidade de tempo.

É um hábito profundamente entranhado no pensamento ocidental que nos impede de apreender este importante e reconfortante conceito. Somos treinados desde muito novos para encarar o tempo absoluto newtoniano como o único padrão válido de medida num mundo racional e objetivo. Impomos a todas as coisas o nosso relógio de cozinha, com o seu tique-taque sempre igual. Maravilhamo-nos com a rapidez do rato, exprimimos aborrecimento com o torpor do hipopótamo. E, no entanto, cada um deles vive segundo o ritmo do seu próprio relógio biológico.

Não desejo negar a importância do tempo astronômico, absoluto, para os organismos (ver ensaio 31). Os animais precisam medi-lo para serem bem-sucedidos. O veado tem de saber quando deixar crescer seus galhos novamente, e os pássaros quando migrar. Os animais seguem o ciclo dia-noite com seus ritmos circadianos; o *jet lag* é o preço que pagamos por nos movermos muito mais depressa do que a natureza estabeleceu.

Mas o tempo absoluto não é o padrão de medida apropriado para todos os fenômenos biológicos. Consideremos a magnífica canção da baleia-de-bossa[2]. E. O. Wilson descreveu o efeito terrível dessas vocalizações: "As notas são estranhas e, no entanto, belas para o ouvido humano. Gemidos de tom muito baixo e guinchos de soprano alto quase inaudíveis alternam com guinchos repetitivos que sobem ou descem subitamente de tom." Não conhecemos a função dessas canções; talvez permitam às baleias encontrarem-se e manterem-se juntas durante suas migrações transoceânicas anuais. Talvez sejam as canções de acasalamento de machos fazendo a corte.

Cada baleia tem sua canção característica; os padrões altamente complexos são repetidos várias vezes com grande fidelidade. Nenhum dos fatos científicos que aprendi na última década me atingiu com mais força do que o relato de Roger S. Payne de que algumas canções podem estender-se por mais de meia hora. Nunca fui capaz de memorizar os primeiros *Kyrie* de cinco minutos da missa em si menor (e não foi por falta de tentar); como poderia uma baleia cantar durante trinta minutos e depois repetir-se com precisão? Que possível utilidade terá um ciclo repetitivo de trinta minutos — longo demais para um ser humano reconhecê-lo; nunca o teríamos identificado como uma canção única sem o equipamento de gravação de Payne e muito estudo após o registro. Foi então que me lembrei da taxa metabólica da baleia, do ritmo incrivelmente lento de sua vida com-

---

[2]. Baleia do gênero *Megaptera*, que possui uma corcova no dorso.

parado com o nosso. Que sabemos nós sobre a percepção de trinta minutos por uma baleia? Uma baleia-de-bossa pode "sintonizar" o mundo para sua própria taxa metabólica; a canção de meia hora pode ser a nossa valsa de minutos. De qualquer ponto de vista, a canção é espetacular, constitui a exibição mais elaborada até agora descoberta em qualquer animal. Apenas destaco o ponto de vista da baleia por ser a perspectiva apropriada.

Podemos dar alguma precisão numérica para apoiar a suposição de que todos os mamíferos vivem, em média, a mesma quantidade de tempo biológico. Por um método desenvolvido por W. R. Stahl, B. Günther e E. Guerra, no fim dos anos 50 e princípio dos anos 60, pesquisamos as equações rato-elefante para propriedades biológicas que variam à mesma taxa em relação ao peso corporal.

Por exemplo, Günther e Guerra dão as seguintes equações para a freqüência respiratória e cardíaca dos mamíferos *versus* peso do corpo:

Freqüência respiratória $= 0,0000470 \text{ corpo}^{0,28}$
Freqüência cardíaca $= 0,0000119 \text{ corpo}^{0,28}$

(Os leitores não matemáticos não precisam sentir-se esmagados pelo formalismo. As equações simplesmente atestam que tanto a freqüência respiratória, como a freqüência cardíaca, aumentam cerca de 0,28 da velocidade do aumento do peso corporal, à medida que nos deslocamos dos pequenos para os grandes mamíferos.) Se dividirmos as duas equações, o peso do corpo desaparece, porque se encontra elevado à mesma potência em ambas:

$$\frac{\text{Freqüência respiratória}}{\text{Freqüência cardíaca}} = \frac{0,0000470 \text{ corpo}^{0,28}}{0,0000119 \text{ corpo}^{0,28}} = 4,0$$

Isto afirma que a proporção das freqüências respiratória e cardíaca em mamíferos de qualquer tamanho é 4,0. Em outras palavras, todos os mamíferos, qualquer que seja o seu tamanho, respiram uma vez a cada quatro batimentos cardíacos. Os mamíferos pequenos respiram e batem seus corações mais depressa que os mamíferos grandes, mas a freqüência cardíaca e respiratória diminui segundo a mesma taxa relativa, quanto maior o mamífero.

A duração de vida também aumenta segundo a mesma taxa em relação ao peso do corpo (0,28), à medida que nos deslocamos dos pequenos para os grandes mamíferos. Isto significa que a razão entre as freqüências respiratória e cardíaca e o tempo de vida é também constante em toda a escala de tamanho dos mamíferos. Quando fazemos um cálculo semelhante ao anterior, descobrimos que todos os mamíferos, independentemente do seu tamanho, tendem a respirar cerca de 200 milhões de vezes ao longo de suas vidas (seus corações, portanto, batem cerca de 800 milhões de vezes). Os mamíferos pequenos respiram mais depressa, mas vivem menos tempo. Medido pelos relógios internos dos seus corações ou pelo ritmo da sua respiração, todos os mamíferos vivem o mesmo tempo. (Os leitores astutos, após terem contado suas respirações ou tomado seus pulsos, talvez descubram que já deveriam ter morrido há muito tempo. Mas o *Homo sapiens* é um mamífero acentuadamente desviado, em muito mais coisas além da inteligência apenas. Vivemos cerca de três vezes o tempo que vivem os mamíferos do nosso tamanho, mas respiramos na freqüência "correta", cerca de três vezes a quantidade de um mamífero médio das nossas dimensões. Considero esse excesso de vida uma feliz conseqüência da neotenia.)

A efemérida vive apenas um dia na fase adulta. Tanto quanto eu sei, talvez experimente esse dia da mesma maneira como vivemos uma vida inteira. No entanto, nem tudo é relativo em nosso mundo, e um exame em tão curto lapso de tempo quase fatalmente provocará distorções na interpretação de acontecimentos que se desenrolam em escalas mais longas. Numa brilhante metáfora, o evolucionista pré-darwinista Robert Chambers escreveu em 1844 sobre uma efemérida observando a metamorfose de um girino numa rã:

> Suponham que uma efemérida, pairando sobre um lago durante o seu único dia de vida de abril, fosse capaz de observar o bando de rãs nas águas abaixo. Na sua idosa tarde, não tendo visto qualquer mudança nas rãs durante um tempo tão longo, estaria pouco qualificada para conceber que as brânquias externas [guelras] dessas criaturas desapareceriam e seriam substituídas por pulmões internos, que pés se desenvolveriam, que a cauda seria eliminada e o animal aquático se tornaria então um cidadão da terra.

A consciência humana não surgiu senão um minuto antes da meia-noite no relógio geológico. No entanto, nós, as efemérides, tentamos submeter o mundo ancestral aos nossos propósitos, ignorantes talvez das mensagens enterradas em sua longa história. Tenhamos esperança de estarmos ainda no início da manhã do nosso dia de abril.

30 Atração natural: as bactérias, os pássaros e as abelhas

As famosas palavras "Bendita sejas tu entre as mulheres" foram ditas pelo arcanjo Gabriel quando anunciou a Maria que ela conceberia pelo Espírito Santo. Na pintura medieval e renascentista, Gabriel possui asas de pássaro, normalmente abertas e adornadas. Durante uma visita a Florença, no ano passado, fiquei fascinado pela "anatomia comparada" das asas de Gabriel, como se encontram representadas pelos grandes pintores da Itália. As feições de Maria e Gabriel são muito belas, e seus gestos freqüentemente muito expressivos; no entanto, as asas pintadas por Fra Angelico ou Martini parecem rígidas e sem vida, apesar da beleza da sua intricada plumagem.

Mas depois vi a versão de Leonardo. As asas de Gabriel são tão flexíveis e graciosas que mal me preocupei em estudar seu rosto ou notar o impacto que ele causou a Maria. Até que reconheci a origem da diferença. Leonardo, que estudou pássaros e compreendia a aerodinâmica das asas, pintara uma máquina funcional nas costas de Gabriel. Suas asas são ao mesmo tempo belas e eficientes. Possuem não só a orientação e a curvatura corretas, mas também a disposição certa das penas. Tivesse Gabriel sido um pouco mais leve, e poderia ter voado sem intervenção divina. Em contraste, o Gabriel de outros pintores carrega ornamentos frágeis e grosseiros, que nunca poderiam funcionar. Lembrei-me de que estética e beleza funcional andam muitas vezes de mãos dadas (ou melhor, neste caso, de braços dados).

Nos exemplos padrões da beleza da natureza — a chita correndo, a gazela fugindo, a águia pairando, o atum nadando e até a cobra deslizando ou o verme rastejando —, aquilo que percebemos como forma elegante representa também uma excelente solução para um problema de física. Quando desejamos ilustrar o conceito de adaptação em biologia evolutiva, tentamos freqüentemente demonstrar que os organismos inconscientemente "conhecem" física — que desenvolveram máquinas notavelmente eficientes para se alimentarem e se deslocarem. Quando Maria perguntou a Gabriel como poderia ela conceber "não vendo qualquer homem", o anjo respondeu: "Para Deus nada será impossível." Muitas coisas são impossíveis para a natureza. Mas aquilo que ela pode fazer, quase sempre o faz melhor que bem. O bom desenho geralmente é expresso pela correspondência entre a forma do organismo e o projeto de um engenheiro.

Encontrei há pouco tempo um exemplo ainda mais impressionante: um organismo que constrói uma máquina requintada diretamente dentro do seu próprio corpo. A máquina é um ímã; o organismo, uma bactéria "inferior". Quando Gabriel partiu, Maria foi visitar Elisabeth, que também concebera com uma pequena ajuda vinda do Alto. O bebê de Elisabeth (o futuro João Batista) "moveu-se no seu ventre" e Maria pronunciou o *Magnificat*, incluindo a linha (mais tarde incomparavelmente trabalhada por Bach) *et exaltavit humilis* (e Ele tinha exaltado os de nível inferior). A pequena bactéria, a es-

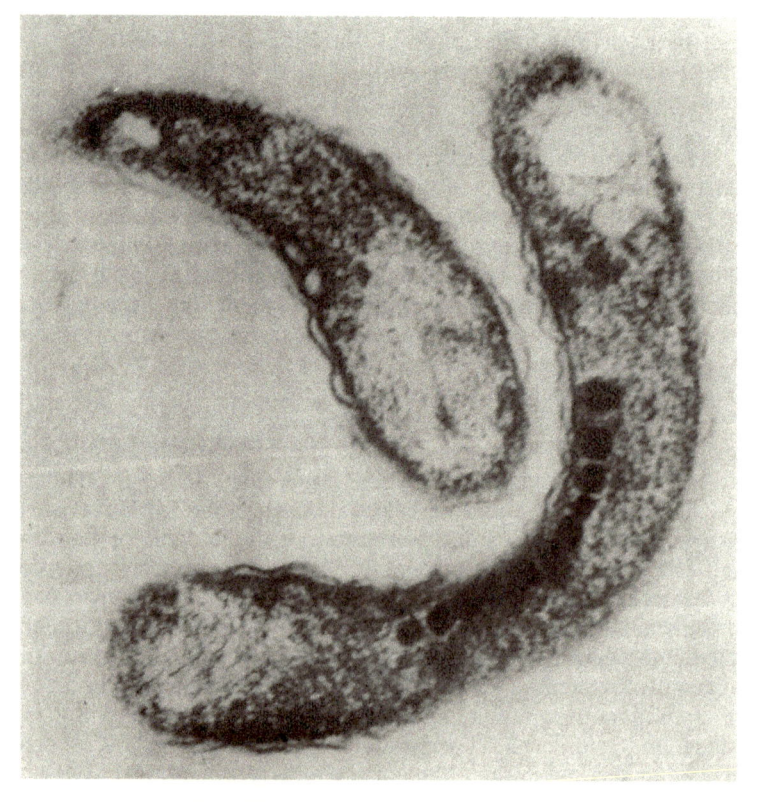

Uma bactéria magnetotática com sua cadeia de pequenos ímãs ($\times 40.000$). (D. L. Balkwill e D. Maratea)

trutura mais simples entre os organismos, habitante do primeiro degrau das tradicionais (e falazes) escadas da vida, ilustra em poucos mícrons toda a maravilha e beleza que alguns organismos requerem metros para manifestar.

Em 1975, o microbiólogo Richard P. Blakemore, da Universidade de New Hampshire, descobriu bactérias "magnetostáticas" em sedimentos perto de Woods Hole, Massachusetts. (Assim como os organismos geotáticos se orientam na direção dos campos gravitacionais e as criaturas fototáticas na direção da luz, as bactérias magnetotáticas alinham-se e nadam em direções preferenciais dentro dos campos magnéticos.) Blakemore passou então um ano na Universidade de Illinois com o microbiólogo Ralph Wolfe e conseguiu isolar e cultivar uma estirpe pura de bactérias magnetostáticas. Blakemore e Wolfe voltaram-se então para um especialista em física do magnetismo, Richard B. Frankel, do National Magnet Laboratory do MIT. (Agradeço ao dr. Frankel por sua paciente e clara explicação desses trabalhos.)

Frankel e seus colegas descobriram que cada bactéria constrói dentro do corpo um ímã formado por mais ou menos 20 partículas opacas e semelhantes a cubos, cada lado medindo cerca de 500 angstroms (1 angstrom é um décimo-milionésimo de milímetro). Essas partículas são constituídas primariamente pelo material magnético Fe_3O_4, denominado magnetita ou pedra-ímã. Frankel calculou então o momento magnético total por bactéria e descobriu que cada uma continha magnetita suficiente para se orientar no campo magnético da Terra em oposição à influência desorientadora do movimento browniano. (As partículas suficientemente pequenas para não serem afetadas pelos campos gravitacionais que nos estabilizam ou pelas forças de superfície que afetam os objetos de tamanho intermediários são sacudidas, de maneira aleatória, pela energia térmica do meio no qual se encontram suspensas. A "dança" das partículas de poeira à luz do Sol constitui um exemplo padrão do movimento browniano.)

As bactérias magnetotáticas construíram um equipamento notável, utilizando virtualmente a única configuração que poderia funcionar como bússola dentro dos seus pequenos corpos. Frankel explica por que a magnetita tem de ser disposta como partículas e por que as partículas devem ter cerca de 500 angstroms de lado. Para funcionar como uma bússola eficiente, é preciso que a magnetita esteja presente como partículas de domínio único, isto é, como pedaços com um momento magnético próprio, contendo pólos opostos norte e sul. A bactéria contém uma cadeia dessas partículas, orientadas ao longo da fila, com seus momentos magnéticos, de modo que o pólo norte de uma corresponde ao pólo sul da seguinte — "como os elefantes, tromba com cauda, num final de circo", segundo esclareceu Frankel. Dessa maneira, toda a cadeia de partículas funciona como um dipolo magnético único com extremidades norte e sul.

Se as partículas fossem um pouco menores (menos de 400 angstroms de lado), seriam "superparamagnéticas" — uma palavra sofisticada para indicar que a energia térmica à temperatura do ambiente causaria uma reorientação interna do momento magnético das partículas. Por outro lado, se as partículas tivessem mais de 1.000 angstroms de lado, formar-se-iam *dentro* delas domínios magnéticos separados apontando para diferentes direções. Essa "competição" reduziria ou cancelaria seu momento magnético total. Assim, conclui Frankel, "as bactérias resolveram um interessante problema da física produzindo partículas de magnetita com o tamanho exato para uma bússola — 500 angstroms".

Mas a biologia evolutiva é, sobretudo, a ciência do "por quê"; devemos portanto perguntar o que poderá fazer uma criatura tão pequena com um ímã. Já que o raio de deslocamento de uma bactéria é provavelmente de algumas polegadas durante os poucos minutos da sua existência, é difícil acreditar que o movimento orientado na direção norte-sul possa desempenhar algum papel no seu repertório de peculiaridades adaptativas. Frankel sugere, de maneira muito plausível a meu ver, que a capacidade de se moverem *para baixo* pode ser crucial para essas bactérias — já que para baixo é a direção dos sedimentos em ambientes aquáticos, e para baixo podem atingir uma região de pressão de oxigênio mais apropriada. Nesse caso, talvez "os de nível inferior" desejem rebaixar-se ainda mais.

Mas como é que uma bactéria sabe qual é o caminho *para baixo*? Com os presunçosos preconceitos dos nossos grandiosos egos, poderíamos pensar que a questão é vazia, por ter uma resposta óbvia: tudo o que elas têm a fazer é parar sua atividade, qualquer que seja, e caírem. De maneira nenhuma. Caímos porque a gravidade nos afeta. A gravidade — o exemplo padrão de "força fraca" em física — influencia-nos apenas porque somos grandes. Vivemos num mundo de forças em competição, cuja resultante depende principalmente do tamanho dos objetos sobre os quais elas atuam. Para as criaturas de dimensões macroscópicas, é decisiva a razão entre a área e o volume do corpo. Essa razão diminui continuamente à medida que um organismo cresce, já que as áreas aumentam segundo o quadrado do comprimento, e os volumes, segundo o cubo do comprimento. As pequenas criaturas, como os insetos, por exemplo, vivem num mundo dominado por forças que atuam sobre suas superfícies. Alguns podem andar sobre a água ou pendurar-se de cabeça para baixo de um teto, porque a tensão superficial é muito forte, enquanto a força gravitacional que pode puxá-los para baixo, muito fraca. A gravidade trabalha sobre volumes (ou, mais precisamente, sobre massas proporcionais a volumes num campo gravitacional constante), e nos governa por causa da nossa baixa razão superfície/volume. Mas ela incomoda muito pouco ao inseto — e nada a uma bactéria.

O mundo de uma bactéria é tão diferente do nosso, que devemos abandonar todas as certezas acerca de como são as coisas e começar do zero. Da próxima vez que virem *Fantastic Voyage*[1], desviem a vista de Raquel Welch e do rapinante glóbulo branco tempo suficiente para ponderar como aventureiros miniaturizados se arranjariam realmente como objetos microscópicos dentro do corpo humano (eles se comportam realmente como as pessoas normais, no filme). Ora, antes de tudo, estariam sujeitos aos choques do movimento browniano, transformando o filme em algo como um borrão aleatório. Também, como Isaac Asimov me apontou, seu barco não poderia deslocar-se com o propulsor, já que o sangue, a essa escala, é muito viscoso. Seria preciso um flagelo, disse-me ele — como uma bactéria.

D'Arcy Thompson, o primeiro estudioso de escalas desde Galileu, aconselhou-nos a deixar de lado os preconceitos para compreendermos o mundo de uma bactéria. Na sua obra-prima *Growth and Form* (publicada em 1942, mas ainda reeditada), encerra assim o capítulo "On Magnitude", na sua prosa incomparável:

> A vida tem uma gama de magnitudes de fato estreita, em comparação com aquilo de que trata a ciência física; mas é suficientemente ampla para incluir três condições tão discrepantes como aquelas em que um homem, um inseto e um bacilo vivem e desempenham seus vários papéis. O homem é governado pela gravidade e repousa na mãe Terra. Um besouro d'água acha a superfície de um lago um caso de vida ou morte, um perigoso emaranhado ou um suporte indispensável. Num terceiro mundo, onde vive o bacilo, a gravidade é esquecida e a viscosidade do líquido, a resistência definida pela lei de Stokes, os choques moleculares do movimento browniano e, sem dúvida, também as cargas elétricas dos meios ionizados constroem o ambiente físico e têm forte e imediata influência

---

[1]. Filme de ficção científica baseado na novela do mesmo nome, da autoria de I. Asimov. (N. T.)

sobre o organismo. Os fatores predominantes já não são aqueles da nossa escala; chegamos ao limiar de um mundo do qual não temos experiência e onde todas as nossas pré-concepções precisam ser descartadas.

Então, como é que uma bactéria sabe qual direção é para baixo? Usamos os ímãs tão exclusivamente para a orientação horizontal que nos esquecemos com freqüência (de fato, suspeito que muitos de nós não o sabem) de que o campo magnético da Terra também tem uma componente vertical, cuja força depende da latitude. (Como essa deflexão vertical não nos interessa, nós a descartamos ao construir as bússolas. Como grandes criaturas governadas pela gravidade, sabemos qual é o sentido para baixo. Só em nossa escala a loucura poderia ser personificada pela ignorância de "qual sentido é para cima".) A agulha de uma bússola segue as linhas de força da Terra. No Equador, essas linhas são horizontais à superfície; ao se aproximarem dos pólos, mergulham cada vez mais acentuadamente para *dentro* da Terra. No próprio pólo magnético, a agulha aponta para baixo. Na minha latitude, em Boston, a componente vertical é de fato mais forte do que a horizontal. Uma bactéria nadando para o norte, como uma agulha livre de bússola, também nada para baixo em Woods Hole.

Essa função putativa para uma bússola bacteriana constitui no momento pura especulação. Mas se essas bactérias usam seus ímãs principalmente para nadarem para baixo (mais do que para se reunirem ou fazerem sabe Deus o quê, se é que fazem alguma coisa, no seu mundo pouco familiar), então podemos fazer algumas predições prováveis. Membros das mesmas espécies que vivem em populações naturais adaptadas à vida no equador provavelmente não construirão ímãs, pois aí a agulha da bússola não tem componente vertical. No hemisfério sul as bactérias magnetotáticas deveriam desenvolver uma polaridade inversa e nadar na direção do seu pólo sul.

A magnetita também foi descrita como componente de vários organismos maiores, todos eles realizando feitos notáveis de orientação horizontal — o uso convencional de uma bússola para criaturas familiares da nossa escala. Os quítons, parentes de oito placas dos lamelibrânquios e dos caracóis, vivem principalmente nas regiões tropicais, em rochas perto do nível do mar, das quais retiram comida com uma longa lima denominada "rádula" — e as pontas dos dentes radulares são feitas de magnetita. Muitos se afastam consideravelmente de sua "casa", mas voltam ao local exato. A idéia de que poderiam usar sua magnetita como bússola de orientação manifesta-se por si, mas até agora não há qualquer evidência disso. Nem sequer é certo que os quítons possuam magnetita suficiente para perceberem o campo magnético terrestre, e Frankel me diz que suas partículas estão muito acima do limite de domínio único.

Algumas abelhas têm magnetita no abdômen, e sabemos que são afetadas pelo campo magnético terrestre (ver o artigo de J. L. Gould — sem relação comigo —, J. L. Kirschvink e K. S. Defeyes na bibliografia). As abelhas realizam sua famosa dança na superfície vertical da colméia, convertendo a orientação do seu vôo em busca de alimento, em relação ao Sol, num ângulo, descrito pela dança, em relação à gravidade. Se o favo é virado, de maneira que as abelhas tenham de dançar numa superfície horizontal onde não podem expressar a direção em termos gravitacionais, ficam desorientadas, a princípio. Finalmente, após várias semanas, alinham suas danças em relação à bússola magnética. Mais ainda, um enxame de abelhas colocado numa colméia vazia, sem pistas para a orientação, constrói seu favo na direção magnética que ocupava na colméia de origem. Os pombos, que certamente não têm hesitações ao voltar para casa, desenvolveram uma estrutura de magnetita entre o cérebro e o crânio. Essa magnetita existe como domínio único e pode, portanto, funcionar como um ímã (ver C. Walcott *et al.* na bibliografia).

O mundo está cheio de sinais que não notamos. Pequenas criaturas vivem num mundo diferente de forças desconhecidas. Muitos animais da nossa escala excedem em muito nossa gama de percepção a sensações que nos são familiares. Os morcegos evitam os obstáculos emitindo sons em freqüências que não posso ouvir, embora algumas pessoas possam. Muitos insetos vêem o ultravioleta e seguem os guias "invisíveis" de néctar das flores até suas fontes de alimento e o pólen que transportarão para a flor seguinte, para a fertilização (as plantas fabricam esses sinais coloridos de orientação para seu próprio benefício, e não para conveniência dos insetos).

Que bando mais sem percepção somos nós! Rodeados por tantas coisas tão fascinantes e tão reais da natureza e não as vemos (ouvimos, cheiramos, tocamos ou saboreamos); no entanto, tão crédulos e tão seduzidos por suposições de um estranho poder, que tomamos os truques de mágicos medíocres por vislumbres de um mundo psíquico para além dos nossos conhecimentos. O paranormal pode ser uma fantasia; é certamente um refúgio para os charlatães. Mas poderes de percepção "para-humanos" residem à nossa volta, nos pássaros, nas abelhas e nas bactérias. E podemos utilizar os instrumentos da ciência para sentir e compreender aquilo que não podemos perceber diretamente.

Pós-escrito

Ao perguntar por que as bactérias teriam construído ímãs dentro dos seus corpos, Frankel especulou convincentemente que nadar para o norte, faria pouca diferença para uma criatura tão pequena, mas que nadar *para baixo* (outra conseqüência da vida ao redor de uma bússola nas latitudes do hemisfério norte; que variam de médias a elevadas) poderia ser de fato muito importante. Isso me levou a supor que, se a explicação de Frankel é válida, as bactérias magnéticas do hemisfério sul deveriam nadar em direção ao sul para nadarem para baixo — isto é, sua polaridade deveria ser inversa em relação à das suas parentes do hemisfério norte.

Em março de 1980, Frankel enviou-me a prova de um artigo redigido com os colegas R. P. Blakemore e A. J. Kalmijn. Eles viajaram até a Nova Zelândia e a Tasmânia a fim de testar a polaridade magnética das bactérias do hemisfério sul. De fato, todas elas nadam para o sul e para baixo — uma impressionante confirmação da hipótese de Frankel e da base do meu ensaio.

Também realizaram um experimento interessante, que reforçou aquela confirmação: reuniram bactérias magnéticas em Woods Hole, Massachusetts, e dividiram em duas partes a amostra das células que nadavam para o norte. Cultivaram uma subamostra durante várias gerações numa câmara de polaridade invertida, para simular as condições do hemisfério sul. Com suficiente certeza, após várias semanas, as células que nadavam para o norte continuavam a predominar na câmara de polaridade normal; porém, na câmara de polaridade invertida, a maioria era agora formada por células que nadavam para o sul. Já que as células bacterianas não mudam de polaridade durante suas vidas, essa dramática mudança é provavelmente resultante de uma forte seleção natural a favor da capacidade de nadar para baixo. É de presumir que em cada câmara se desenvolvam células que nadam para o norte e células que nadam para o sul, mas a seleção elimina rapidamente os indivíduos que não podem nadar para baixo.

Frankel me diz que se encontra agora de partida para o equador geomagnético para ver o que acontece no local onde o campo magnético não tem qualquer componente dirigida para baixo.

31 A vastidão do tempo

2 horas da manhã, 1º de janeiro de 1979

Nunca esquecerei o último concerto de Toscanini — a noite em que o maior de todos os maestros, o homem que retinha em sua memória infalível toda a música ocidental, hesitou por alguns segundos e perdeu seu lugar. Se os heróis fossem realmente invulneráveis, como poderiam despertar nossa atenção? Siegfried tem de ter um ombro mortal, Aquiles um calcanhar, o Super-Homem a criptonita.

Karl Marx assinalou que todos os acontecimentos históricos ocorrem duas vezes, primeiro como tragédia e uma segunda vez como farsa. Se o lapso de Toscanini foi trágico (no sentido heróico), então testemunhei a farsa há apenas duas horas, quando o fantasma de Guy Lombardo falhou um tempo. Pela primeira vez sabe-se lá em quantos anos, aquele som suave, aquelas confortáveis boas-vindas ao Ano Novo se apagaram durante um misterioso momento. Como vim a saber depois, alguém esqueceu de informar Guy sobre o minuto especial de 61 segundos que finalizava 1978; começou cedo demais e não pôde corrigir-se sem que o percebêssemos.

Esse segundo, adicionado para contabilidade interna, a fim de sincronizar os relógios atômicos e astronômicos, recebeu grande cobertura da imprensa, quase toda ela numa veia jocosa. E por que não? — as boas notícias são bastante raras nesta época do ano. A maior parte das notícias glosavam o mesmo tema: crítica aos cientistas por suas preocupações com a precisão perfeita. Afinal de contas, que importância pode ter um intervalo de tempo tão insignificante como um simples segundo?

Lembrei-me então de outro número, 1/50.000 de segundo por ano. Esse número, uma formiga perante o leviatã de um segundo inteiro, é a taxa anual de desaceleração da rotação da Terra ocasionada pelo atrito das marés. Tentarei mostrar quão importante pode ser, na plenitude do tempo geológico, um número tão insignificante.

Sabemos há muito tempo que a Terra está diminuindo sua rotação. Edmund Halley, padrinho do famoso cometa e astrônomo real da Inglaterra nos princípios do século XVIII, notou uma discrepância sistemática entre a posição registrada de antigos eclipses e suas áreas de visibilidade, previstas com base na velocidade de rotação da

Terra naquela época. Para explicar essa disparidade, Halley admitiu que a rotação teria sido mais rápida no passado. Seus cálculos foram aperfeiçoados e reanalisados muitas vezes, e os registros dos eclipses sugerem uma taxa aproximada de 2 milissegundos por século para a diminuição rotacional durante os últimos poucos milhares de anos.

Halley não propôs qualquer razão adequada para essa desaceleração. Emmanuel Kant, homem realmente versátil, forneceu a explicação correta no final do século XVIII. Kant implicou a Lua na explicação e argumentou que o atrito das marés desacelerava a Terra. A Lua puxa as águas da Terra na sua direção numa bolsa de maré. Essa bolsa permanece orientada em relação à Lua, enquanto a Terra gira debaixo dela. Do nosso ponto de vista como observadores terrestres, a maré alta move-se continuamente para o oeste, ao redor da Terra. Essa maré, movendo-se continuamente através da terra e do mar (porque os continentes têm também suas marés menores), produz uma grande quantidade de atrito. Segundo os astrônomos Robert Jastrow e M. H. Thompson, "todos os dias uma enorme quantidade de energia é dissipada nesse atrito. Se a energia pudesse ser recuperada para fins úteis, seria suficiente para suprir várias vezes a demanda de energia elétrica em todo o mundo. A energia é na realidade dissipada na turbulência das águas costeiras e ainda num pequeno aquecimento das rochas na crosta terrestre".

O atrito das marés, contudo, tem outro efeito, que embora invisível à escala das nossas vidas constitui fator principal na história da Terra. Atua como um freio sobre a Terra, reduzindo sua rotação a uma vagarosa taxa de cerca de 2 milissegundos por século, ou seja, 1/50.000 de segundo por ano.

O freamento pelo atrito das marés tem dois efeitos intrigantes e correlatos. Em primeiro lugar, o número de dias do ano deveria decrescer ao longo do tempo, mas a duração de um ano parece manter-se essencialmente constante em relação ao relógio oficial de césio. Sua invariância é confirmada tanto empiricamente, pelas medições astronômicas, como teoricamente. Poderíamos predizer que a maré solar deveria reduzir a translação da Terra, assim como a maré lunar diminui sua rotação. Mas as marés solares são muito fracas e a Terra, deslocando-se no espaço, possui um momento de inércia tão grande, que o ano aumenta não mais de 3 segundos a cada bilhão de anos. Aqui, finalmente, temos um número que podemos seguramente ignorar — meio minuto desde a origem da Terra até sua destruição por um Sol em explosão, daqui a uns 5 bilhões de anos!

Em segundo lugar, enquanto a Terra perde momento angular ao diminuir a rotação, a Lua — obediente à lei da conservação do momento angular no sistema Terra-Lua — tem de recolher aquilo que a Terra perde, e faz isso girando ao redor da Terra a distâncias cada vez maiores. Em outras palavras, a Lua afasta-se firmemente da Terra.

Se a Lua agora parece grande, quando baixa no horizonte numa fria noite de outubro, deveríamos ter estado aqui para ver o que os trilobites presenciaram há 550 milhões de anos. G. H. Darwin, astrônomo afamado e segundo filho de Charles, foi o primeiro a desenvolver essa idéia da recessão lunar. Acreditava que a Lua fora arrancada do oceano Pacífico e extrapolou para o passado a taxa atual de recessão lunar, para determinar a data do seu nascimento convulsivo. (Graças à tectônica das placas, sabemos agora que o Pacífico não é uma depressão permanente, mas apenas uma configuração do momento geológico.)

Em suma, o atrito das marés induzido pela Lua encerra duas conseqüências associadas, ao longo do tempo: desaceleração da rotação da Terra para diminuir o número de dias por ano e aumento da distância entre a Terra e a Lua.

Os astrônomos já conheciam esses fenômenos há muito tempo, em teoria; mediram-nos também diretamente em microssegundos geológicos. Mas até recentemente ninguém sabia como aferir seus efeitos durante longos períodos de tempo geológico. Uma simples extrapolação para o passado da taxa corrente não será suficiente, pois a intensidade da freada depende da configuração dos continentes e dos oceanos. A freada mais efetiva ocorre quando as marés se deslocam em mares rasos; a menos efetiva, quando as marés se movem com relativamente pouco atrito, em oceanos profundos e na terra firme. Os mares rasos não são muito característicos da nossa Terra atual, mas cobriram milhões de milhas quadradas em várias épocas do passado. O elevado atrito das marés naqueles tempos pode ter sido equilibrado por uma desaceleração muito lenta em outras épocas, particularmente quando todos os continentes coalesceram numa pangéia única. O padrão da desaceleração rotacional através dos tempos torna-se então um problema mais geológico do que astronômico.

Alegra-me muito informar que minha área da geologia tem fornecido, embora ambiguamente, as informações requeridas — porque alguns fósseis registram nos seus padrões de crescimento os ritmos astronômicos de tempos antigos. Os altivos e orgulhosos matemáticos e experimentalistas da geofísica moderna não costumam voltar os olhos na direção de um simples fóssil. No entanto, um proeminente estudioso da rotação da Terra escreveu: "Parece que a paleontologia vem em socorro do geofísico."

Durante mais de cem anos, os paleontólogos ocasionalmente notaram em alguns dos seus fósseis linhas de crescimento regularmente espaçadas. Alguns chegaram a sugerir que elas talvez refletissem períodos astronômicos de dias, meses ou anos — de maneira muito semelhante aos anéis das árvores —; todavia, ninguém tinha feito nada ainda com essas observações. Durante os anos 30, Ting Ying Ma, um paleontólogo chinês meio visionário e altamente especulativo — mas absolutamente interessante —, estudou as faixas anuais nos corais fósseis para determinar a posição dos antigos equadores. (Os corais que vivem no equador em regimes de temperaturas quase constante não deveriam apresentar faixas sazonais; quanto maior a latitude, mais fortes são as faixas.) Mas ninguém ainda estudara as laminações muito finas que freqüentemente ocorrem às centenas em cada faixa.

No início da década de 60, o paleontólogo John West Wells, de Cornell, percebeu que essas estrias muito finas poderiam registrar dias (crescimento lento à noite *versus* crescimento rápido durante o dia, da mesma forma que as árvores produzem faixas anuais alternadas de crescimento rápido no verão e de crescimento lento no inverno). Ao estudar um coral moderno, que apresentava faixas grossas (presumivelmente anuais), e faixas muito finas, contou uma média de 360 linhas finas para cada faixa grossa, concluindo que as linhas finas correspondem a dias.

Wells procurou então na sua coleção corais fósseis suficientemente bem preservados para reterem todas as suas faixas finas. Encontrou muito poucos, mas ainda assim permitiram a ele uma das mais importantes e interessantes observações da história da paleontologia: um grupo de corais com cerca de 370 milhões de anos tinha uma média de pouco menos de 400 linhas finais em cada faixa grossa. Esses corais, portanto, testemunhavam um ano de quase 400 dias. Fora finalmente encontrada uma prova geológica direta para uma velha teoria astronômica.

Mas os corais de Wells confirmaram apenas metade da história — o aumento da duração do dia. A outra metade, a recessão da Lua, requeria fósseis com faixas diárias e mensais; pois, se a Lua esteve muito mais próxima no passado, provavelmente seu giro ao redor da Terra durava muito menos tempo que atualmente. O velho mês lunar deve ter correspondido a pouco menos que 29,53 dias solares da Lua atual.

Desde que Wells publicou seu famoso artigo sobre o crescimento do coral e a geocronometria, em 1963, várias suposições têm aparecido também acerca da periodicidade lunar. Mais recentemente, Peter Kahn, paleontólogo de Princeton, e Stephen Pompea, físico da Colorado State University, argumentaram que a chave para a história lunar reside numa das criaturas favoritas de todos nós, o náutilo. A concha do náutilo divide-se em partições internas regulares denominadas "septos". Esses mesmos septos, e a beleza da sua construção, inspiraram Oliver Wendell Holmes a exortar-nos, por analogia, a fazer o melhor com nossas vidas interiores:

> Build thee more stately mansions, O my soul,
> As the swift seasons roll!
> Leave thy low-vaulted past!
> Let each new temple, nobler than the last,
> Shut three from heaven with a dome more vast,
> Till thou at lenght art free,
> Leaving thine outgrown shell by life's unresting sea![1]

Fico feliz de dizer que os septos nautilóides podem ter estendido sua utilidade para além dos devaneios de Holmes sobre a imortalidade e do plágio de O'Neil no título de uma peça. Kahn e Pompea contaram as linhas de crescimento mais finas no exterior da concha do *Nautilus* e descobriram que cada câmara (o espaço entre septos sucessivos) contém uma média de 30 linhas finas, havendo pequena variação quer entre conchas quer entre sucessivas câmaras de uma única concha. Já que o *Nautilus*, vivendo nas águas profundas do Pacífico, migra diariamente em resposta ao ciclo solar (à noite move-se em direção à superfície), Kahn e Pompea sugerem que as linhas finas registram dias. A secreção de septos pode estar ligada a um ciclo lunar. Muitos animais, inclusive os seres humanos, têm ciclos lunares, geralmente associados à procriação.

Os nautilóides são muito comuns como fósseis (o moderno náutilo de concha é o único sobrevivente de um grupo muito variado). Kahn e Pompea contaram as linhas por câmara em 25 nautilóides, cujas idades variavam desde 25 a 420 milhões de anos. Argumentam a favor de um decréscimo regular do número de linhas por câmara — de 30 nos fósseis atuais, para cerca de 25 nos mais recentes, até

---

1. Constrói uma mansão melhor, ó minha alma / À medida que as suaves estações se sucedem! / Deixa o teu passado de vôos rasantes! / Deixa que cada novo templo seja mais nobre que o anterior, / Isola-te do céu com uma abóbada mais vasta / Até que por fim sejas livre / E deixa a concha já madura no mar tempestuoso da vida!

mais ou menos 9 nos mais antigos. Se há 420 milhões de anos a Lua girava ao redor da Terra em apenas 9 dias solares (quando o dia tinha apenas 21 horas), então deve ter estado muito mais próxima. Por meio de algumas equações, Kahn e Pompea concluíram que os nautilóides antigos contemplaram uma Lua gigantesca a um pouco mais de dois quintos da sua distância atual (sim, eles tinham olhos).

Neste ponto devo confessar alguma ambivalência no amplo corpo de dados acerca dos ritmos de crescimento dos fósseis. Os métodos estão rodeados de problemas não-resolvidos. Como saber qual a periodicidade que as linhas refletem? Consideremos, por exemplo, o caso das linhas finas. Em geral são contadas como se registrassem dias solares. Vamos supor, contudo, que sejam uma resposta a ciclos de maré — uma periodicidade que envolve tanto a rotação da Terra como a revolução da Lua. Ora, se no passado a rotação da Lua ocorria num tempo muito mais curto do que agora, então os antigos ciclos de maré não se encontravam tão perto do dia solar como hoje. (Compreende-se agora a importância do argumento de Kahn e Pompea — construído, diga-se de passagem, sem prova direta — de que as linhas finas do *Nautilus* refletem ciclos dia-noite de migração vertical, e não efeitos da maré. Na verdade, eles explicam os três casos excepcionais argumentando que esses nautilóides habitavam águas persistentemente baixas junto à costa, podendo assim ter registrado as marés.)

Mesmo que as linhas representem uma resposta aos ciclos solares, como estabelecer os dias de cada mês ou cada ano antigos? A simples contagem não é solução, porque os animais freqüentemente pulam um dia, mas não o dobram, tanto quanto sabemos. As contagens atuais geralmente subestimam o número de dias (recordemo-nos dos corais modernos originais de Wells, com a média de 360, e não 365, faixas diárias — em dias muito nebulosos, o crescimento diurno pode não exceder o noturno, e as faixas não se formam).

Além disso, para colocar a mais básica de todas as questões, como podemos estar certos de que a linhas representam de fato uma periodicidade astronômica? Em geral, pouca coisa além da sua regularidade geométrica inspirou a hipótese de que elas registram dias, meses ou anos. Mas os animais não são máquinas passivas, registrando respeitosamente os ciclos astronômicos em todas as suas regularidades de crescimento. Eles também têm relógios internos, muitas vezes acertados por ritmos metabólicos sem qualquer relação aparente com os dias, as marés e as estações. Por exemplo, muitos animais diminuem suas taxas de crescimento à medida que avançam na idade. Mas muitas linhas de crescimento continuam a aumentar de tamanho a uma taxa constante. A distância entre os septos do *Nautilus* aumenta de maneira constante e regular durante o crescimento. Serão os septos realmente depositados um a cada mês, ou os mais tardios medirão intervalos de tempo maiores? O *Nautilus* poderia viver de acordo com a seguinte regra: desenvolver um septo após a câmara atingir um volume regularmente crescente, e não desenvolver um septo em cada lua cheia. Principalmente por essa razão, sou bastante céptico acerca das conclusões de Kahn e Pompea.

O resultado desses problemas não resolvidos é um corpo de dados pobremente sincronizados. Na literatura existem amplas e incômodas diferenças. Um estudo de supostas periodicidades lunares nos corais sugere que, há cerca de 350 milhões de anos, o mês continha o triplo do número de dias que Kahn e Pompea calcularam.

Apesar disso, continuo satisfeito e otimista por duas razões. Primeira, a despeito de toda a assincronia interna, todos os estudos revelaram o mesmo padrão básico — decréscimo no número de dias por ano. Segunda, após um período inicial de entusiasmo acrítico, os paleontólogos estão realizando agora o árduo trabalho necessário para compreender o que as linhas realmente significam — estudos experimentais de animais modernos em condições controladas. Em breve deverão estar disponíveis os critérios para a resolução das discrepâncias em dados fósseis.

Dificilmente outro assunto geológico poderia ser mais fascinante ou mais rodeado por problemas intricados. Consideremos o seguinte: se extrapolarmos para trás, no tempo, a recessão corrente da Lua tal como é estimada a partir dos dados dos eclipses, ela entrará no limite de Roche cerca de um bilhão de anos atrás. Dentro do limite de Roche nenhum corpo maior se pode formar. Se um corpo grande entra nele vindo de fora, os resultados são pouco claros, mas certamente impressionantes. Marés gigantescas rugiriam sobre a Terra e a superfície lunar derreteria, o que, segundo se concluiu a partir das rochas recolhidas pelas expedições Apolo, não sucedeu (e a taxa de recessão estimada a partir dos dados modernos — 5,8 centímetros por ano — é muito menor do que a média defendida por Kahn e Pompea — 94,5 centímetros por ano). Claramente, a Lua não se encontrava tão perto de nós há 1 milhão de anos, nem nunca esteve, já que sua superfície se solidificou há mais de quatro bilhões de anos. Ou as taxas de recessão variam drasticamente e eram muito mais baixas no início da história da Terra, ou a Lua entrou em sua órbita atual muito tempo após sua formação. Em todo caso, a Lua já esteve mais perto de nós, e essa relação diferente deve ter tido um efeito importante na história de ambos os corpos celestes.

Em relação à Terra, temos indicações, em algumas das nossas rochas sedimentares mais antigas, de amplitudes de maré que cobririam de vergonha a baía de Fundy[2]. Em relação à Lua, Kahn e Pompea fazem a interessante sugestão de que, nesse tempo, sua posição mais próxima e a atração gravitacional mais forte da Terra podem explicar por que os mares lunares se concentram no seu lado visível, voltado para a Terra (os mares representam vastas extrusões de magma líquido), e por que seu centro de massa se encontra deslocado na direção da Terra.

A geologia não encerra nenhuma lição mais importante do que a vastidão do tempo. Não temos qualquer problema para expor intelectualmente nossas conclusões — 4,5 bilhões de anos escorregam facilmente da língua como idade para a Terra. Mas o conhecimento intelectual e a apreciação profunda são coisas muito diferentes. Como número puro, 4,5 bilhões é incompreensível, e temos de recorrer à metáfora e à imagem para salientar há quanto tempo a Terra existe e quão insignificante é o período da evolução humana — para não mencionar o milimicrossegundo cósmico das nossas vidas pessoais.

A metáfora padrão para a história da Terra é um relógio de 24 horas, em que a civilização humana ocupa os últimos poucos segundos. Prefiro destacar a energia acumulada de efeitos extremamente insignificantes na escala das nossas vidas. Acabamos de completar outro ano e a Terra desacelerou mais outro 1/50.000 de segundo. O tempo de uma piscada. Exatamente isso.

---

2. Na Terra Nova, é o local onde as marés têm a maior amplitude de toda a Terra. (N. T.)

Bibliografia

Agassiz, E. C., 1895, *Louis Agassiz: his life and correspondence*, Boston, Houghton, Mifflin.
Agassiz, L., 1850, "The diversity of origin of the human races", in *Christian Examiner*, 49, 110-145.
_____, 1962 (primeira publicação em 1857), *An essay on classification*, Cambridge, Mass., Balknap Press of Harvard University Press.
Bakker, V. R., e Nummedal, D., 1978, *The channeled scabland*, Washington, National Aeronautics and Space Administration, Planetary Geology Program.
Bakker, R. T. 1975, "Dinosaur renaissance", in *Scientific American*, Abril, 58-78.
Bakker, R. T., e Galton, P. M., 1974, "Dinosaur monophyly and a new class of vertebrates", in *Nature*, 248, 168-172.
Bateson, W., 1922, "Evolutionary faith and modern doubts", in *Science*, 55, 55-61.
Berlin, B., 1973, "Folksystematics in relation to biological classification and nomenclature", in *Annual Review of Ecology and Systematics*, 4, 259-271.
Berlin, B., Breedlove, D. E., e Raven, P. H., 1966, "Folk taxonomies and biological classification", in *Science*, 154, 273-275.
_____, 1974, *Principles of Tzeltal plant classification: an introduction to the botanical ethnography of a mayan speaking people of highland Chiapas*, New York Academic Press.
Bourdier, F., 1971, "Georges Cuvier", in *Dictionary of Scientific Biography*, 3, 521-528, Nova Iorque, Charles Scribner's Sons.
Bretz, J. Harlen, 1923, "The channeled scabland of the Columbia Plateau", in *Journal of Geology*, 31, 617-649.
_____, 1917, "Channeled scabland and the Spokane flood", in *Journal of the Washington Academy of Science*, 17, 200-211.
_____, 1960, "The Lake Missoula floods and the channeled scablands", in *Journal of Geology*, 77, 505-543.
Broca, P., 1861, "Sur le volume et la forme du cerveau suivant les individus et suivant les races", in *Bulletin de la Société d'Anthropologie de Paris*, 2, 139-207, 301-321, 441-446.
_____, 1873, "Sur les crânes de la caverne del'Homme-Mort (Lorère)", in *Revue d'anthropologie*, 2, 1-53.
Bulmer, R. e Tyler, M., 1969, "Karam classification of frogs", in *Journal of the Polynesian Society*, 77, 333-385.
Carr, A. e Coleman, P. J., 1974, "Sea floor spreading theory and the odyssey of the green turtle", in *Nature*, 249, 128-130.

Carrel, J. E. e Heathcote, R. D., 1976, "Heart rate in spiders: influence of body size and foraging energetics", in *Science*.
Chambers, R., 1844, *Vestiges of the natural history of creation*, Nova Iorque, Wiley and Putnam.
Cuénot, C., 1965, *Teilhard de Chardin*, Baltimore, Helicon.
Darwin, C., 1859, *On the origin of species*, Londres, John Murray.
———, 1862, *On the various contrivances by which British and foreign orchids are fertilized by insects*, Londres, John Murray.
———, 1871, *The descent of man*, Londres, John Murray.
———, 1872, *The expression of the emotions in man and animals*, Londres, John Murray.
Davis, D. D., 1964, "The giant panda: a morphological study of evolutionary mechanisms", in *Fieldiana* (Chicago Museum of Natural History) *Memoirs* (Zoology), 3, 1-339.
Dawkins, R., 1976, *The selfish gene*, Nova Iorque, Oxford University Press.
Diamond, J., 1966, "Zoological classification system of a primitive people", in *Science*, 151, 1102-1104.
Down, J. L. H., 1866, "Observations on an ethnic classification of idiots", in *London Hospital Reports*, 259-262.
Eldredge, N., e Gould, S. J., 1972, "Punctuated equilibria: an alternative to phyletic gradualism", in *Models in Paleobiology*, ed. T. J. M. Schopf, São Francisco, Freeman, Cooper and Co., 82-115.
Elbadry, E. A. e Tawfik, M. S. F., 1966, "Life cycle of the mite *Adactylidium sp.* (Acarina: Pyemotiae), a predator of thrips eggs in the United Arab Republic", in *Annals of the Entomological Society of America*, 59, 458-461.
Finch, C., 1975, *The art of Walt Disney*, Nova Iorque, H. N. Abrams.
Fine, P. E. M., 1979, "Lamarckian ironies in contemporary biology", in *The Lancet* de 2 de Junho, 1181-1182.
Fluehr-Lobran, C., 1979, "Down's syndrome (Mongolism): the scientific history of a genetic disorder" (manuscrito não publicado).
Fowler, W. A., 1967, *Nuclear astrophysics*, Filadelfia, American Philosophical Society.
Fox., G. E., Magrum, L. J., Balch, W. E., Wolfe, R. S., e Woese, C. R., 1977, "Classification of methanogenic bacteria by 16S ribosomal RNA characterization", in *Proceedings of the National Academy of Sciences*, 74, 4537-4541.
Frankel, R. B., Blakemore, R. P. e Wolfe, R. S., 1979, "Magnetite in freshwater magnetotatic bacteria", in *Science*, 203, 1355-1356.
Frazzetta, T., 1970, "From hopeful monsters to bolyerime snakes", in *American Naturalist*, 104, 55-72.
Galilei, Galileo, 1638, *Dialogues concerning two new sciences*, traduzido por H. Crew E. A. De Salvio, 1914, Nova Iorque, MacMillan.
Goldschmidt, R., 1940, *The material basis of evolution*, New Haven, Connecticut, Yale University Press.

Gould, S. J., 1977, *Ontogeny and phylogeny*, Cambridge, Mass., Belknap Press of University Press.
―――― e Eldredge, N., 1977, "Punctuated equilibria: the tempo and mode of evolution reconsidered", in *Paleobiology*, 3, 115-151.
――――, Kirschvink, J. L., e Defeyes, K. S., 1978, "Bees have magnetic remanence", in *Science*, 201, 1026-1028.
Gruber, H. E. e Barrett, P. H., 1974, *Darwin on man*, Nova Iorque, Dutton.
Günther, B., e Guerra, E., 1955, "Biological similarities", in *Acta Physiologica Latinoamerica*, 5, 169-186.
Haldane, J. B. S., 1956, "Can a species concept be justified?", in *The species concept in paleontology*, ed. P. C. Sylvester-Bradley, 95-96, Londres, Systematics Association, Publication n.° 2.
Hamilton, W. D., 1967, "Extraordinary sex ratios", in *Science*, 156, 477-488.
Hanson, E. D., 1963, "Homologies and the ciliate origin of the Eumetazoa", in *The lower Metazoa*, ed. E. C. Dougherty *et al.*, 7-22, Berkeley, University of California Press.
Hanson, E. D., 1977, *The origin and early evolution of animals*, Middletown, Connecticut, Wesleyan University Press.
Hopson, J. A., 1977, "Relative brain size and behavior in archosaurian reptiles", in *Annual Review of Ecology and Systematics*. 8, 429-448.
Hull, D. L., 1976, "Are species really individuals?", in *Systematic Zoology*, 25, 174-191.
Jackson, J. B. C. e G. Hartman, 1971, "Recent brachiopodcoralline sponge communities and their paleoecological significance", in *Science*, 173, 623-625.
Jacob, F., 1977. "Evolution and tinkering", in *Science*, 196, 1161-1166.
Jastrow, R. e Thompson, M. H., 1972, *Astronomy: fundamentals and frontiers*, Nova Iorque, John Wiley.
Jerison, H. J., 1973, *Evolution of the brain intelligence*, Nova Iorque, Academic Press.
Johanson, D. C. e Shite, T. D., 1979, "A systematic assessment of early African hominids", in *Science*, 203, 321-330.
Kahn, P. G. K. e Pompea, S. M., 1978, "Nautiloid growth rhythms and dynamical evolution of the earth-moon system", in *Nature*, 275, 606-661.
Keith, A., 1948, *A new theor of human evolution*, Londres, Watts and Co.
Kirkpatrick, R., 1913, *The nummulosphere. An account of the organic origin of so-called igneous rocks and of abyssal red clays*, Londres, Lamley and Co.
Kirsch, J. A. W., 1977, "The six-percent solution: second thoughts on the adaptedness of the Marsupialia", in *American Scientist*, 65, 276-288.
Lnoll, A. H. e Barghoorn, E. S., 1977, "Archean microfossils showing cell division from the Swazilan System of South Africa", in *Science*, 198, 396-398.
Koestler, A., 1971, *The case of the midwife toad*, Nova Iorque, Random House.

———, 1978, *Janus*, Nova Iorque, Random House.
Leakey, L. S. B., 1974, *By the evidence*, Nova Iorque, Harcourt Brace Jovanovich.
Leakey, M. D. e Hay, R. L., 1979, "Pliocene Footprints in the Laetolil Beds at Laetoli, northern Tanzania", in *Nature*, 278, 317-323.
Long, C. A., 1976, "Evolution of mammalian cheek pouches and a possibly discontinuous origin of a higher taxon (geomyoidea)", in *American Naturalist*, 110, 1093-1097.
Lorenz, K., 1971 (primeira publicação em 1950), "Part and parcel in animal and human societies", in *Studies in animal and human behavior*, vol. 2, 115-195, Cambridge, Mass., Harvard University Press.
Lurie, E., 1960, *Louis Agassiz: a life in science*, Chicago, University of Chicago Press.
Lyell, C., 1830-83, *The principles of geology*, 3 vols., Londres, John Murray.
Ma, T. Y. H., 1958, "The relation of growth rate of reef corals to surface temperature of sea water as a basis for study of causes of diastrophisms instigating evolution of life", in *Research on the Past Climate and Continental Drift*, 14, 1-60.
Majnep, I. e Bulmer, R., 1977, *Birds of my Kalam country*, Londres, Oxford University Press.
Mayr, E., 1963, *Animal species and evolution*, Cambridge, Mass., Belknap Press of Harvard University Press.
Merton, R. K., 1965, *On the shoulders of giants*, Nova Iorque, Harcourt, Brace and World.
Montessori, M., 1913, *Pedagogical anthropology*, Nova Iorque, F. A. Stokes.
Morgan, E., 1972, *The descent of woman*, Nova Iorque, Stein and Day.
O'Brian, C. F., 1971, "On *Eozoön Canadense*", in *Isis*, 62, 381-383.
Osborn, H. F., 1927, *Man rises to Parnassus*, Princeton, Nova Jersey, Princeton University Press.
Ostrom, J., 1979, "Bird flight: how did it begin?", in *American Scientist*, 67, 46-56.
Payne, 1971, "Songs of humpback whales", in *Science*, 173, 587-597.
Pietsch, T. W., e Grobecker, D. B., 1978, "The compleat angler: aggressive mimicry in an antennariid anglerfish", in *Science*, 201, 369-370.
Raymond, P., 1941, "Invertebrate paleontology", in *Geology, 1888-1938. Fiftieth anniversary volume*, Washington, D. C., Geological Society of America, 71-103.
Rehbock, P. F., 1975, "Huxley, Haeckel, and the oceanographers: the case of *Bathybius haeckilii*", in *Isis*, 66, 504-533.
Rupke, N. A., 1976, "*Bathybius haeckilii* and the psychology of scientific discovery", in *Studies in the History and Philosophy of Science*, 7, 53-62.
Russo, F., s. j., 1974, "Supercherie de Piltdown: Teilhard de Chardin et Dawson", in *La Recherche*, 5, 293.

Schreider, E., 1966, "Brain weight correlations calculated from the original result of Paul Broca", in *American Journal of Physical Anthropology*, 25, 153-158.
Shweber, S. S., 1977, "The origin of the *Orgin* revisited", in *Journal of the History of Biology*, 10, 229-316.
Stahl, W. R., 1962, "Similarity and dimensional methods in biology", in *Science*, 137, 205-212.
Teilhard de Chardin, P., 1959, *The phenomenon of man*, Nova Iorque, Harper and Brothers.
Temple, S. A., 1977, "Plant-animal mutualism: coevolution with dodo leads to near extinction of plant", in *Science*, 197, 885-886.
Thompson, D. W., 1942, *On growth and form*, Nova Iorque, MacMillan.
Verrill, A. E., 1907, "The Bermuda Islands, part 4", in *Transactions of the Connecticut Academy of Arts and Sciences*, 12, 1-160.
Walcott, C., Gould, J. L. e Lirschvink, J. L., 1979, "Pigeons have magnets", in *Science*, 205, 1027-1029.
Wallace, A. R., 1890, *Darwinism*, Londres, MacMillan.
_____, 1895, *Natural selection and tropical nature*, Londres, MacMillan.
Waterston, D., 1913, "The Piltdown mandible", in *Nature*, 92, 319.
Wells, J. W., 1963, "Coral growth and geochronomety", in *Nature*, 197, 948-950.
Weiner, J. S., 1955, *The Piltdown forgery*, Londres, Oxford University Press.
White, M. J. D., 1978, *Modes of speciation*, São Francisco, W. H. Freeman.
Wilson, E. B., 1896, *The cell in development and inheritance*, Nova Iorque, MacMillan.
Wilson, E. O., 1975, *Sociobiology*, Cambridge, Mass., The Belknap Press of Harvard University Press.
Wynne-Edwards, V. C., 1962, *Animal dispersion in relation to social behavior*, Londres, Oliver and Boyd.
Zirkle, C., 1946, "The early history of the idea of the inheritance of acquired characters and pangenesis", in *Transactions of the American Philosophical Society*, 35, 91-151.